江苏省高等学校计算机等级考试系列教材

Visual FoxPro 教程

（2008 年版）

主 编 严 明 单启成

苏州大学出版社

图书在版编目(CIP)数据

Visual FoxPro 教程:2008 年版/严明,单启成主编.
苏州:苏州大学出版社,2008.12
(江苏省高等学校计算机等级考试系列教材)
ISBN 978-7-81137-171-0

Ⅰ.V… Ⅱ.①严…②单… Ⅲ.关系数据库—数据库管
理系统,Visual FoxPro—高等学校—教材 Ⅳ.TP311.138

中国版本图书馆 CIP 数据核字(2008)第 195051 号

Visual FoxPro 教程

(2008 年版)

严　明　单启成　主编

责任编辑　管兆宁

苏州大学出版社出版发行
(地址:苏州市干将东路 200 号　邮编:215021)
丹阳市兴华印刷厂印装
(地址:丹阳市胡桥镇　邮编:212313)

开本 787mm×1 092mm　1/16　印张 19.25　字数 480 千
2008 年 12 月第 1 版　2008 年 12 月第 1 次印刷
ISBN 978-7-81137-171-0　定价:24.00 元

前言 Preface

　　密集型的数据处理是目前计算机应用中最为广泛的领域，它依赖于数据库技术组成数据处理系统，对数据资源进行统一管理，使数据能为各类用户与应用程序共享。数据库技术已经成为当今信息社会的基础技术，是管理类专业人员必须掌握的基础知识。

　　在现代计算机系统中，数据库管理系统（DBMS）已成为主要的系统软件之一。微软公司推出的 Visual FoxPro 数据库管理系统是目前较为流行的微机数据库管理系统之一，它采用面向对象的程序设计思想，可视化的操作方法，易学易用。

　　本书是供高等学校各类学生学习数据库技术和应用的教材。教材涵盖了《江苏省高等学校非计算机专业学生计算机基础知识和应用能力等级考试大纲》规定的"二级 Visual FoxPro 考试要求"的全部内容，为考试指导用书。

　　本书在介绍数据库技术中的基本概念的基础上，围绕 Visual FoxPro 系统的基本概念、基本操作，结合一个简单的"教学管理系统"实例，理论联系实际、由浅入深，较系统地介绍了 Visual FoxPro。本书注重基础、注重应用、实例丰富、图文并茂、循序渐进、通俗易懂、符合教学规律，同时也方便学生自学。

　　与本书配套的《Visual FoxPro 实验指导书》将同期出版，供教学和实习之用的相关资源可从 exam. nju. edu. cn 网站查找。本书建议教学时数：课程教学为48 学时，上机实践为 48 学时。

　　本书共分 10 章，严明编写了其中的第 1、6、7、8、9、10 章，单启成编写了其中的第 2、3、4、5 章。本书由叶晓风主审，并提出了很多宝贵意见，在此表示衷心的感谢。本书在编写过程中得到了崔建忠、刘琳、陈志明等同志的大力帮助，在此一并表示由衷的感谢。

　　由于编者水平有限，书中错误和缺点在所难免，敬请广大师生指正。

编　者

2008 年 10 月

目 录

第1章

数据库系统基础知识

当今社会,信息已成为重要的资源和财富。面对日益增长的信息量与信息处理需求,建立高效的信息处理系统已是人们工作与生活的普遍需求。作为实现对大量信息进行存储、处理和管理的数据库技术,从 20 世纪 60 年代后期产生以来得到了迅速发展,目前,绝大多数的计算机应用系统均离不开数据库技术的支持,数据库技术已是当今信息技术中应用最广泛的技术之一。

1.1 数据处理与数据管理技术

1.1.1 信息、数据与数据处理

信息是现实世界中事物的存在方式或运动状态的反映,是认识主体(人)所感知或所表述的事物存在、运动及其变化的形式、内容和效用。信息具有可感知、可存储、可加工、可传递和可再生等自然属性。

数据是描述现实世界中事物的符号记录,是指用物理符号记录下来的可以鉴别的信息。物理符号可以是数字、文字、图形、图像、声音及其他特殊符号。

国际标准化组织(ISO)对数据所下的定义是:"数据是计算机中对事实、概念或指令进行描述的一种特殊格式,这种格式适合于计算机及其相关设备自动地进行传输、转换和加工处理。"在这个定义中,首先强调了数据表达了一定的内容,即"事实、概念或指令";其次,为了便于传输、转换和加工处理,数据具有一定的格式。

由此可见,"信息"与"数据"这两个概念既有区别又有联系。数据是按一定的格式对信息进行的符号化表示,是信息的载体;而信息是数据的内涵,是数据的语义解释。

在计算机信息处理系统中,信息通过采集和输入,以数据形式进行存储、传输和加工处理,对计算机来说处理的是数据,人们对这些数据的理解或解释是信息。因此,在许多场合"信息"与"数据"、"信息处理"与"数据处理"通常并不严格加以区分。

数据有多种形式,包括数字、文字、图形、图像、声音和视频等,其处理也不仅仅是进行计算,而是包括数据的收集、整理、组织、存储、维护、检索、统计、传输等一系列的工作。一般来说,数据处理过程分为如下 5 个基本环节:

● 原始数据的收集。

- 数据的规范化及其编码。
- 数据输入。
- 数据处理。
- 数据输出。

1.1.2 数据管理技术的发展

随着数据量的增长以及数据处理要求的不断提高,计算机数据管理技术也在不断地发展。根据提供的数据独立性、数据共享性、数据完整性、数据存取方式等水平的高低,计算机中数据管理技术的发展可以划分为三个阶段,即人工管理阶段、文件系统阶段以及数据库系统阶段。

1. 人工管理阶段

20 世纪 50 年代中期之前,计算机主要应用于科学计算,数据完全由人工(主要是程序员)进行管理。典型的做法是程序与数据"一体化",即程序与数据在同一个程序文件中,其主要特点是:

- 数据一般不需要长期保存,只是在计算某一具体实例时将数据输入,或同程序一起提供。
- 数据管理尚无统一的数据管理软件,主要依靠应用程序管理数据,程序设计人员不仅要规定数据的逻辑结构,而且要设计数据的物理存储结构和存取方式。
- 数据是面向应用程序的,一组数据只对应一个应用程序,数据不能被多个应用程序共享。
- 应用程序依赖于数据,不具有数据独立性,一旦数据的结构发生变化,应用程序往往要做相应的修改。

2. 文件系统阶段

20 世纪 50 年代后期到 60 年代中期,数据管理进入了文件系统阶段。在这一时期,随着操作系统的产生和发展,程序设计人员可以利用操作系统提供的文件系统功能,将数据按其内容、用途和结构组织成若干个相互独立的数据文件。文件系统管理数据具有如下特点:

- 数据可以以文件形式长期存储在辅助存储器中,有相应的软件进行管理。
- 程序与数据之间具有相对的独立性,即数据不再属于某个特定的应用程序,数据可以被多个应用程序重复使用。
- 数据文件组织多样化,有索引文件、链接文件、直接存取文件等。

虽然用文件系统管理数据已有了长足的进步,但面对数据量大且结构复杂的数据管理任务,文件系统仍不能胜任。例如,数据文件之间相互独立、缺乏联系;数据冗余度大且易产生数据不一致性;数据无集中管理,其安全性得不到保证。

3. 数据库系统阶段

20 世纪 60 年代后期以来,越来越多的计算机应用于管理,且应用规模越来越大。为了适应迅速增长的数据处理需要,数据库系统应运而生,且在应用需要的推动下数据库技术得到了迅速发展。数据库系统具有如下一些主要特点:

- 采用数据模型表示复杂的数据结构。数据模型不仅描述数据本身的特征,还要描述数据之间的联系,因此数据不再面向特定的某个应用,而是面向整个应用系统,由此数据冗余明显减少,可实现数据共享。

● 有较高的数据独立性。数据的结构分为逻辑结构与物理存储结构等不同的层次,用户以简单的逻辑结构操作数据,而无需考虑数据的物理存储结构。

● 提供了数据安全性、完整性等管理与控制功能,以及对数据操作的并发控制、数据的备份与恢复等功能。

● 统一管理和控制数据,为用户提供了方便的用户接口。

目前,世界上已有数以万计的数据库系统在运行。无论是一个单位或部门的信息处理,还是目前全球最大的信息系统 Internet,都离不开数据库系统的支持。

1.2　数据库系统的组成

数据库系统(Database System,简称 DBS)是指具有管理和控制数据库功能的计算机应用系统。数据库系统的基本组成如图 1-1 所示,一般由数据库、数据库管理系统、计算机支持系统、应用程序和有关人员组成。数据库、数据库管理系统和数据库系统是三个密切相关的概念。

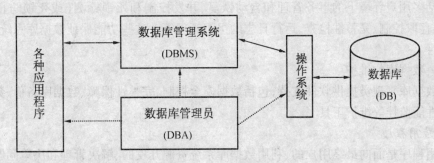

图 1-1　数据库系统

1. 数据库

数据库(Database,简称 DB)是指按一组一定数据模型组织的、长期存放在辅助存储器上的、可共享的相关数据的集合。这些数据通常是面向一个单位或部门或应用领域的全局应用的。例如,把一个学校的学生、教师、课程等信息按一定的数据模型组织起来,并存储在计算机的外存中,就可以构成一个数据库。

数据库中的数据按一定的数据模型组织、描述和存储,具有较小的冗余度、较高的数据独立性和易扩展性,并可以供多个用户和多类应用所共享。

数据库通常包括两部分内容:一是按一定的数据模型组织并实际存储的所有应用需要的数据,这类数据是用户直接使用的;二是有关数据库定义的数据,用于描述数据的结构、类型、格式、关系、完整性约束、使用权限等。这些描述性数据通常称为“元数据”(Metadata),元数据的集合称为数据字典(Data Dictionary,简称 DD)。数据库管理系统通过数据字典对数据库进行管理和维护。

2. 数据库管理系统

数据库管理系统(Database Management System,简称 DBMS)是用于建立、使用和维护数据库的系统软件。DBMS 是数据库系统的核心，对数据库的一切操作都是通过 DBMS 来完成的。

DBMS 是位于用户（应用程序）和操作系统之间的一个数据管理软件，它应具有以下几个方面的基本功能：

（1）数据定义功能

DBMS 应提供数据定义语言（Data Definition Language，简称 DDL），通过它可以方便地定义数据库中的数据对象。

（2）数据操纵功能

DBMS 应提供数据操纵语言（Data Manipulation Language，简称 DML），通过它可以操纵数据，实现对数据库中数据对象的插入、删除、修改和查询等基本操作。

（3）数据的组织和存取管理

DBMS 要分类组织、存储和管理各种数据，包括数据字典、用户数据、存取路径等，以支持复杂的数据检索和更新请求。主要功能包括为数据访问提供操作系统接口、将 DML 命令转换为低级文件访问指令、使用 DD 中的结构定义存储和查找数据、管理辅助存储中的空间分配等。

（4）数据库运行管理功能

包括多用户环境下的事务管理和自动恢复、并发控制和死锁检测（或死锁防止）、安全性检查、存取控制、完整性检查、运行日志的组织管理等。这些功能保证数据库系统的正常、安全运行。

（5）数据库的维护

为数据库管理员提供软件支持，包括数据安全控制、完整性保障、数据库备份、数据库重组以及性能监控等维护工具。

3. 应用程序

应用程序是面向最终用户的、利用数据库系统资源开发的、解决管理和决策问题的各种应用软件。

4. 用户

数据库系统中的用户根据基本的工作职能可以分为系统管理员、数据库管理员、数据库设计员、系统分析员、程序员和最终用户等，每一类用户完成其相关的职能。

系统分析员、数据库设计员和程序员主要是在数据库系统的开发过程中发挥相应的职能。

系统管理员完成控制和管理数据库系统的一般性操作。

数据库管理员（Database Administrator，简称 DBA）对数据库系统进行管理和控制，具有最高的数据库用户特权，负责全面管理数据库系统，其主要职责有：规划和定义数据库的结构；定义数据库的安全性要求和完整性约束条件；选择数据库的存储结构和存取路径；监督和控制数据库的使用和运行；改进数据库系统和重组数据库。DBA 通常可利用 DBMS 提供的功能或利用各种专用性的工具软件来完成上述任务。

用户通过应用系统（各种应用程序）提供的用户接口使用数据库。常用的接口方式有浏览器、菜单驱动、表格操作、图形显示、报表书写等。

5. 计算机支持系统

计算机支持系统是指用于数据库管理的硬件和软件平台。在数据库应用系统中,硬件平台特别强调数据库主机(或服务器)必须有足够大的外存容量、高速的数据吞吐能力、强大的任务处理能力、极高的稳定性与安全性;软件平台主要是指能确保计算机可靠运行的一些系统软件(如操作系统)和应用系统开发工具等。

1.3　数据库系统的模式结构

为了实现数据的独立和共享,便于数据库的设计和实现,美国国家标准局(ANSI)计算机与信息处理委员会(代号为 X3)以及标准规划和要求委员会(SPARC)于 1975 年将数据库系统的结构定义为如图 1-2 所示的三级模式结构:外部层(单个用户的视图)、概念层(全体用户的公共视图)和内部层(存储视图)。

外部层表示数据库的"外部视图",是各个用户(应用程序)所看到的数据库。它是面向用户的,体现了用户的数据观点。

内部层是最接近物理存储的层次。它是数据库的"内部视图"或"存储视图"。它与数据库的实际存储密切相关,可以理解为机器"看到"的数据库。

概念层是介于上述两者之间的层次。它是数据库的"概念视图",是数据库中所有信息的抽象表示。它既抽象于物理存储的数据,也区别于各个用户所看到的局部数据库。概念视图可以理解为数据库管理员所看到的数据库。

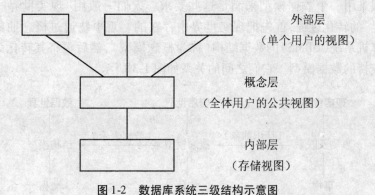

图 1-2　数据库系统三级结构示意图

数据库系统结构的外部层、概念层和内部层分别对应于数据库模式的外模式、模式和内模式。数据库系统结构分级对于提高数据独立性具有十分重要的意义。在三级结构间存在着两级映射:

● 概念层与内部层之间的映射定义了概念视图与物理存储之间的对应。如果物理存储的结构发生了变化,可以相应地改变概念层与内部层之间的映射,而使概念视图保持不变,即将物理存储的变化隔离在概念层之下,不反映在用户面前,因此应用程序可以保持不变,这称为数据的物理独立性。

● 外部层与概念层映射定义了单个用户的外部视图与全局的概念视图之间的对应。如果概念视图发生变化,可以改变外部层与概念层之间的映射,而使用户看到的外部视图保持不变,因此应用程序可以保持不变,这称做数据的逻辑独立性。

1.4　数据模型

数据库是一个企业、组织、部门或领域所涉及的数据的一个综合,它不仅要反映数据本身的内容,而且要反映数据之间的联系。计算机本身不可能直接处理现实世界中的具体事物,如何将现实世界中各种复杂的事物最终以计算机及数据库所允许的形式反映到数据世界中去,这需要通过建立数据模型来实现。

1.4.1　数据模型概述

模型是现实世界特征的模拟和抽象。在数据库系统中,用数据模型这个工具来抽象、表示和处理现实世界中的信息和数据。数据模型是现实世界中数据特征的抽象,是数据库系统的数学形式框架,是用来描述数据的一组概念和定义。各种数据库产品都是基于某种数据模型的。

数据模型要用严格的形式化定义来描述数据的结构特点和结构约束。数据模型一般要描述三个方面的内容:一是数据的静态特征,包括对数据结构和数据间联系的描述;二是数据的动态特征,这是一组定义在数据上的操作,包括操作的含义、操作符、运算规则和语言等;三是数据的完整性约束,这是一组数据库中的数据必须满足的规则。

一个好的数据模型应能比较真实地模拟现实世界,容易为人们所理解,便于在计算机上实现。目前很难用一个数据模型来满足这些要求。人们一般用“现实世界——信息世界——数据世界”的转化过程,首先把现实世界中存在的客观事物通过概念抽象转化为不依赖于具体计算机系统(DBMS)的数据结构(称为概念模型),然后再将其转化为计算机系统中 DBMS 所支持的数据模型。它们之间的关系如图1-3所示。

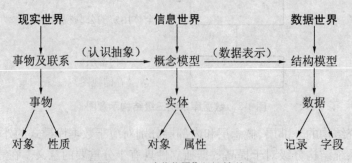

图1-3　三个“世界”之间的关系

概念模型是按用户的观点对数据建模。它是对现实世界的第一层抽象(即概念级的模型),是用户和数据库设计人员之间进行交流的工具,与具体的 DBMS 无关。它强调其语义表达能力,应该简单、清晰、易于理解。长期以来,在数据库设计中广泛使用的概念模型是“实体—联系”模型(Entity-Relationship Model,简称 E-R 模型)。

结构模型强调数据是如何在数据库中描述的。在数据库技术的发展过程中,出现的数据模型主要有层次模型(Hierarchical Model)、网状模型(Network Model)、关系模型

(Relational Model)和面向对象数据模型(Object-Oriented Model)。层次模型和网状模型统称为非关系型,它们分别用树结构和网络结构对实体集和联系进行描述。在 20 世纪 70 年代,层次模型和网状模型非常流行,在数据库系统产品中占据主导地位,但到 20 世纪 80 年代逐渐被关系模型的数据库系统取代。20 世纪 80 年代以来,面向对象的方法和技术在程序设计、软件工程、信息系统设计、计算机硬件设计等各个方面都产生了深远影响,也促进了数据库技术中面向对象数据模型的研究和发展。目前流行的 DBMS 产品中,数据结构模型主要采用关系模型和面向对象的关系模型。

1.4.2 E-R 模型

1. E-R 模型中的基本概念

E-R 模型中有三个基本的概念:实体、属性和联系。

(1) 实体

实体(Entity)是指客观存在且可以相互区别的事物,且这些事物应该是用户感兴趣的事物。在不同的信息系统中,用户感兴趣的事物有所不同,因此所确定的实体也有所不同。例如,农贸市场的农产品、供应商、销售等;航空公司的旅客、航班、飞机、飞机类型等;旅馆的旅客、客房、客房类型、旅馆星级、收费标准等;学校的教师、学生、考试、成绩等。这些实体有些是物理上存在的事物(如一名教师、一架飞机、一间客房等),有些是概念上存在的事物(如考试、航班、旅馆星级、收费标准等)。

具有相同性质(特征)的实体的集合称为实体集,实体集中各个实体借助实体标识符(称为"主键"或"关键字")加以区别。例如,在一个学校中可以用"学号"作为关键字来区分"学生"实体集中的每一名学生。

(2) 属性(Attribute)

属性是指实体所具有的特征。通常一个实体可以由多个属性来描述,即可以用属性组来表示。例如,在学校的教学管理系统中,学生实体可以用"学号,姓名,性别,出生日期,入学时间,…"属性组来描述。

(3) 联系(Relationship)

联系(也称为"关系")是实体集之间关系的抽象表示。例如,在学校的教学管理系统中,学生实体集与成绩实体集之间存在"考试"联系。

根据两个实体集中相互有联系的实体数量,实体集之间的联系可以分为三种类型:一对一联系、一对多联系和多对多联系。这三种联系的定义是:

● 如果 X 实体集中的每一个实体至多和 Y 实体集中的一个实体有联系,反之亦然,则称 X 实体集与 Y 实体集是一对一联系(简记为 1:1)。例如,"学生"实体集与"教室座位"实体集就存在 1:1 联系,因为每个座位至多供一名学生就坐,而一个学生也至多只可坐一个座位。根据定义,即使某座位暂时无学生就坐,也没有破坏这两个实体集之间的 1:1 联系。

● 如果 X 实体集中的每一个实体和 Y 实体集中的任意个(包括 0 个)实体有联系,称 X 实体集与 Y 实体集是一对多联系(简记为 1:m)。这种联系是最常见的,例如"系/专业"实体集与"学生"实体集就存在 1:m 联系,因为一个系(或专业)可以包含多名学生,而一个学生只属于一个系(或专业)。

● 如果 X 实体集与 Y 实体集中的每一个实体和另一个实体集中的任意个(包括 0 个)实体有联系,称 X 实体集与 Y 实体集是多对多联系(简记为 m:n)。例如,"课程"实体集与"学生"实体集就存在 m:n 联系,因为一门课程可以有多名学生选修,一名学生也可选修多门课程。

2. E-R 图

E-R 图是 E-R 模型的图形表示法,它是直接表示概念模型的有力工具。在 E-R 图中,一般用矩形框表示实体集,菱形框表示联系,椭圆(或圆形)框表示属性。

例如,在学校的教学管理系统中,存在"教师,学生,课程,成绩,…"等多个实体集,实体集之间也存在一些联系,可用如图 1-4 所示的 E-R 图来表述该系统局部("学生"实体与"成绩"实体)的概念模型。

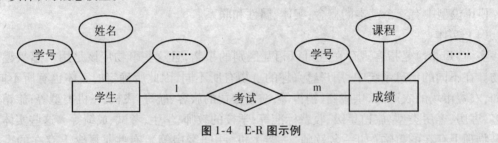

图 1-4　E-R 图示例

1.4.3　关系模型

关系模型(Relational Model)以关系代数理论为基础,20 世纪 70 年代的研究主要集中在理论和实验系统的开发方面,到 20 世纪 80 年代初才形成产品,但很快得到广泛的应用和普及。

关系模型用二维表表示实体集,通过外部关键字表示实体间联系。关系模型通过一系列的关系模式来表述数据的结构和属性,它一般有三个组成部分:数据结构、数据操作和完整性规则。

● 数据结构:数据库中所有数据及其相互联系都被组织成关系(即二维表)的形式。

● 数据操作:提供一组完备的关系运算(包括关系代数、关系演算),以支持对数据库的各种操作。

● 完整性规则:包括域完整性规则、实体完整性规则、参照完整性规则和用户定义的完整性规则等。

1. 关系模型的数据结构

在关系模型中,用二维表来表示实体及实体间的联系。一个关系就是一张二维表(称为"表"),关系的首行称为"属性"(称为"字段"),其他各行称为"元组"(称为"记录"),每个元组表示一个实体。

表 1-1 是一个关系的实例,关系名是"学生",该关系包括 5 个属性(学号,姓名,性别,出生日期和籍贯)。

表 1-1　学生基本档案表

学号	姓名	性别	出生日期	籍贯
040701001	吴宏伟	男	1985-3-20	江苏省南京市
……	……	……	……	……
040701019	吴燕	女	1987-12-24	江苏省常州市
……	……	……	……	……

关系的数据结构可以用关系模式进行描述。关系模式是对关系结构的描述,它包括模式名以及组成该关系的诸属性名等。例如,表 1-1 所示的关系,其关系模式可表示为:

学生(学号,姓名,性别,出生日期,籍贯)

2. 关键字

正如集合中不允许出现相同的元素,二维表中也不应出现相同的记录。在一个表中,应能通过一列或若干列将不同的记录区分开来,即能够唯一确定记录。

● 超关键字:二维表中能唯一确定记录的一个字段或几个字段的组合被称为"超关键字"(Super Key)。超关键字虽然能唯一确定记录,但是它所包含的字段可能是有多余的。一般希望用最少的字段来唯一确定记录。如果是用单一的列构成关键字,则称其为"单一关键字"(Single Key);如果是用两个或两个以上的列构成关键字,则称其为"合成关键字"(Composite Key)。

● 候选关键字:如果一个超关键字中去掉其中任何一个字段后,不再能唯一确定记录,则称它为"候选关键字"(Candidate Key)。候选关键字既能唯一确定记录,它包含的字段又是最少的。一个二维表中必须存在超关键字,因而也必须存在候选关键字。

● 主关键字:对于一个二维表来说,候选关键字至少有一个,也可能有多个。从候选关键字中可以选出一个作为主"关键字"(Primary Key)。对表中的每个记录来说,主关键字必须包含一个不同于其他记录的唯一的值。这就意味着主关键字的值不能为空,否则主关键字就起不了唯一标识记录的作用。

● 外部关键字:当一个二维表(A 表)的主关键字被包含到另一个二维表(B 表)中时,该主关键字被称为 B 表的"外部关键字"(Foreign Key)。例如,在学生表中,"学号"是主关键字,而相对于成绩表来说,"学号"便成了外部关键字。

● 在数据库设计时,应该指出各个二维表的主关键字,如果主关键字过于复杂,往往要增设一个字段(这个字段通常是编号或代号等),用其作为单一主关键字。

大多数二维表中,只有一个候选关键字,有的复杂的二维表中有多个候选关键字。在一般的应用中,找出一个候选关键字即可,并以它作为主关键字,不必找出全部候选关键字。

3. 关系运算

关系的基本运算有两类:一类是传统的集合运算(如并、差、交等),另一类是专门的关系运算(如选择、投影、联接等)。需要说明的是,进行并、差、交运算的两个关系必须具有相同的关系模式,即两个关系的结构相同。

(1) 并

设有关系 R 和关系 S,它们有相同的模式结构,且其对应的属性取自同一个域(称 R 与

S 是"并相容"的），其并操作（Union）表示为 $R \cup S$，操作结果生成一个新的关系，其元组由属于 R 的元组和属于 S 的元组共同组成：

$$R \cup S = \{t | t \in R \vee t \in S\}$$

例如，有两个结构相同的学生关系 $S1$ 和 $S2$，分别存储两个系的学生档案，如果把 $S2$ 中的学生档案追加到 $S1$ 中，则为两个关系的并运算。

（2）差

设关系 R 和 S 并相容，其差操作（Difference）表示为 $R - S$，操作结果生成一个新关系，其元组由属于 R 但不属于 S 的元组组成：

$$R - S = \{t | t \in R \wedge t \notin S\}$$

例如，有两个关系 $T1$ 和 $T2$，分别存储学校教师名单和本学期任课教师名单，如果查询本学期未任课的教师名单，则需要进行差运算。

（3）交

设关系 R 和 S 并相容，其交操作（Intersection）表示为 $R \cap S$，操作结果生成一个新关系，其元组由既属于 R 又属于 S 的元组组成：

$$R \cap S = \{t | t \in R \wedge t \in S\}$$

例如，有两个关系 $R1$ 和 $R2$，分别存储已通过英语四级考试的学生名单和通过计算机二级考试的学生名单，如果查询通过英语四级考试且通过计算机二级考试的学生名单，则需要进行交运算。

（4）选择

选择（Selection）又称为限制，它是在关系 R 中选择满足给定条件（逻辑表达式）的元组组成一个新关系。选择运算是对关系的水平分解，其结果是关系 R 的一个子集。

例如，有一个关系 T，存储教师的档案信息，从中找出职称为教授的教师档案，所进行的查询操作就属于选择运算。

（5）投影

投影（Project）运算是对关系的垂直分解，它是在关系 R 中选择出若干个属性列组成新的关系。经过投影运算可以得到一个新关系，它包含的属性个数通常比原关系少，或者属性的排列顺序不同。

例如，存储教师档案信息的关系 R 包括教师工号、姓名、性别、出生日期、职称等许多属性，从中找出教师的工号、姓名、出生日期等部分数据，则属于投影运算。

（6）联接

联接运算是根据给定的联接条件将两个关系模式拼成一个新的关系。联接条件中将出现两个关系中的公共属性名，或有相同语义的属性。

例如，有两个关系 $T1$（学号，姓名，…）和 $T2$（学号，成绩，…），则求关系 $T3$（学号，姓名，成绩，…）的操作属于联接运算。

4. 关系的规范化

尽管采用关系模型（即二维表）管理数据时，与其他的一些数据文件（如 Excel 表）有类似之处，但它们又有区别。关系是一种规范化了的二维表，具有如下一些性质：

● 属性值是原子的,不可分解的。

● 二维表的记录数随数据的增删而改变,但它的字段数却是相对固定的,因此,字段的个数、名称、类型、长度等要素决定了二维表的结构。

● 二维表中的每一列均有唯一的字段名,且取值是相同性质的。

● 二维表中不允许出现完全相同的两行。

● 二维表中行的顺序、列的顺序均可任意交换。

现实世界中的许多实体及其联系可以用多种关系模式(即二维表)形式来表示,其中往往会存在一些不利于数据处理的"不好"的关系模式。

设学校管理系统中有一"教材供应"关系模式:

教材供应(出版社,地址,联系电话,图书编号,书名,单价)

在该关系模式中,一个出版社供应一种图书,对应到关系中的一个元组。

表 1-2　"教材供应"关系模式的一个实例

出版社	地址	联系电话	图书编号	书名	单价
高等教育出版社	北京市东城区沙滩后街 55 号	010-64054588	ISBN7-04-100592-6	PC 技术	42.8
清华大学出版社	北京清华大学学研大厦 A 座	010-62781733	ISBN7-302-03646-2	数据库系统基础教程	36.0
苏州大学出版社	苏州市干将东路 200 号	0512-67258835	ISBN7-81037-339-0	计算机应用基础	20.0
科学出版社	北京市东黄城北街 16 号	010-62136131	ISBN7-03-017257-4	数据库简明教程	27.0
苏州大学出版社	苏州市干将东路 200 号	0512-67258835	ISBN7-81090-047-8	新编 Visual FoxPro 教程	23.0

假定表 1-2 是一个实例。从中不难看出,该"教材供应"关系模式存在下列缺点:

● 数据冗余度大:一个出版社供应一本图书,该出版社的地址和联系电话等信息均要存储一次,从而造成数据冗余(即重复)。

● 更新异常:由于数据冗余,有可能在一个元组中更改了某出版社的地址或联系电话,但没有更改其他元组中相同出版社的地址或联系电话,于是同一出版社有了两个不同地址或联系电话,造成数据不一致。

● 插入异常:如果某出版社没有图书信息,则无法记录其地址和联系电话。因为在该关系模式中,"出版社"和"图书编号"构成了其主关键字(主码)。

● 删除异常:在删除某图书信息时,可能会将某个出版社的有关信息彻底删除。例如删除表 1-2 中书名为"数据库简明教程"的图书,则"科学出版社"的地址和联系电话等有关信息也可能将被彻底删除了。

关系模式产生上述问题的原因和解决这些问题的方法都与数据依赖的概念相关。上述"教材供应"关系模式中,由于客观情况是每个出版社只有一个地址和联系电话,因而当出版社确定之后,地址和联系电话就随之确定了,即地址和联系电话依赖于出版社。数据依赖反映了实体的属性之间的联系。为了解决以上这些问题,可以将上述"教材供应"关系模式分解成以下两个关系模式:

出版社(出版社,地址,联系电话)

教材(出版社,图书编号,书名,单价)

自从 1970 年 IBM 公司的 E. F. Codd 发表的著名论文"大型共享数据库的数据关系模型"以来,关系模型理论和关系数据库得到了全面的发展。关系模型以严格的数学理论为基础,并形成了一整套的关系数据库理论——规范化理论。规范化理论主要是以关系代数为基础,研究关系模式中属性之间的依赖关系。所谓关系的规范化,就是对关系模式应当满足的条件的某种处理,其主要目的是尽可能地减少数据冗余、消除异常现象、增强数据独立性、便于用户使用等。

关系规范化的过程是通过关系中属性的分解和关系模式的分解来实现的。关系规范化的条件可以分为几级,每级称为一个范式(Normal Form),记作 nNF。其中,n 表示范式的级别,范式的级别越高则条件越严格,它们均有严格的数学定义。范式概念自提出以来,出现了 1NF、2NF、3NF……实际设计关系模式时,一般要求满足 3NF,其基本条件是:关系模式中的每个属性值都必须是原子值(即不可分解的值),它的任一非主属性都完全函数依赖于候选关键字且不传递依赖于候选关键字(有关函数依赖等概念的定义,可参见有关书籍)。

5. 关系模型的完整性

关系模式用 $R(A_1, A_2, \cdots, A_n)$ 表示,仅仅说明关系的语法,但是并不是每个合乎语法的元组都能成为 R 的元组,它还要受到语义的限制。数据的语义不但会限制属性的值,还会制约属性间的关系以及实体集之间的关系。在关系数据库中,完整性主要有域完整性、实体完整性以及参照完整性等三种类型。

● 域完整性(也称为"用户定义完整性")规定了属性的取值范围,它由应用环境对数据的需求而决定。例如,"成绩"表中的"成绩"不能为负数,"学生"表中的"性别"只能为男或女,"教师"表中的"出生日期"必须小于"工作日期"等。

● 实体完整性要求任一元组的主关键字的值不得为空值,且必须在所属的关系中唯一。例如,"学生"表中的"学号"不能为空值,且不能有重复的学号。

● 参照完整性(也称为"引用完整性")要求当一个元组的外部关键字的值不为空值时,以该外部关键字的值作为主关键字的值的元组必须在相应的关系中存在。例如,"成绩"表中的学生必须是"学生"表中已注册的学生。

1.5 关系数据库标准语言 SQL

关系代数操作是从数学上对关系运算的抽象描述。在此基础上,关系数据库管理系统必须提供与之相应的语言,使用户可以对数据库进行各种各样的操作,这就构成了用户和数据库的接口。由于 DBMS 所提供的语言一般局限于对数据库的操作,不同于计算机的程序设计语言,因而称它为数据库语言。

关系数据库语言是一种非过程语言。所谓非过程语言,是指对用户而言,只要说明"做什么",指出需要何类数据,至于"如何做"才能获得这些数据的过程,则不必要求用户说明,而由系统来实现。由于关系数据模型的抽象级别比较高,数据模型本身也比较简单,这就为设计非过程关系数据库语言提供了良好的基础。

　　目前为关系数据库提供非过程关系语言最成功、应用最广的是 1974 年提出的 SQL（Structured Query Language）。SQL 是一种基于关系代数和关系演算的语言,由于使用方便、功能齐全、简洁易学,很快得到了普遍应用。一些主流 DBMS 产品都实现了 SQL 语言。至 20 世纪 80 年代中期,国际标准化组织(ISO)采纳 SQL 为国际标准,1992 年公布了 SQL 2 的版本。其后又在 SQL 2 的基础上引入很多新的特征,产生了 SQL 3。目前 SQL 语言已不限于查询,它还包括数据操作、定义、控制和管理等多方面的功能。

　　SQL 语句可嵌入在宿主语言(如 FORTRAN、C 等)中使用,SQL 用户也可在终端上以联机交互方式使用 SQL 语句。SQL 包括了所有对数据库的操作,使用 SQL 语言可实现数据库应用过程中的全部活动。

　　1. 数据定义

　　SQL 提供数据定义语言(DDL)。可根据关系模式定义所需的基本表,其 SQL 语句形式如下:

　　　　CREATE TABLE < 表名 > (< 列名 > < 数据类型 > [完整性约束条件]…

　　此处 [　] 表示可含有该子句,也可为空,视实际定义要求而定。其中 < 表名 > 是所要定义的基本表名字,每个基本表可以由一个或多个列组成。定义基本表时要指明每个列的类型和长度,同时还可以定义与该表有关的完整性约束条件,这些完整性约束与基本表的定义内容一并被存入系统的数据字典中,当用户操作基本表中的数据时,由 DBMS 自动检查该操作是否违背这些完整性约束条件。

　　除了定义基本表,SQL 的 DDL 还包括修改基本表结构、删除基本表、建立和删除索引以及建立和删除视图等语句。

　　2. 数据查询

　　数据库查询是数据库的核心操作。SQL 语言提供 SELECT 语句进行数据库查询,该语句具有灵活的使用方式和丰富的功能。

　　在关系代数中最常用的表达式是"投影、选择和连接"表达式。针对这些表达式,SQL 设计了 SELECT 查询语句,它的形式为:

　　　　SELECT　A1,A2,…,An　　　　　（指出目标表的列名或列表达式序列,完成投影运算）

　　　　FROM　R1,R2,…,Rm　　　　　（指出基本表或视图序列,完成连接运算）

　　　　[WHERE　F]　　　　　　　　（F 为条件表达式,完成选择运算）

　　　　[GROUP　BY　列名序列　]　　（结果表分组）

　　　　[ORDER　BY　列名 [排序]…]　（结果表排序）

　　整个 SELECT 语句语义如下:将 FROM 子句所指出的基本表或视图进行连接,从中选取满足 WHERE 子句中条件 F 的行(元组),然后按 GROUP 子句给定列的值进行分组,并按 ORDER 子句的要求排序,最后根据 SELECT 子句给出的列名或列表达式将查询结果表输出。

　　必须指出:由于 WHERE 子句中的条件表达式可以很复杂,SELECT 语句能表达的语义远比上列"投影、选择和连接表达式"复杂得多。SELECT 语句能够表达所有的关系代数表达式。

SQL 的查询除了上面所列的形式外,它还具有外连接查询、相关查询、带谓词(IN、ANY、ALL、EXISTS)的查询、集合查询、树查询等功能,并且在 SELECT 语句中还可使用字符匹配、集函数(如统计的集函数 COUNT、计算列值总和的集函数 SUM 以及求一列平均值的集函数 AVG 等)。

3. 数据更新

为了修改数据库中的数据,SQL 提供了插入数据、修改数据和删除数据的三类语句,现分别介绍如下。

(1) 插入语句

插入语句 INSERT 可将一个记录插入到指定的表中。语句格式如下:

```
INSERT   INTO   <表名>(<列名1>,<列名2>,…)
                VALUES(<表达式1>,<表达式2>,…)
```

INSERT 语句在插入一个记录时,将表达式的值按序作为对应列的值。此时,未指明列名(和对应表达式)的那些列,在对应的记录中取空值。

(2) 修改语句

执行修改语句,可对指定表中已有的数据进行修改。语句格式如下:

```
UPDATE   <表名>
    SET  <列名> = <表达式>[,<列名> = <表达式>]…
    [WHERE <条件>]
```

其功能是修改指定表中满足 WHERE 子句条件的记录,其中 SET 子句给出 <表达式> 的值用于取代相应列的值,如果省略 WHERE 子句,则表示要修改表中的所有记录。

(3) 删除语句

删除语句的格式如下:

```
DELETE
    FROM <表名>
    [WHERE <条件>]
```

该语句的功能是从指定表中删除满足 WHERE 子句条件的记录。如果省略 WHERE 子句,则删除表中所有记录,但表的定义仍在数据字典中。

4. SQL 的视图

视图是 DBMS 所提供的一种以用户模式观察数据库中数据的重要机制。视图可由基本表或其他视图导出。它与基本表不同,视图只是一个虚表,在数据字典中保留其逻辑定义,而不作为一个表实际存储数据。

SQL 语言用 CREATE VIEW 语句建立视图,其一般格式如下:

```
CREATE   VIEW   <视图名>[<列名>,…]
            AS   <子查询>
```

视图定义后,用户就可以像对基本表操作一样对视图进行查询。因为视图是一个"虚表",它并不存储数据,因而对于视图的修改有很多限制,有关具体规定,读者可以参阅有关

DBMS 的说明书。

1.6　数据库设计基础

大量信息系统开发的实践使人们认识到,软件工程技术中最核心技术之一是基于数据库系统的设计技术,即数据库设计技术。数据库设计是指利用一个给定的应用环境(包括硬件环境和操作系统环境、数据库管理系统等软件环境),表达出一个单位或部门的信息需求,构造最优化的数据库模式(包括用户模式、逻辑模式和存储模式),建立数据库以及围绕这个数据库展开的应用系统,使之能够有效地收集、存储、处理和管理数据,满足用户的各类信息与处理需求。

1.6.1　概述

数据库设计建立在数据库管理系统(DBMS)基础之上,对系统分析的数据按 DBMS 规范进行数据库的结构与应用的设计,即数据库设计包括数据库结构特性的设计与数据库行为特征的设计。

数据库结构特性的设计是指确定数据库的数据模型,反映现实世界中的数据以及数据之间的联系,要求在满足应用需求的前提下,尽可能减少数据冗余,实现数据共享。它体现的是用户对信息的需求。

数据库行为特征的设计是指确定数据库应用的行为和操作,应用的行为体现在应用程序中,因此行为特征的设计主要是指应用程序的设计。它体现的是用户对处理的需求。

信息需求和处理需求的区分不是绝对的,但根据其侧重点不同,数据库设计也有两种不同的方法:

● 面向数据的设计方法,也称为数据驱动的设计方法。它以信息需求为主,兼顾处理需求。所设计的数据库结构可以较好地反映数据的内在联系,不但可以满足当前应用需求,而且可以满足潜在发展的应用需求。

● 面向过程的设计方法,也称为过程驱动的设计方法,或称为面向功能的设计方法。它以处理需求为主,兼顾信息需求。所设计的数据库结构可以较好地满足应用功能的需要,获得较好的性能。但应用的发展和变化,往往会导致数据库结构的较大变动,甚至于需要进行重构。

一般来说,面向过程的设计方法主要用于功能要求比较明确且稳定的应用系统,例如,图书馆管理和饭店管理等部门。但是,在实际应用中,数据库一般由多个用户共享且用户也在不断地变化。同时,随着企业的发展,功能要求也会不断地发展和变化。对于这类数据库应用系统,最好采用面向数据的设计方法,使数据库结构比较合理,能自然地模拟实际的运行环境。

成功的数据库设计必须反映数据库所在的信息系统。对于大型的数据库应用来说,数据库设计工作量大且复杂,它既是一项数据库工程,也属于一项庞大的软件工程。在数据库设计过程中,可以充分利用软件工程的思想、方法和技术,数据库设计的各个阶段可以和软件工程的各个阶段相对应。基于软件工程的思想和方法,成功的信息系统开发有其系统生命周期,作为信息系统的核心组成部分,数据库也有其生命周期,即数据库生命周期

(Database Life Cycle,简写为 DBLC)。数据库生命周期的各个阶段可以用图 1-5 表示,这个生命周期也称为数据库设计的各个步骤。

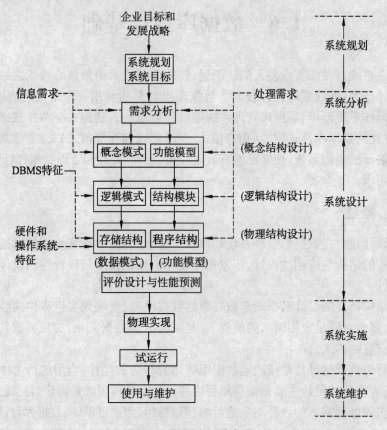

图 1-5　数据库设计步骤

这些阶段不能严格地、线性地划分,而是应该采取"反复探寻、逐步求精"的方法,从数据库应用系统设计和开发的全过程来考察数据库的设计问题。在设计过程中,要把数据库设计与系统其他部分的设计紧密结合起来,要把数据和处理的需求收集、分析、抽象、设计和实现在各个阶段同时进行,相互参照、相互补充。虽然各个阶段是逐步推出的,但不必在完成一个阶段的所有活动之后再继续进行下一个阶段的工作。部分步骤可并行执行,有时需要以循环方式重复和重定义一些步骤。

需要强调的是,在数据库设计的各个阶段,必须提供相应的设计文档,以此作为本阶段工作的总结和下一阶段工作的依据和指南。

1.6.2　系统规划

系统规划的任务是对应用单位的环境、目标和现行系统的状况进行初步调查,根据单位发展目标和战略对建设新系统的需求作出分析和预测,同时考虑建设新系统所受的各种约束,研究建设新系统的必要性和可能性,给出拟建系统的初步方案和项目开发计划,并对这些方案和计划分别从管理、技术(硬件与软件)、经济(成本与收益)和社会等方面进行可行性分析,写出可行性报告。

规划为数据库项目设定基调、方向和范围。规划可以从两个方面考虑:一是研究和解释单位长期规划对新建数据库系统的影响,二是根据当前需求来实际规划数据库系统。要完成规划,这两个方面均很重要,因为必须在设计中综合考虑当前和未来的需求。

一般而言,系统规划应遵循以下原则:

● 以应用单位的战略目标作为系统规划的出发点,分析本单位管理的信息需求,明确信息系统的战略目标和总体结构。

● 用户参与。即由使用单位的有关人员和设计部门的系统规划人员共同合作,以便分析问题,研讨解决方案。

● 摆脱信息系统对组织机构的依从性。

● 信息系统结构要有良好的整体性。

● 便于实现。方案选择强调实用和实效,技术手段强调成熟和先进,计划安排强调合理和可行。

信息系统的规划和实现过程如图 1-6 所示,它是"自顶向下规划分析,自底向上设计实现"的过程。采用自顶向下的规划方法,可以保证系统结构的整体性和信息需求的一致性。

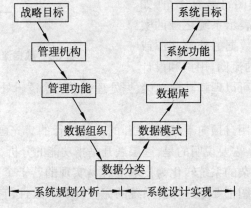

图 1-6　系统规划和实现过程

在规划阶段结束后,应生成一份明晰的报告。在以后的阶段,该规划文档将是整个项目的指南和参考,它清楚地表达了用户(管理人员)的观点以及对数据库系统的理解。

1.6.3　需求分析

需求分析(也称为系统分析)阶段的主要任务是对要处理的对象进行详细调查,在了解现行信息系统(可能是人工系统,也可能是信息管理系统)的基础上,确定新信息系统(将要开发的信息系统,或称为未来信息系统)的功能,建立新系统的逻辑模型。需求分析是在用户调查的基础上,通过分析,逐步明确用户需求,包含数据(信息)需求和围绕这些数据的处理需求。其中,信息需求是指新信息系统用到的所有信息,即弄清在未来的新信息系统中,用户将向数据库中输入什么样的数据(包括数据量及数据格式等),用户需要从数据库中获得什么样的数据(包括需求频率及输出格式等),数据将以什么策略(长期的/临时的、公开的/保密的等)进行存储。

需求分析的基础是用户调查,可采用采访、小组会议、流程观察、分析当前系统、研究文档等方式进行,调查的重点是"数据"和"处理"。收集的需求主要包括以下内容:

- 数据元素。
- 使用数据元素的方式和人员。
- 使用数据元素的时间和地点。
- 控制数据元素的业务规则。
- 数据量等。

在需求分析中,经常使用结构化分析方法(Structured Analysis,简称 SA)。SA 方法从最上层的组织机构入手,采用自顶向下逐层分解的方法分析系统,并用形式化或半形式化的描述来表达数据和处理过程的关系。常用的描述工具有数据流程图(Data Flow Diagram,简称 DFD)和数据字典(Data Dictionary,简称 DD)。数据流程图表达了数据和处理过程的关系,系统中的数据则借助数据字典来描述。一般采用数据流程图配以数据字典,就可以用图形和文字对系统需求(包括信息需求和处理需求)进行完整的描述。

数据流程图是使用直观的图形符号来描述系统业务过程、信息流和数据要求的工具,可以比较准确地表达数据和处理的关系。基本的数据流程图符号有 4 个,如图 1-7 所示。外部实体表示系统之外的实体(单位或人),是系统数据的外部来源或去处;数据流表示数据的流向,用户和设计

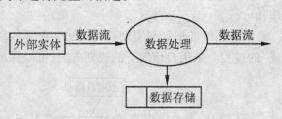

图 1-7　数据流程图的符号表示

人员通过其简单的描述可以理解其含义;数据处理表示一个逻辑处理过程;数据存储表示数据存储的逻辑描述。

流程图的绘制是采用自顶向下、逐层展开的方法进行的。先画第一层,然后再画第二、第三层,直至满足为止。需要说明的是,逐层展开是指功能的分析,不是随意的分割或拆零。展开的目的是把一个复杂的系统转化为技术上容易实现的若干个简单的子系统。因此,展开后的每一层数据流程图都要始终保持系统的完整性和一致性,它们是对系统描述详略程度不同的版本。

数据字典是系统中各类数据定义和描述的集合,是进行详细数据分析所获得的主要成果。数据流程图中的一个数据通常被看作是一个数据结构,一个数据流可以包含一个或多个数据结构和数据存储。如果把数据的最小单位(即不能再分解)称为数据元素(也称为数据项),那么数据结构则是由若干个数据元素汇集而成的一个集合。因此,在数据字典中,除了定义外部实体、数据流、处理逻辑和数据存储以外,还需要对数据元素和数据结构进行定义,即数据字典一般包含 6 个方面的内容。表 1-3 列出了其具体内容。

表 1-3　数据字典的主要内容

外部实体	数据流	处理逻辑	数据存储	数据元素	数据结构
编号和名称	编号和名称	编号和名称	编号和名称	编号和名称	
简述	含义说明	含义说明	含义说明	别名	含义说明
相关数据流	组成	相关数据流	主键和组成	含义说明	组成
	平均流量	处理	相关数据流	类型及宽度	
	相关流向	处理频率	数据量	取值范围	
			存取频度和方式	元素间联系	

需要说明的是,这里的处理逻辑描述是确切地表达应该"做什么",而不是描述该件事应该"如何去做"。这种描述应该准确完整、简明扼要。一般采用结构化语言、决策树和决策表等结构化工具进行处理逻辑的描述。

由此可见,数据字典是关于数据库中数据的描述,即元数据(Metadata),而不是数据本身。设计数据字典是系统开发的一项重要的基础工作,它在需求分析阶段创建,在数据库设计过程中不断修改、充实、完善。

需求分析阶段的成果是系统分析报告(也称为系统说明书),它主要包括数据流程图、数据字典的初步表格、各类数据的统计、系统功能结构图以及相关、必要的说明。系统需求说明书是整个数据库设计过程中重要的依据文件。

1.6.4 系统设计

系统分析阶段要回答的中心问题是"系统做什么",即明确系统功能,而系统设计阶段要回答的中心问题是"系统如何做",即为实现系统目标而具体设计数据结构和实现系统功能。

系统设计的内容根据系统目标和处理的不同而各不相同。一般而言,它是从新信息系统的目标出发,建立系统的数据模型和功能模型,确定系统的总体结构,规划系统的规模,确立模块结构,并说明它们在整体系统中的作用及相互关系,选择必要的设备,采用合适的技术规范等,以保证总体目标的实现。系统设计分为三个阶段:概念结构设计、逻辑结构设计和物理结构设计。在设计中,应遵循以下原则:

① 系统性。信息系统是作为一个整体而存在的,在系统设计中有关代码、规范、语言等,都要从整个全局的角度考虑,做到一致化。

② 灵活性。要求信息系统的环境适应性强,信息系统应具有较好的开放性和结构可变性。在系统设计中,应尽量采用模块化的结构。

③ 可靠性。信息系统要具有强的抵御外界干扰的能力、检错和纠错能力以及故障恢复能力,安全保密性好。

④ 经济性。在满足系统需求情况下,尽可能减少系统开销。系统设计中应避免不必要的复杂化,各模块应尽量简洁,以便缩短流程。

1. 概念结构设计

对需求分析得到的用户需求进行综合和归纳,并抽象为概念模型的过程就是概念结构设计。在数据库概念设计阶段,使用数据建模来创建一个抽象的数据结构,用该数据结构来最真实地表示现实世界中的对象。概念模型应具备以下一些特点:

● 较强的语义表达能力,能够方便、直接地表达应用中的各种语义知识。

● 简单、清晰,易于用户理解,易于用户与数据库设计人员之间的交流。

● 易于变动以反映用户需求和环境的变化。

● 易于向各种数据模型转换。概念模型不依赖于某一 DBMS 支持的数据模型,但应易于转换为与计算机上某一 DBMS 相关的数据模型。

开发一个全局性的信息系统,由于其需求的复杂性,在系统规划和需求分析阶段一般采用自顶向下的方法。而在概念结构设计中则采用自底向上的方法,即首先定义各局部应用的概念结构,然后将它集成起来得到全局的概念结构。因为一个单位有许多职能部门,每一个部门还有下属的部门,其应用要求各不相同,要定义一个全局模式是很困难的。只有先按基层部门的需求分析,抽象并设计局部的概念模式,然后再逐步将局部概念模式进行集成,最终得到能反映整体应用的全局概念模式。

由于 E-R 模型易于理解、易更改且能真实充分地反映现实世界事物和事物之间的联系,满足用户对数据的处理要求,因此,一般用 E-R 模型作为描述概念模型的工具。利用 E-R 模型进行数据库概念结构设计时,可以分为两步:

● 按分层的局部应用需求设计局部 E-R 模型。根据具体单位的情况,在分层的数据流程图中,选择一个适当层次的数据流程图,作为设计局部概念模式的依据。由于每个局部数据流程图都对应了具体的应用,其涉及的数据已经反映在该层的数据流程图和数据字典之中,可以利用 E-R 图的抽象机制对数据进行分类而确定相应的实体集、实体集的属性、实体集的主键以及实体集之间的联系。

● 局部 E-R 模型集成为全局 E-R 模型。当各子系统的局部 E-R 图设计完成后,必须将所有子系统的 E-R 图逐步集成为一个全局系统的 E-R 图,即系统的全局概念模式。一个好的全局概念模式除了能反映用户需求外,还应做到实体类型个数尽可能少、实体类型所含属性尽可能少、实体类型间联系无冗余,因此在集成全局 E-R 模型的过程中,还要对全局 E-R 模型进行优化。对全局 E-R 模型进行优化时主要考虑两个方面:

◇ 由于各个局部应用所面向的主题不同,且通常是由不同的设计人员进行局部 E-R 图设计,各个局部 E-R 图之间出现不一致的地方是不可避免的。因此必须合理地消除各局部 E-R 图合并时发生的冲突(如属性冲突、命名冲突、结构冲突等)。

◇ 对于合并后的 E-R 图,可能存在一些冗余的数据和冗余的联系。所谓"冗余的数据",是指可由基本数据导出的数据;所谓"冗余的联系",则是指可由其他联系导出的联系。冗余现象的存在将破坏数据的完整性,增加数据的维护困难,应当予以消除。

概念结构设计的最终成果有两个:一是数据的概念结构说明,即一个单位信息系统的全局概念模式,系统所用到的所有数据必须清晰地反映在全局 E-R 图和数据字典中;二是系统的功能设计描述,要列出相应的系统说明书,其内容包括新系统功能概图以及反映新系统的数据流程图。

2. 逻辑结构设计

概念结构是独立于任何一种数据模型(如层次、网状或关系)的信息结构,逻辑结构设计的目的是从概念模型导出特定的 DBMS 可以处理的数据库的逻辑结构,包括数据库的模式和外模式。这些模式在功能、性能、完整性和一致性约束及数据库可扩展性等方面均应该满足用户需求。

特定的 DBMS 支持的数据模型可能是层次模型、网状模型、关系模型等。由于目前国内计算机系统普遍选用关系型数据库管理系统,所以逻辑结构设计的主要工作是将概念结构设计阶段中所得到的全局 E-R 图中的实体集和联系,转换为 RDBMS 所支持的关系型数据的逻辑结构。逻辑结构设计的基本步骤如图 1-8 所示。

(1) 从 E-R 图导出初始关系模式,即将 E-R 图按规则

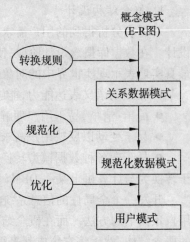

图 1-8　逻辑结构设计的基本步骤

转换成关系模式

这一步要解决两个主要问题：一是如何将实体集和实体集之间的联系转换为关系模式，二是如何确定这些关系模式的属性和主键。关系模型的逻辑结构是一组关系模式的集合。E-R 图则是由实体集、实体集的属性和实体集之间的联系三个要素组成的，所以将 E-R 图转换为关系模式实际上就是要将这些要素转换为关系模式。

（2）规范化处理

其目的是消除异常，保证完整性、一致性，提高存储效率。规范化处理过程实际上是关系单一化过程，即用一个关系描述一个概念，一般要求达到 3NF。

（3）数据模式的优化

信息系统数据库逻辑设计的结果模式不是唯一的，为了进一步提高数据库应用系统的性能，还应该根据需要适当地修改调整数据模式。例如，疏漏的要新增关系或属性，性能不好的要采用合并或分解的方式对关系模式进行处理，或选用另外的关系模式等。

（4）用户模式的设计

以上得到的数据库的全局逻辑模式是对系统整体而言的，它与需求分析时各个用户所要求的局部应用是有区别的。为了体现用户对数据库逻辑模式结构的看法，必须定义相应的用户模式。用户模式实际上是系统全局逻辑模式的一个子集，一般用定义用户视图的方法来实现。定义数据库全局逻辑模式主要从系统的时间效率、空间效率、易维护和易扩展等角度出发，而定义用户模式主要着重于用户的使用方便和系统的安全性。例如，为了符合用户习惯，可为用户模式定义别名，亦可以对不同级别的用户定义不同的视图，由于用户只可查询视图中的属性，从而避免用户访问没有查询权限的数据，由此也增加了数据库的安全性。

与概念结构设计类似，逻辑结构设计的成果是逻辑结构设计报告（或称为说明书），它主要包括两方面的内容：一是在数据库设计描述方面，得到一个单位数据库系统的全局逻辑模式和用户模式；二是在功能设计描述方面，可采用"自顶向下"的原则，将系统分解为若干功能模块，并通过模块优化处理，使这些模块具有良好的结构。需要说明的是，如果一个系统比较复杂，它们的数据流程图有多层，则根据数据流程图中的事务处理分析而得到的功能模块也可以是多层的。

3. 物理结构设计

数据库的物理结构设计是指针对已确定的逻辑数据结构，利用 DBMS 所提供的方法和技术，以最优的存储结构与数据存取路径，设计出一个高效的、可以在物理存储上实现的数据库结构（一组记录、文件和其他数据结构）。物理结构设计是在物理存储中实现数据库的过程，需要考虑存储系统的特征和所选管理数据库的 DBMS 的功能、特征和工具。物理设计不仅影响数据在存储设备中的位置，同时还影响系统的性能。

数据库物理结构设计除了安全性、可扩展性、开放性、灵活性和易于管理等基本目标外，还有以下两个主要目标：一是提高数据库的性能，二是有效地利用存储空间。相对而言，第一个目标更为重要，因为性能仍然是当今数据库系统的薄弱环节。物理设计必须确保性能最优，即要求在检索、存取数据时速度必须尽可能快。特别是在完成数据库的初始部署投入正式应用后，随着使用量和数据量的增大，对数据库的性能将会提出更高的要求。

物理结构设计主要包含三个方面的内容：

● 存储记录的格式设计。在对数据项的类型特征进行充分分析的基础上,对存储记录进行格式化,同时应考虑数据压缩和代码优化等因素。例如,对于含有较多属性的关系模式,按其属性的不同使用频率进行分割,从而使数据访问的代价最小,以提高数据库的性能。

● 存储方式的设计。需要从全局考虑存储记录的物理安排,是顺序存放、散列存放还是聚簇存放,是集中式存放还是分布式存放等。

● 存取方式的设计。存取方式设计是为存储在物理设备上的数据提供数据访问路径,其中重要的工作是索引的设计。

数据库的物理结构设计与多种因素有关,除了应用的处理需求(如事务的内容和事务出现的频率)外,还与数据的特性(如属性值的分布、记录长度及个数等)有关。处理需求会随应用环境的变化而变化,数据特性也会因数据库状态的改变而变化,而且数据特性在数据库设计阶段是很难准确估计的。

在物理设计过程中,必须认真考虑下列设计问题:

● 目标 DBMS 的功能、支持的特征和选项。

● 计算机系统的特征和能力(包括硬件和操作系统)。

● 存储配置。

● 数据量(初始容量和增长率)。

● 数据使用(访问模式和访问频率)。

由于不同的 DBMS 所基于的硬件环境以及存储结构、存取方式不同,提供给设计人员的系统参数和变化范围不同,因此物理结构设计没有统一的准则。多角度的性能评估可以为设计者的初始设计和未来修正提供参考。对数据库的性能评估主要从以下几个方面考察:

● 查询和响应时间。

● 更新数据的开销。

● 生成报告的开销。

● 主存储空间的开销。

● 辅助存储空间的开销。

物理结构设计的结果是物理设计说明书,包括存储记录的格式、存储记录的位置分布、存取方式以及对硬件和软件系统的约束等。

最后需要说明的是,数据库设计和一般产品的设计有很大的区别,数据库设计往往只提供一种初始设计,在数据库运行过程中还应根据用户要求不断调整。过分强调所谓"精确设计",企图一次成功,并不符合数据库的设计特点。

1.6.5　系统实施

系统实施是开发信息系统的最后一个阶段,其任务是实现系统设计阶段所定义的数据结构、存储结构和软件结构,按实施方案建成一个可实际运行的信息系统,交付用户使用。该阶段包括安装 DBMS、建立数据库结构、提供应用程序接口、完成最终测试、完成数据转换、填充数据库、建立索引、准备用户界面、完成初始用户培训、设立初始用户支持和分阶段实施等一系列工作。从数据库实施本身来看,该阶段的主要工作包括三个方面:

● 利用 DBMS 提供的数据定义语言(DDL)对逻辑结构设计和物理结构设计的结果进行定义,包括数据的描述、记录的描述、记录间关系的描述以及物理结构的各种描述,建立实际的数据库结构。

● 装入测试数据对应用程序进行测试,以判断其功能和性能是否满足设计要求,并对数据库进行检查和评估。

● 装入实际数据(即数据库加载),建立起实际的数据库

一般而言,系统中的数据量都很大,而且数据来源于应用单位的各个不同部门,数据的组织方式、结构和格式与新设计的数据库系统有一定的差距,数据录入的工作要求将各类来源数据从各个局部应用中抽取出来录入计算机,分类转换成符合新设计数据库结构的形式,载入数据库。为了提高数据载入工作的效率和质量,可以针对具体的应用环境设计一个数据录入子系统,由计算机系统来完成数据加载的任务。

向数据库中载入一定数据后,就可以开始对信息系统进行测试。测试包括以下三种类型:

(1)模块测试。其任务是分别测试应用系统中的每一个功能模块,以保证它们符合设计要求。一般将模块测试作为排除程序(包括已载入的数据)错误的一种方法。

(2)系统测试。从整体的角度验证系统功能的正确性,确保子系统模块在联调时能协同地完成预定的功能,测试的内容还包括文件的存储能力、处理各类负荷的能力、恢复和重启动的能力以及人机交互的应答能力等。

(3)验收测试。为系统投入实际使用提供最终证明,该测试要由用户评估。

在数据库试运行时,主要测试系统的各项性能指标,分析其是否达到设计目标。在对数据库进行物理结构设计时虽已初步确定了系统的物理参数,但它与实际运行系统总有一定的差距,因此必须在试运行调试中实际测量和评价系统性能。事实上,有些参数的最佳值往往是经过运行调试后找到的。如果调试结果与设计的目标不符,则还要重新返回到物理结构设计阶段,调整存储结构,修改系统参数。

最后是系统交接。系统交接的过程是用新的信息系统替换原有系统的过程,其主要工作包括系统数据文件的建立和转换,人员、设备、组织机构及职能的调整,有关资料和使用说明书的转交和结算等。系统交接的最终结果是将新信息的系统控制权移交给用户。

1.6.6 系统运行和维护

数据库正式运行,标志着数据库设计与应用开发工作的结束,运行维护阶段的开始。在保证信息系统正常运行的前提下,为提高系统运行的有效性而对数据库所做的修改和完善都称为数据库的系统维护。

数据库维护是一项有一定技术难度的工作,实质上它是再分析、再设计、再编程、再测试的过程,同时还包括程序和各种文档的修改。从生命周期上看,维护是数据库应用中的最后一个阶段,但从工作性质来看,维护实际上是与数据库管理和控制密切相关的活动,是数据库应用的继续深化。由于维护与设计开发有许多共同之处,所以有关数据库设计的技术在维护期均可使用。近年来,人们专门对数据管理与维护技术进行研究,在错误原因分析、软件理解、维护方案评价等方面提出了很多新的技术,也研发了相应的数据库自动维护工具,有效地提高了维护工作的效率。

由于数据库应用的特殊性,使得对数据库设计的评价、调整和修改等维护工作成为一个长期的任务,而这些任务应由数据库管理员(DBA)来完成。图 1-9 为数据库维护工作的主

要任务。

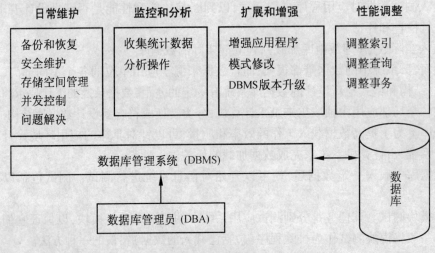

图 1-9　数据库维护任务

1. 日常维护

要保持数据库系统以目前的水平正常运行,数据管理员必须执行日常维护的职能。日常维护工作主要包括以下几个方面:

● 数据库的备份与恢复。这是信息系统运行中最重要的维护工作之一。DBA 要针对不同的应用要求制定不同的备份计划,定期为数据库留有备份,并将备份保留在安全地点,以保证一旦发生故障,能利用备份和日志文件尽快将数据库恢复到某种正确一致的状态。

● 安全维护。在信息系统普遍联网的环境下保证数据安全,防止数据被窃取和窜改,是 DBA 的一项繁重任务。在信息系统的运行过程中,由于用户和应用环境的变化,对安全性的要求也会发生变化。如由于工作岗位变化,必须收回某些用户对数据库的访问权限,或对某些用户增授某种访问权限,这些都需要 DBA 根据实际情况修改原有的权限设置。DBA 还应在制度和技术上采取严格措施,防止计算机病毒和黑客的非法入侵。

● 空间管理。DBA 应定期(每天)监控数据库文件的空间利用情况,保证存储空间能满足日益增长的需求。与其相关的工作主要有定期检查所有的数据库文件的空间利用情况、在空间不足时扩展数据库文件空间、归档正常或当前情况下不用的数据库记录、删除过时的数据库对象等。

● 并发控制。虽然 DBMS 提供了完备的并发控制(锁)管理,但 DBA 仍需要持续监控潜在的死锁情况。一旦发现陷于死锁状况的事务,DBA 可选择终止处于死锁状态的一个或多个事务,以让处于等待状态的其他事务继续执行。

● 问题解决。DBA 需要经常检测和解决某些问题,包括系统故障、事件故障、应用修补、用户支持和协调等。

2. 监控与分析

新数据库系统的实际使用会遇到预先未曾料到的困难和因素,在正式运行一段时间后,随着各种类型事务的执行和使用频度的增长,影响性能的瓶颈会暴露出来。所以,持续监控、收集和分析统计数据变得尤其重要。

DBA 应利用 DBMS 提供的监测工具,得到系统运行过程中一系列性能参数值,分析这些参数,可以判断当前系统运行是否处于最佳状态,并找出改进系统性能的方法(如调整系统物理参数或对数据库进行重组或重构)。数据库监控分为数据库系统性能监控和状态监控,其方法主要有:快照监控(数据库系统当前活动状态的快照)和事件监控(捕获不能通过监控得到的短暂事件的信息)。在监控和分析过程中,DBA 主要完成以下工作:

● 收集统计数据。主要包括磁盘空间、表的大小、用户数量、事务处理统计数据、内存使用和 I/O 性能等。

● 分析操作。在监控数据库系统和收集统计数据的基础上,DBA 还必须经常进行分析操作,以发现需要进行的更改和系统运行状态的趋势。需要分析的内容主要有查询、事务、索引、数据库的完整性和一致性等。

3. 性能调整

在设计和实现阶段,没有可用的证据和统计数据,设计人员和开发人员依照需求分析阶段获得的数据开展工作。在系统运行过程中,随着时间的推移可能会出现新的使用模式,且随着数据库规模的不断扩大,调整数据库性能成为一项持续而必备的工作。

在数据库应用环境中,影响系统性能的问题和瓶颈主要有四个方面:硬件、操作系统、DBMS 和应用程序。这些问题和瓶颈应在 DBA 协调的情况下,由各类技术人员进行调整。从事务处理和 DBA 的职能来看,主要有以下几个方面:

● 调整索引。索引是提高性能的最有效方式,好的索引可以极大地提高数据处理速度。在数据库运行过程中,DBA 应根据数据的变化和用户的使用模式调整索引和对索引进行维护。例如,若查询运行缓慢,则应建立适当的索引;对于不(常)用的索引应予以删除;在访问模式变化时应更改索引等。

● 调整查询和调整事务。在数据库系统运行过程中,用户通过查询和事务访问数据库。其中,查询执行读数据操作,事务执行更新、插入和删除数据操作。DBA 可以通过监控和 DBMS 提供的的查询优化技术对效率不高的查询(例如,执行缓慢、频繁执行 I/O 操作)和事务进行调整和优化。

4. 扩展与增强

在数据库系统运行过程中,必定会根据用户需求和环境的变化而对系统进行必要的扩展和增强,这是一个长期的、持续的过程。数据库应用系统的扩展与增强主要包括以下三个方面:

● 应用程序扩展与增强。包括对初始应用程序的修正和随着用户业务扩展而需要的功能扩展。在系统运行过程中,应用程序的扩展和增强应注意两点:一是开发人员需要一个与实际运行数据库环境分离的开发和测试环境,二是应用程序的扩展和增强往往涉及数据库模式的修改。

● 模式修改。数据库模式应是相对稳定的,但应用环境是经常变化的。例如,新应用需求中,要求增加新的实体集或修改实体集或修改其间的联系,这就要求对数据库的部分模式进行修改(例如,可考虑更改文件组织形式和物理文件中数据库记录的分配等)。当然,数据库的模式修改只能是局部的,如果变化太大,说明此数据库应用的生命期已经结束,应着手设计新的数据库应用系统。

● DBMS 版本升级。DBMS 厂商时常会发布新的 DBMS 版本,一些更新版本包含对前一版本所出现问题的修改,大多数新版本提供了增强的功能和更好的性能。DBA 应在与

DBMS 厂商、系统开发人员以及用户协作的情况下,选择合适的时机对系统进行升级。

1.7　主流的 DBMS 产品简介

自 20 世纪 70 年代关系模型提出后,由于其突出的优点,迅速被商用数据库系统所采用。据统计,70 年代以来新发展的 DBMS 系统中,近 90% 采用的是关系数据模型,其中涌现出了许多性能优良的商品化关系数据库管理系统。20 世纪 80 年代以来是 RDBMS 产品发展和竞争的时代,各种产品经历了从集中到分布,从单机环境到网络环境,从关系数据库到关系-对象数据库,从支持信息管理到联机事务处理(OLTP),再到联机分析处理(OLAP)、数据仓库的发展过程。

目前主流的 DBMS 产品主要有大型数据库管理系统 Oracle、DB2、Sybase、SQL Server 等,微机数据库管理系统 Visual FoxPro、Access 等。

1.7.1　Oracle

Oracle(甲骨文)公司成立于 1977 年,是一家以开发数据库及其相关产品为基础的全方位服务供应商,其产品主要包括数据库服务器、开发工具和连接产品三类,并首先提出了"客户层/应用层/数据库层"三层结构的应用模式。Oracle 在数据库领域一直处于领先地位。

1984 年首先将关系数据库转到了桌面计算机上;Oracle 5 率先推出了分布式数据库、客户/服务器结构等崭新的概念;Oracle 6 首创行锁定模式以及对称多处理计算机的支持;Oracle 8 主要增加了对象技术,成为关系-对象数据库系统;1999 年 Oracle 8i 交付使用,这是世界上第一个互联网数据库产品("i"代表 Internet),同时也是 Oracle 互联网平台电子商务的核心部分,2001 年又推出了 Oracle 9i;2003 年推出了具有网格计算功能的 Oracle 10g("g"代表 grid),2007 年又宣布将推出 Oracle 11g 产品。目前,Oracle 产品覆盖了大、中、小型机等几十种机型和系统,是世界上使用最广泛的大型关系数据库管理系统之一。

1.7.2　DB2

DB2 Universal Database(UDB,通用数据库)是 IBM 公司为 UNIX、OS/2 和 Windows NT 操作环境提供的关系型数据库解决方案。它将 IBM 在关系型数据库技术方面的领先优势与客户机/服务器数据库产品融为一体,具有极强的伸缩性和扩充能力,数据库的使用和管理非常方便。DB2 通用数据库能够在各种系统中运行自如,提供了从移动用户的膝上电脑到拥有兆兆位数据和数千用户的大型并行系统的全面支持。

1.7.3　Sybase

Sybase 公司成立于 1984 年,从 1992 年 11 月开始开发 Sybase 数据库产品。它把"客户/服务器数据库体系结构"作为产品研发的重要目标。Sybase 是一个面向联机事务处理,具有高性能、高可靠性的功能强大的关系型数据库管理系统。Sybase 数据库的多库、多设备、多用户、多线索等特点极大地丰富和增强了数据库功能。

1.7.4　MS-SQL Server

MS-SQL Server 是 Microsoft 公司推出的在 Windows 平台上最为流行的中型关系数据库管理系统,它的主要特点有:采用客户/服务器体系结构;通过图形化的用户界面,使系统的管理更加直观和简单;与 Windows 操作系统的有机集成,多线程体系结构设计,提高了系统对用户并发访问的响应速度;提供对 Web 技术的支持,使用户能够很容易地将数据库中的数据发布到网上。

1.7.5　Access

自从 1992 年 Microsoft 公司首次发布 Access 数据库管理系统以来,Access 已逐步成为桌面数据库领域比较成熟的关系数据库管理系统。Access 是 Office 软件包的一个组成部分,其版本的发展与 Office 同步。Access 数据库管理系统有如下一些主要特点:

● 单文件型数据库。所有信息保存在一个 Access 数据库文件中,它不仅包含所有的表,还包括操作或控制数据的其他对象(如查询、窗体、报表等),通过 Access 可以实现对这个文件的便捷管理。

● 提供对数据的完整性和安全性控制的机制。

● 提供界面友好的可视化开发环境。Access 提供了大量的向导、生成器,使用户在开发一些简单的应用软件时可以"无代码"编程。

● 与 Office 其他组件高度集成,可以相互成为窗户或服务器程序。

目前比较流行的开发工具都支持 Access 数据库,但 Access 数据库管理系统只能在 Windows 环境下工作,其应用仅限于比较小的场合,不能支持大型的应用。

1.7.6　Visual FoxPro

20 世纪 80 年代,随着 PC 机的广泛使用,由美国 Ashton-Tate 公司开发的 dBase 数据库管理系统迅速成为 PC 机上主流的数据库产品。随着版本的不断改进,dBase 经历了由 dBase Ⅱ 到 dBase Ⅳ 的演变过程。与此同时,其他公司也相继研制开发出许多既能与 dBase 兼容,又具有更多功能的新产品,其中以美国 FOX 软件公司推出的 FoxBASE 最为突出。它不仅速度比 dBase 快,功能比 dBase 强,而且还提供了编译和交互式程序开发环境,编写的程序具有可移植性。然而在此阶段,许多微机数据库产品同 dBase 一样,都还存在着一些共同的缺点,如:语言结构复杂、命令语句多、界面过于简单、程序生成功能较差、数据完整性功能较差等。

此后,FOX 软件公司推出了 FoxPro,使微机数据库产品的使用进入了新的阶段。它以界面的友好性和功能的易用性深深吸引了广大用户和开发人员,同时它在 xBASE 语言的基础上也做了大量扩展,如增加了 general 字段类型以支持多媒体数据,增加了对作为关系数据库标准语言的 SQL 的支持,采用了 Rushmore 技术等。FoxPro 2.5 版本提供了 DOS 和 Windows 两种平台的版本,并且不再分单用户版和网络版,它们均可在单机环境和网络环境中运行。

Microsoft 公司在收购 FOX 公司后,在 FoxPro 基础上引入可视化操作环境和面向对象的程序设计技术,于 1995 年推出了 Visual FoxPro 3.0,此后陆续推出了 5.0、6.0、7.0、8.0 和9.0版本。本教材以 VFP 6.0 为基础,兼顾其他版本的内容,重点介绍 VFP 的基本功能和使用。

习　题

一、选择题

1. 根据提供的数据独立性、数据共享性、数据完整性、数据存取方式等水平的高低,计算机数据管理技术的发展可以划分为三个阶段,其中不包括＿＿＿＿＿＿。
   - A. 人工管理阶段
   - B. 文件系统阶段
   - C. 计算机管理阶段
   - D. 数据库系统阶段

2. 数据模型是在数据库领域中定义数据及其操作的一种抽象表示。用树形结构表示各类实体及其间的联系的数据模型称为＿＿＿＿＿＿。
   - A. 层次模型
   - B. 关系模型
   - C. 网状模型
   - D. 面向对象模型

3. 关键字是关系模型中的重要概念。当一个二维表(A 表)的主关键字被包含到另一个二维表(B 表)中时,它就被称为 B 表的＿＿＿＿＿＿。
   - A. 主关键字
   - B. 候选关键字
   - C. 外部关键字
   - D. 超关键字

4. 在关系模型中,关系规范化的过程是通过关系中属性的分解和关系模式的分解来实现的。从实际设计关系模式时,一般要求满足＿＿＿＿＿＿。
   - A. 1NF
   - B. 2NF
   - C. 3NF
   - D. 4NF

5. 在数据库设计中,"设计 E-R 图"是＿＿＿＿＿＿的任务。
   - A. 需求分析阶段
   - B. 逻辑设计阶段
   - C. 概念设计阶段
   - D. 物理设计阶段

6. 数据流程图是常用的系统分析工具。从数据流程图上看,不包括＿＿＿＿＿＿内容。
   - A. 外部实体
   - B. 数据处理
   - C. 数据流
   - D. 数据结构

7. 物理结构设计是在物理存储中实现数据库的过程,其设计主要包含除下列哪一项以外的三个方面内容?＿＿＿＿＿＿
   - A. 存储记录的格式设计
   - B. 存取方式的设计
   - C. 存储方式的设计
   - D. 存取程序的设计

8. 数据库维护是一项有一定技术难度的工作,实质上它是再分析、再设计、再编程、再测试的过程。数据库维护工作一般分为下列四大类,对 DBMS 系统软件的升级工作可归类于＿＿＿＿＿＿工作。
   - A. 日常维护
   - B. 性能调整
   - C. 监控与分析
   - D. 扩展与增强

二、填空题

1. 数据库系统一般由数据库、＿＿＿＿＿＿、计算机支持系统、应用程序和有关人员组成。

2. 数据库中的数据按一定的数据模型组织、描述和储存,具有较小的＿＿＿＿＿＿,较高的数据独立性和易扩展性,并可以供各种用户共享。

3. 数据库通常包括两部分内容:一是按一定的数据模型组织并实际存储的所有应用需要的数据;二是存放在数据字典中的各种描述信息,这些描述信息通常称为_____。

4. 为了实现数据的独立性,便于数据库的设计和实现,美国国家标准局(ANSI)计算机与信息处理委员会(代号为 X3)以及标准规划和要求委员会(SPARC)在 1975 年将数据库系统的结构定义为三级模式结构:外部层、_____和内部层。

5. 长期以来,在数据库设计中广泛使用的概念模型当属"实体—联系"模型(简称 E-R 模型)。E-R 模型中有三个基本的抽象概念,它们分别是实体、联系和_____。

6. 关系模型通过一系列的关系模式来表述数据的结构和属性,它一般有 3 个组成部分:数据结构、数据操作和_____。

7. 在关系数据库中,完整性主要有域完整性、_____以及参照完整性等三种类型。

8. 数据流程图是使用直观的图形符号来描述系统业务过程、_____和数据要求的工具,可以比较准确地表达数据和处理的关系。

第2章

Visual FoxPro 数据库管理系统概述

Visual FoxPro(简称 VFP)是基于 Windows 平台上的可视化数据库管理系统,是一个全新的 FoxPro 版本。它既吸收了 Microsoft 公司的 Visual 系列产品的长处,具有功能强大、操作简便、可视化强、面向对象等许多特点,又兼有 Windows 和 FoxPro 的长处。其主要特点如下:

● 在数据库方面:完善了关系型数据库的概念,严格区分了数据库与数据表的概念;复合索引技术的广泛采用,改变了传统的单一入口的索引文件结构,使得一个索引文件中可以包含多个索引;SQL 命令的引入使得能以更少的代码和更快的速度从表中检索数据。

● 在数据操作方面:具有简单、灵活、多样的数据交换手段;支持众多的与其他应用程序进行数据交换的文件格式(如文本文件、电子表格等),因此外部的数据可以方便地添加到 Visual FoxPro 的表中,且可以将表转换成其他格式的数据文件,以交付其他应用程序处理。

● 在程序设计方面:不用编写或仅需编写少量程序代码,就能够快速地创建出功能强大的可视化应用程序;可利用项目管理器将创建的应用程序的所有功能模块组成项目,编译成一个能离开 Visual FoxPro 环境独立运行的可视化应用程序;Visual FoxPro 最突出的特点是具有强大的面向对象的功能,它使用户可以在更高的水准上使用面向对象的程序设计思想,建立有效的面向对象的可视化应用程序。

● 在操作使用方面:提供了一个功能相对完善的集成环境,用户可以通过菜单、工具栏或快捷键完成指定的操作;提供了丰富的开发工具,如各种向导(Wizard)、设计器(Designer)、生成器(Builder)和管理器(Manager)等工具,使得各种操作和维护变得更加方便和容易。

2.1 Visual FoxPro 的操作环境

Visual FoxPro 提供了一个可视化的集成操作环境,其操作界面的风格和常规的操作(如窗口操作、菜单的使用、工具栏的打开和关闭等)完全遵循 Windows 设计规范。

2.1.1 Visual FoxPro 操作界面

Visual FoxPro 系统启动后,其基本操作界面如图 2-1 所示。基本的集成操作环境由两个"窗口"和三个"栏"组成。

● 主窗口：指 Visual FoxPro 窗口中的空白区域，通常用于显示输出结果。

● "命令"窗口：该窗口只能显示在主窗口中，用于交互式地输入并执行命令。如果该窗口被关闭，可以通过菜单命令"窗口"→"命令窗口"打开，也可利用"常用"工具栏上的"命令窗口"按钮打开或关闭。

● 菜单栏：系统菜单共有 17 个菜单项，通常显示的菜单项在 7～9 个之间。系统菜单是一个动态的菜单系统，在操作过程中系统会随当前被操作对象的变化进行调整，如在浏览表时，会出现"表"菜单项。

● 工具栏：系统提供了 10 多个工具栏。利用菜单命令"显示"→"工具栏"可以打开"工具栏"对话框，以显示或关闭工具栏，也可以新建、删除、重置和定制工具栏。虽然部分工具栏按钮的功能与某些菜单命令相对应，但也有许多操作只能通过工具栏才能完成。

● 状态栏：状态栏位于主窗口的底部，用于显示 Visual FoxPro 的当前状态，包括按钮（或菜单）的功能说明，以及数据库、表和记录的情况等。

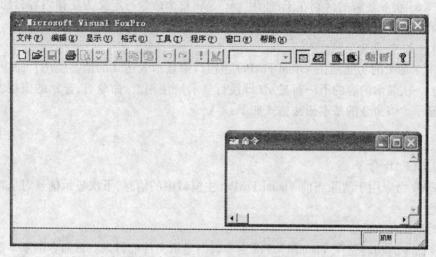

图 2-1　Visual FoxPro 的集成操作环境

2.1.2　命令说明

Visual FoxPro 虽然提供了一个可视化的操作环境，但用户也可以利用命令进行操作。可以以交互方式在命令窗口中输入并执行命令，也可以通过编写程序的方式自动地执行一系列命令（程序中所用的命令称为"语句"）。VFP 提供的命令有数百种，大多数命令可以在命令窗口中输入并执行。这里首先介绍本书中叙述命令的一些约定，以及几个常用命令。

1．命令的语法格式说明

所有的命令均有一定的语法结构和相应的语义，在表述某种命令时需说明该命令的功能、语法及命令参数的作用。在本教材中，命令的表述遵循如下约定。

● 斜体字：该部分通常是指命令的操作对象或参数，由用户定义。

● 方括号：该语法成份在命令中是可选项，若使用则可使命令具有某一功能。

● 省略号：前一语法成份可重复多次。

● 竖线：前后语法成份选择其一。

例如，删除文件的 DELETE FILE 命令，其语法格式表述如下：

DELETE FILE [*FileName* | ?] [RECYCLE]

其中，DELETE 和 FILE 为命令名关键字，用于标识命令的功能；*FileName* 用于指定要删除的文件，不指定文件名时可用问号（?）来打开"打开"对话框以选择文件；RECYCLE 为可选项，用于决定是否将删除的文件放入回收站。

对于比较长的命令，在命令窗口中可以按 <Ctrl> + <Enter> 键以换行输入，在程序中可以利用分号（;）换行输入（最后一行不需要分号）。此外，绝大多数命令中的关键字（包括此后介绍的函数名）可用其前 4 个字符代替；命令后面可以用"&&"引导命令的注解。

2. 几个常用命令

（1）* 命令

* 命令的功能是引导注释内容，通常在程序文件中用于说明程序或命令的功能。该命令与用"&&"引导注解的区别在于：使用"*"是将整个命令行定义为注释内容，且必须为命令行的第一个字符，而"&&"用于命令的后面，引导一个注释内容。

（2）? 和 ?? 命令

? 和 ?? 命令的功能是在 Visual FoxPro 主窗口中显示表达式的值。使用 ? 命令时，显示的值在上一次显示内容的下一行显示（即换行显示）；使用 ?? 命令时，显示的值接着上一次的内容显示。该命令的基本语法格式如下：

? | ?? *Expression*1 [, *Expression*2] …

（3）CLEAR 命令

CLEAR 命令用于清除当前 Visual FoxPro 主窗口中的信息，下次显示信息时从窗口的左上角开始。

（4）DIR 命令

DIR 命令的功能是在 Visual FoxPro 主窗口中显示文件的目录。该命令的基本语法格式如下：

DIR [[*Path*] [*FileSkeleton*]]

其中，*Path* 用于指定文件路径；*FileSkeleton* 是文件说明（可含通配符），用于指定显示哪些文件的目录，缺省时仅显示表文件（. DBF）。例如：

```
DIR                    && 在 Visual FoxPro 主窗口中显示当前目录中的表文件
DIR a:\*.txt           && 显示 a 盘中的.txt 文件
DIR a:\xjgl\t*.scx      && 显示 a 盘 xjgl 文件夹中以 t 字符开头的.scx 文件
```

（5）MD/RD/CD 命令

MD 命令的功能是创建文件夹，RD 命令的功能是删除文件夹，CD 命令的功能是改变当前工作目录。它们的语法格式如下：

MD | RD | CD *cPath*

其中，*cPath* 用于指定目录（文件夹）的路径。例如：

```
MD a:\vfp                    && 在 a 盘根目录中创建一个名为 vfp 的文件夹
RD a:\vfp                    && 删除 a 盘根目录中名为 vfp 的文件夹
```

（6）COPY FILE/RENAME/DELETE FILE 命令

COPY FILE 命令的功能是复制文件，RENAME 命令的功能是对文件进行改名，DELETE FILE 命令的功能是删除文件。它们的基本语法格式如下：

COPY FILE *FileName*1 TO *FileName*2

RENAME *FileName*1 TO *FileName*2

DELETE FILE [*FileName* | ?] [RECYCLE]

其中，*FileName*1 和 *FileName*2 用于说明文件，均可以包含路径说明和使用文件通配符；RECYCLE 关键字用于指定从硬盘删除的文件被放入回收站。需要注意的是，如果 RENAME 命令前后说明的文件不位于同一磁盘或文件夹，则在改名的同时进行文件的移动操作。例如：

```
COPY FILE c:\xjgl\myfile.txt TO a:      && 将 c 盘 xjgl 文件夹中的 myfile.txt 复
                                            制到 a 盘
RENAME a:\*.txt TO a:\*.doc             && 将 a 盘中的.txt 文件改名为.doc 文件
DELETE FILE *.bak                        && 删除所有的后备文件
```

（7）RUN 命令

RUN 命令用于调用 DOS 命令、DOS 应用程序或 Windows 应用程序。该命令的语法格式如下：

RUN [/N] *MS-DOSCommand* | *ProgramName*

其中，/N 参数表示不需等待该命令执行结束即可以执行另一个 Windows 应用程序。例如：

```
RUN /N calc                  && 运行 Windows 的"计算器"应用程序（calc.exe）
```

（8）QUIT 命令

QUIT 命令的功能是关闭所有的文件，并结束当前 Visual FoxPro 系统的运行，其作用等价于关闭 VFP 应用程序窗口。

2.1.3　配置 Visual FoxPro 操作环境

Visual FoxPro 提供了很多设置，用户可以通过这些设置改变系统的操作环境，包括主窗口标题、默认目录、临时文件的存放位置等。

在"工具"菜单中选择"选项"命令，将打开如图 2-2 所示的"选项"对话框，用户通过该对话框可以查看和更改环境设置。

"选项"对话框包含 12 个页面，对应于不同种类的设置。设置结束时，如果选择了"设置为默认值"按钮，则所有设置在下次启动 VFP 时仍然起作用。如果只选择了"确定"按钮，则所有设置只在当前有效，下次启动 VFP 时将不起作用。如果按住 < Shift > 键的同时按"确定"按钮，则当前设置会以命令形式显示在命令窗口中。

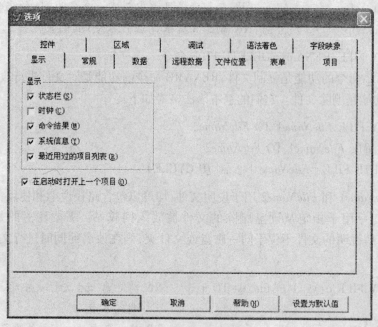

图 2-2 "选项"对话框

用户也可以利用 SET 命令进行临时设置(即在当前有效,下次启动 VFP 时将不起作用),常用的 SET 命令见表 2-1。例如,在命令窗口中执行下列两条命令可以在状态栏上显示时钟和将当前工作目录设定为 f 盘根目录:

SET CLOCK STATUS

SET DEFAULT TO f:\   && 该命令与命令 CD f:\等价

表 2-1　常用的 SET 命令

命　令	说　明
SET BELL ON/OFF	打开或关闭计算机铃声
SET CENTURY ON｜OFF	决定是否显示日期表达式中的世纪部分
SET CLOCK ON｜OFF｜STATUS	决定 Visual FoxPro 是否显示系统时钟
SET DATE [TO] AMERICAN｜ANSI｜MDY ｜DMY｜YMD｜LONG	指定日期表达式和日期时间表达式的显示格式
SET DEFAULT TO [path]	指定默认的驱动器、目录或文件夹
SET ESCAPE ON｜OFF	决定是否可以通过按 <Esc> 键中断程序和命令的运行
SET SAFETY ON｜OFF	决定改写已有文件之前是否显示对话框
SET SECONDS ON｜OFF	当显示日期时间值时,指定是否显示时间部分的秒
SET TALK ON｜OFF	决定 Visual FoxPro 是否显示命令结果

2.2　Visual FoxPro 文件类型

在 Visual FoxPro 中可以创建多种类型的文件,表 2-2 列出了可创建的主要文件类型。

表 2-2　Visual FoxPro 主要文件类型

扩展名	文件类型	扩展名	文件类型
. MEM	内存变量保存	. SCX . SCT	表单 表单备注
. PJX . PJT	项目 项目备注	. FRX . FRT	报表 报表备注
. DBC . DCT . DCX	数据库 数据库备注 数据库索引	. LBX . LBT	标签 标签备注
. DBF . FPT . CDX	表 表备注 复合索引	. VCX . VCT	可视类库 可视类库备注
. QPR . QPX	生成的查询程序 编译后的查询程序	. MNX . MNT	菜单 菜单备注
. PRG . FXP	程序 编译后的程序	. MPR . MPX	生成的菜单程序 编译后的菜单程序
. ERR	编译错误	. EXE	可执行程序

在 Visual FoxPro 中新建某种类型的文件一般都有多种方式。例如,利用菜单命令"新建"→"文件",或利用"常用"工具栏上的"新建"按钮,或利用命令方式,或利用"项目管理器"中的"新建"命令按钮。需要注意的是,当用户创建了某一类型的文件后,保存在磁盘上有时是一个文件,有时还会同时生成一些相关的备注文件等。例如,创建一个报表并保存后,将在磁盘上指定位置生成扩展名分别为. FRX 和.FRT 同名的两个文件。

2.3　Visual FoxPro 的项目管理及其操作

软件开发是一个系统工程,应使用工程化的概念、思想、方式和技术来管理软件开发的全过程。

一个应用系统就是一个工程项目,项目可以为单位管理一个系统中的相关组件。一个项目是一个系统中文件、数据、文档等对象的集合,用户在开发一个应用系统时总是先创建一个项目。在 Visual FoxPro 中,系统提供了一个称为"项目管理器"的图形化操作界面管理项目,如图 2-3 所示。项目管理器是 Visual FoxPro 中处理数据和对象的主要工具,其管理信息以项目文件的形式保存。因此,项目管理器可认为是 Visual FoxPro 的管理中心。

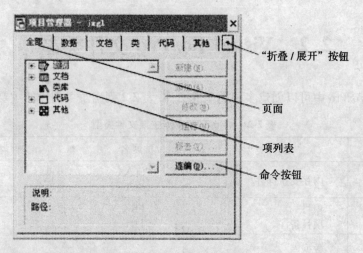

图 2-3 "项目管理器"窗口

用户可以通过以下任一种方法来创建项目:

● 在命令窗口中使用 CREATE PROJECT 命令,该命令的基本语法格式如下:

CREATE PROJECT [*FileName* | ?]

● 使用"文件"菜单中"新建"菜单项;

● 使用"常用"工具栏上的"新建"按钮。

对于已存在的项目,可以利用 MODIFY PROJECT 命令,或菜单命令"文件"→"打开",或"常用"工具栏上的"打开"按钮来打开。

2.3.1 页面

项目管理器共有 6 个页面,可用来分类显示各项。

● 全部:后 5 个页面中的项全部列在一起。

● 数据:包含了项目中所有的数据文件项,如数据库、自由表、查询和视图等。

● 文档:包含了处理数据时所用的全部文档,如输入与查看数据所用的表单、打印表和查询结果所用的报表和标签等。

● 类:包含了表单和程序中所用的类库和类。

● 代码:包含了程序、API 库和二进制应用程序。

● 其他:包含了菜单文件、文本文件和其他文件。

若要处理项目中某一特定类型的对象(文件),可选择相应的页面。在"项列表"中,系统以大纲的形式组织各项,各项左边的图标用来区分项的类型。

如果某类型数据项有一个或多个"下属"数据项,则在其标志前有一个加号"+"。单击标志前的加号可查看此项的列表,单击减号"-"可折叠展开的列表,其操作类似于 Windows 资源管理器的操作。

2.3.2 定制项目管理器

项目管理器在 Visual FoxPro 窗口中可以以多种不同的方式显示,系统默认的显示方式为窗口方式(图 2-3)。双击"项目管理器"窗口的标题栏,或将它拖放到工具栏区域,则项目管理器呈工具栏形状,如图 2-4 所示。双击项目管理器"工具栏"的空白区域,或将它拖放到 Visual FoxPro 主窗口中,项目管理器又恢复为窗口形状。

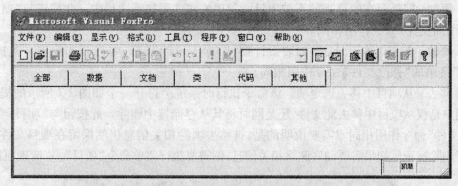

图 2-4　项目管理器"工具栏"

当项目管理器呈窗口形状时,在"项目管理器"窗口中单击"折叠/展开"按钮,可以将"项目管理器"窗口折叠成如图 2-5 所示的形状,再次单击"折叠/展开"按钮又可恢复为窗口状态。当项目管理器呈工具栏形状或项目管理器折叠时,可以单击某个页面来打开其列表,对所选项的操作可以通过快捷菜单中的命令来完成。

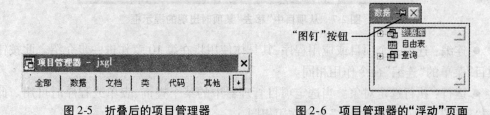

图 2-5　折叠后的项目管理器　　　　图 2-6　项目管理器的"浮动"页面

此外,还可以把页面从项目管理器中"撕下来"(利用鼠标的拖放操作)使之变为"浮动"在主窗口中的页面(图 2-6)。浮动的页面可以被拖动到主窗口的任何合适位置,单击其中的"图钉"按钮可决定该页面是否保持在主窗口的最前端(即不会被其他窗口覆盖),单击其"关闭"按钮可关闭浮动页面。

2.3.3　项目管理器的操作

可以利用"项目"菜单,或"项目管理器"窗口中的命令按钮,或快捷菜单进行项目本身的操作。利用项目管理器可对其所管理的各项内容进行操作,其基本操作方法是:首先在项目管理器窗口中选择页面,将列表项展开,找到操作对象;然后选择操作对象,单击窗口中的命令按钮或利用快捷菜单中的菜单命令。

1. 命令按钮

在"项目管理器"中选定某对象后,单击窗口中的命令按钮可以完成一定功能的操作。项目管理器中显示的命令按钮是"动态"的,随当前选择操作对象的类型而有所变化。命令按钮的功能如下所述:

● 新建:创建一个新文件或对象。通过项目管理器新建的文件或对象,其类型与当前选定项的类型相同,新文件或对象被项目所管理(在项目管理器窗口中显示)。也可以利用菜单命令"新建"→"文件"或"常用"工具栏上的"新建"按钮或在命令窗口中利用命令创建某种类型的文件或对象,但新文件或对象不会显示在项目管理器窗口,即不被项目所管理。

● 添加:把已存在的且当前不被项目所管理的文件添加到项目中。此按钮与"项目"菜单的"添加文件"命令作用相同。

● 修改:在相应的设计器(如表设计器、数据库设计器等)中打开选定项。此按钮与"项目"菜单的"修改文件"命令作用相同。

● 移去:从项目中移去选定项。该命令执行时系统会打开一个如图 2-7 所示的提示框,询问用户是仅从项目中移去此文件,还是同时将其从存储器中删除。此按钮与"项目"菜单的"移去文件"命令作用相同。需要说明的是,被移去项的相关信息仍然保留在项目文件中,但已做了删除标记。如果需要彻底删除相关信息,则需要执行菜单命令"项目"→"清理项目"。

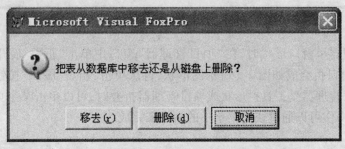

图 2-7　从项目中"移去"某项时出现的提示框

● 连编:连编一个项目或应用程序,其具体使用将在第 10 章作进一步介绍。此按钮与"项目"菜单的"连编"命令作用相同。

● 运行:执行选定对象。当选定项目管理器中的某个查询、表单或程序时可用。此按钮与"项目"菜单的"运行文件"命令作用相同。

● 浏览:在"浏览"窗口中打开一个表或视图。此按钮与"项目"菜单的"浏览文件"命令作用相同,且仅当选定一个表或视图时可用。

● 关闭:关闭一个打开的数据库。此按钮与"项目"菜单的"关闭文件"命令作用相同,且仅当选定一个数据库时可用。如果选定的数据库已关闭,此按钮变为"打开"。

● 打开:打开一个数据库。此按钮与"项目"菜单的"打开文件"命令作用相同,且仅当选定一个数据库时可用。如果选定的数据库已打开,此按钮变为"关闭"。

● 预览:在打印预览方式下显示选定的报表或标签。此按钮与"项目"菜单的"预览文件"命令作用相同,且仅当选定"项目管理器"中的某报表或标签时可用。

2. 快捷菜单命令

在"项目管理器"中选定某对象后,右击鼠标将出现快捷菜单,通过该快捷菜单也可以完成一些操作。快捷菜单中常用菜单命令说明如下:

● 包含/排除:用于将所选项设置为"项目包含"或"项目排除"。如果某项为项目排除,则在该项前用带斜线的圆圈标注,指明此项已从项目中排除,否则为项目包含。包含的项在运行时是只读的,且在项目连编为可执行的应用程序时,该项的所有文件均包含在执行程序中,发布应用程序时可以不需要该对象文件。具体使用在第 10 章将进一步介绍。

● 设置主文件：把选定的程序、表单、查询或菜单指定为主文件,该主文件在已编译的应用程序中作为主执行程序执行,即应用程序的"入口"程序。系统将第一个创建的程序、表单、查询或菜单作为默认主文件,项目中只能设置一个主文件(第二次设置时,前一次设置自动作废),显示时该项用粗体表示。具体使用在第 10 章将作进一步介绍。

● 重命名：修改所选项的名称。在改名时,它不仅修改项目中该项的名称,而且修改该项所对应的所有文件的文件名(即可对多个相关文件同步地进行改名)。需要注意的是,不允许对已打开的文件重命名。

● 编辑说明：编辑所选项的说明信息,通常用于标注该项的功能等。若某对象设置了编辑说明信息,则今后选取该项时,在项目管理器窗口中将显示该说明信息。

● 项目信息：用于编辑或设置一些与项目有关的信息,包括项目的作者、单位,项目编译为应用程序时是否需要"加密"、是否附加图标等。具体使用在第 10 章将作进一步介绍。

3. 项目间共享文件

通过与其他项目共享文件,可以重用在其他项目开发上的工作成果。被共享的文件并未被复制,项目只是存储了对该文件的引用。一个文件可以同时属于不同的项目。

若要在项目间共享文件,首先打开要共享文件的两个项目,在包含该文件的"项目管理器"中选择该文件,拖动该文件到另一个的项目容器中即可。

2.4　Visual FoxPro 语言基础

Visual FoxPro 不仅是一种关系型数据库管理系统,它还提供了一个程序设计语言,供用户编制应用程序。本章介绍 Visual FoxPro 语言的基本成份,包括数据类型、变量、函数、表达式等。

2.4.1　数据类型

数据类型是指数据对象的取值集合,以及对之可施行的运算集合。在 Visual FoxPro 中,创建表时需要用户指明表中每个字段的数据类型,变量或数组的数据类型则由保存在其中的值来决定。表 2-3 列出了 Visual FoxPro 支持的基本数据类型(其中打"＊"的数据类型只适用于表的字段)。

表 2-3　Visual FoxPro 的数据基本类型

类　型	说　明	大　小	范　围
字符型	任意文本	每个字符为 1 字节,最多可有 254 个字符	任意字符
货币型	货币量	8 字节	从 −922337203685477.5808 到 922337203685477.5807
日期型	包含日期的数据	8 字节	从 01/01/1000 到 12/31/9999
日期时间型	包含日期和时间的数据	8 字节	从 01/01/100 到 12/31/9999,及从 00:00:00 a.m. 到 11:59:59 p.m.

续表

类 型	说 明	大 小	范 围
数值型	整数或小数	在内存中占 8 字节,在表中占 1~20 字节	从 −0.9999999999E+19 到 0.9999999999E+20
逻辑型	"真"或"假"的布尔值	1 字节	"真"(.T.)或"假"(.F.)
浮点型 *	与数值型一样	同数值型	同数值型
双精度型 *	双精度浮点数	8 字节	从 +/−4.94065645841247E−324 到 +/−8.9884656743115E307
整型 *	整型值	4 字节	从 −2147483647 到 2147483646
备注型 *	数据块引用	在表中占 4 字节	只受可用内存空间限制
通用型 *	OLE 对象引用	在表中占 4 字节	只受可用内存空间限制

1. 字符型(Character)

字符数据类型由任意字符(字母、数字、空格、符号等)组成。字符型字段、变量和数组元素可以保存诸如姓名、名称、地址等文本数据。需要说明的是:有些数据是由数字组成的编码(如学号、工号、电话号码、邮政编码等),它们应作为字符型处理。

2. 数值型(Numberic)

数值型用来表示数量。它由数字、正负号及小数点组成。对于数值型字段,小数部分的位数在创建字段时确定。需要说明的是:小数点和小数位数是字段总长度的一部分。

3. 货币型(Currency)

在涉及货币数据时,可用货币类型来代替数值类型。对于货币型数据,如果小数位数超过 4 位,系统将其四舍五入到 4 位。

4. 日期型(Date)

日期数据类型用于存储有关日期的数据。日期型变量以"yyyymmdd"字符格式保存,其中,yyyy 表示年号,占 4 个字节;mm 表示月份,占 2 个字节;dd 表示日,占 2 个字节。

日期的格式有许多种,常用的格式为 mm/dd/yyyy。日期的格式取决于环境设置(利用 SET DATE、SET MARK、SET CENTURY 命令设置,或在"选项"对话框中设置)。

5. 日期时间型(DateTime)

在保存日期、时间或二者兼有时,可使用日期时间数据类型。日期时间值存储在两个 4 字节整数(计 8 个字节)中,第一个 4 字节保存日期,另一个 4 字节保存时间。时间从午夜起计算,以 1/100 秒为最小计时单位。

日期时间值可以包含完整的日期和时间,也可以只包含两者之一。若缺省日期值,则系统用默认值 1899 年 12 月 30 日填入;若缺省时间值,则系统用默认的午夜零点时间。

6. 逻辑型(Logical)

逻辑类型数据只有两个取值:.T.(表示 True,"真")或.F.(表示 False,"假")。

7. 浮点型(Float)

浮点数据类型与数值型等价,包含此类型是为了提供与早期版本的兼容性。

8. 双精度型(Double)

双精度型用于在表中存储精度较高、位数固定的数值。与数值型数据不同,在表中输入双精度数值时,小数点的位置由输入的数值决定。

9. 整型(Integer)

整数类型用于在表中存储无小数的数值。整型字段在表中占 4 个字节,它用二进制存储,因此在存储 4 位以上的数据时,它比数值型字段占用的空间要少。

10. 备注型(Memo)

备注型用于在表中存储数据块,数据块的大小取决于用户实际输入的内容。在表中,备注字段含有一个 4 字节的引用,它指向实际的备注内容。表中所有记录的备注字段数据保存在一个单独的表备注文件中,表备注文件名与表名相同但扩展名为. FPT。

11. 通用型(General)

通用数据类型用于在表中存储 OLE 对象。通用字段包含一个 4 字节的引用,它指向该字段真正的内容,这些内容可以是:电子表格、字处理文档或用另一个应用程序创建的图片等。通用字段的真正类型和数据大小取决于创建这些对象的 OLE 服务器,以及这些 OLE 对象是以链接方式还是以嵌入方式与该应用程序相联系。若是链接 OLE 对象,则表中只含有对数据以及创建这些数据的应用程序的引用;若是嵌入 OLE 对象,表中将含有相关数据的副本以及对创建这些数据的应用程序的引用。

2.4.2　常量与变量

大多数程序设计语言允许使用常量、变量和数组来存储数据,在 Visual FoxPro 中还可以使用记录和对象。这些常量、变量、数组、记录和对象称为存储数据的容器(简称"数据容器")。

1. 名称命名规则

数据容器、自定义函数或过程等都需要一个名称,如变量名、数组名、表的字段名、过程名和对象的属性名等。在 Visual FoxPro 中,建立名称时必须遵循如下规则:

● 名称中只能包含字母、下划线"_"、数字符号和汉字。

● 名称的开头只能是字母、汉字或下划线,不能是数字。

注:在 Visual FoxPro 中,系统预定了许多系统变量,它们的名称均以下划线开头,因此用户在定义名称时应尽可能避免使用下划线开头,并且表的字段名不允许以下划线开头。

● 除了自由表的字段名、表的索引标识名至多只能有 10 个字符外,其余名称的长度可以是 1 ~ 128 个字符。

● 应避免使用系统保留字。

例如,以下的名称是合法的:cVar、nVar2、x_2、sum_of_score、nSum_Score、_aver_gz 等,以下的名称是不合法的:2x、2_x、num - of - xs、nSum&Score、_aver#gz、use 等(use 为系统保留字)。

此外,虽然系统规定文件的命名规则由所使用的操作系统决定,但在实际应用中文件的命名同样应尽可能地遵守上述的名称命名规则,否则可能会发生在命令中无法引用该文件的情况。如果在文件名中使用空格符号,在命令中引用文件名时需要给文件名加引号。

2. 常量

常量是指在所有的操作过程中保持不变的值。例如,3.1415926 是数值型常量,字母"A"是字符型常量。

在 Visual FoxPro 中,常量根据其数据类型可以分为 6 种:数值型、货币型、字符型、逻辑型、日期型和日期时间型。不同数据类型的常量采用不同的界限符表示。

(1) 数值型常量

数值型常量用于表示数量的大小,由数字、小数点和正负号构成,存储在内存中占 8 个字节。例如, −3.15、38 等都是数值型常量。

对于特大的数或特小的数,还可以用浮点表示法。例如,3.12E + 28(表示 3.12×10^{28})、3.12E − 28(表示 3.12×10^{-28})。

(2) 货币型常量

货币型常量用来表示货币值。在表示货币型常量时,需在数字前加上美元符号($)。例如,$100.35、$2104。货币型常量没有浮点表示法,存储时在内存中占 8 个字节。

(3) 字符型常量

字符型常量也称为字符串,它是由字符串"定界符"括起来的一串字符,这些字符可以是一切可以表示的字符,如 ASCII 字符、汉字等。

字符串定界符可以是单引号、双引号或方括号。例如,'苏 A − 0001'、"5112613"、[Visual FoxPro]等都是字符型常量。需要注意的是:

● 不能用中文标点的单引号或双引号作为字符串的定界符;

● 定界符必须成对匹配,不能出现"一头为单引号而另一头为双引号"等情况;

● 如果某种定界符本身也是字符串的内容,则需要用另一种定界符表示该字符串;

● 不包含任何字符的字符串("")称为"空串",它与包含空格的字符串(" ")不同;

● 字符串中字母的大小写不等价。

(4) 逻辑型常量

逻辑型常量只有两个:逻辑真和逻辑假。逻辑真的常量表示形式有.T.、.t.、.Y. 和.y.,逻辑假的常量表示形式有.F.、.f.、.N. 和.n.(这些字母源于英文单词 True、False、Yes、No),逻辑型数据在内存中占一个字节。需要注意的是:字母前后的点符号是逻辑型常量的定界符,不可省略。

(5) 日期型和日期时间型常量

日期型常量和日期时间型常量的定界符是一对花括号,在花括号内包括年、月、日以及时、分、秒等部分,各部分之间用分隔符进行分隔。年月日的分隔符为斜杠(/)或连字符(−)或点符号(.)或空格,时分秒用冒号(:)分隔。空日期值用{ }表示。

Visual FoxPro 支持的日期/日期时间型常量的格式有两种:传统格式、严格格式。它们的区别在于日期部分的表示有所不同。

传统的日期格式是 Visual FoxPro 5.0 及以前的版本所使用的默认格式。这种格式的常量要受到 SET DATE、SET CENTUREY 命令的影响,其默认形式为美国日期格式:

{mm/dd/yy [hh:[mm[:ss]][a|p]]}

例如,{01 − 02 − 03}与{01 − 02 − 2003}均表示 2003 年 1 月 2 日。

严格的日期格式是 Visual FoxPro 6.0 及以上版本所默认的格式。这种格式不受 SET DATE 等命令设置的影响,其语法形式如下:

{^yyyy/mm/dd [hh:[mm[:ss]][a|p]]}

例如,｛^2002 - 08 - 12｝、｛^2002 - 08 - 12 8:12 p｝等均为严格的日期格式。

需要注意的是:Visual FoxPro 6.0 及以上版本的默认格式为严格的日期格式。如果需要使用传统的日期格式,必须使用 SET STRICTDATE 命令进行设置。该命令的功能是设置是否对日期格式进行检查,其语法格式如下:

SET STRICTDATE TO 0|1|2

其中,0 表示不进行严格的日期格式检查;1 表示进行严格的日期格式检查;2 表示进行严格的日期格式检查,并且对 CTOD( ) 和 CTOT( ) 函数也进行严格的日期格式检查。

Visual FoxPro 3.0 不支持严格的日期格式;Visual FoxPro 5.0 支持严格的日期格式,但无 SET STRICTDATE 设置命令。

3. 内存变量

内存变量(简称变量)是由用户定义的内存中的一个(组)存储单元,由变量名进行标识,其值可以由命令或程序操作修改。在使用过程中,该存储单元中存放的数据通过变量名来读写。变量可以是任意数据类型,并且可以在任何时候改变它的值。

(1) 变量的创建

在 Visual FoxPro 中,内存变量不需要特别申明,在需要时可以使用 STORE 命令或赋值运算符" = "直接进行赋值。在赋值的同时就完成了变量的创建,并且确定了该变量的数据类型以及目前变量的值。

使用 STORE 命令赋值与采用赋值运算符" = "赋值的区别在于:前者可以在一条命令中为多个变量赋值,而后者一条命令只能为一个变量赋值。例如:

```
STORE "VISUAL FOXPRO" TO cSoft,Csss        && 产生两个字符型变量
cSoft ="VISUAL FOXPRO"                      && 产生一个字符型变量
```

(2) 控制变量访问

变量只在应用程序运行时或创建它的 Visual FoxPro 工作期中才存在。使用 LOCAL、PRIVATE 和 PUBLIC 关键字可以指定变量的作用域。

● LOCAL 指定局部变量:用 LOCAL 创建的变量或数组只能在创建它们的程序中使用和修改,不能被更高层或更低层的程序访问,在它们所属的程序停止运行时,局部变量和数组将被释放。例如,下列命令可用于申明一个局部变量:

```
LOCAL cX1                                   && 变量 cX1 为局部变量
```

● PRIVATE 指定私有变量:PRIVATE 关键字将调用程序中定义的变量和数组在当前程序中隐藏起来,这样,用户便可在当前程序中重新使用和这些变量同名的变量,而不影响这些变量的原始值。一旦拥有这些变量的程序停止运行,所有被声明为私有的变量和数组均可重新被访问。例如,下列命令可用于声明两个私有变量:

```
PRIVATE cX2,cX3                             && 变量 cX2、cX3 为私有变量
```

● PUBLIC 指定全局(公共)变量:PUBLIC 关键字定义全局变量和全局数组。在当前工作期中,任何运行的程序都能使用和修改全局变量和全局数组。在命令窗口中创建的任何变量或数组被自动赋予全局属性。

例如,下列命令可用于声明三个全局变量:

PUBLIC cX4,cX5,cX6   && 变量 cX4、cX5、cX6 为全局变量

（3）访问变量

在 Visual FoxPro 中,若变量和字段同名,则字段具有更高的优先权。可在变量名前加上"m."前缀来引用它们。

例如,在当前工作区中打开的 xs 表存在一个名为 xh 的字段,则可以使用下列命令显示变量的值和字段值:

xh ='我是变量'   && 定义一个字符型变量 xh
? m.xh   && 显示变量 xh 的值
? xh   && 显示 xs 表的 xh 字段的值
? xs.xh   && 显示 xs 表的 xh 字段的值

（4）内存变量的保存与恢复

内存变量是系统在内存中设置的临时存储单元,当退出 Visual FoxPro 时其数据自动丢失。若要保存内存变量以便以后使用,可使用 SAVE TO 命令将变量保存到文件中。该命令的基本语法格式如下:

SAVE TO *FileName* [ALL LIKE *Skeleton* | ALL EXCEPT *Skeleton*]

其中 *FileName* 为内存变量文件的文件名,其默认的文件扩展名为. MEM; *Skeleton* 为变量名通配符,用于指定哪些变量需要保存(使用 ALL LIKE 子句时),或哪些变量不需要保存(使用 ALL EXCEPT 子句时)。变量名通配符的使用同文件名通配符的使用方法,即使用星号（ * ）或问号（?）来指定多个变量。ALL LIKE 子句和 ALL EXCEPT 子句缺省时表示保存当前所有的内存变量。

例如,下列的命令可用于将第 2~4 个字符为"Yan"的所有变量保存到 mVar 内存变量文件中:

SAVE TO mVar ALL LIKE ? Yan *

要将内存变量文件中所保存的内存变量恢复到内存,可以使用 RESTORE FROM 命令。该命令的基本语法格式如下:

RESTORE FROM *FileName* [ADDITIVE]

其中 *FileName* 为内存变量文件的文件名;若使用关键字 ADDITIVE,则当前已存在的内存变量仍保留,只是将内存变量文件中保存的内存变量追加到当前内存中来(但若当前内存中的变量名与内存变量文件中的变量名相同,则进行覆盖),否则当前内存变量被清除。

4. 数组

数组是存储在一个变量中由单个变量名引用的有序数据集合。数组也是一种内存变量,它是存储在内存中的有序的数据值系列,其中的数据值被称为元素,并可通过数据序号(称为数据下标)被引用。由于数组存在于内存中,且数组元素可以很容易地被赋值、定位和操作,因此数组提供了快速的数据访问和方便的数据操作。

在 Visual FoxPro 中,数组可以为一维数组,也可以为二维数组;一个数组中的数据不必

是同一种数据类型。

（1）数组的声明

在绝大多数情况下，数组在使用时必须预先声明。数组声明（也称为定义数组）的方式有如下几种：

- 使用 DECLEAR 命令；
- 使用 DIMENSION 命令；
- 使用 PUBLIC 命令；
- 使用 LOCAL 命令。

前两种方法声明的数组属于"私有数组"，而使用 PUBLIC 命令声明的数组属于"全局数组"，使用 LOCAL 命令声明的数组属于"局部数组"。在定义数组时，可以使用如下的命令格式：

DECLEAR|DIMENSION|PUBLIC|LOCAL　　数组名(行数,[列数])

例如，下列命令可以用于定义数组：

DECLEAR xx(4)　　　　　　　　&& 定义一个一维数组 xx
DIMENSION xy(4),xz(5,2)　　&& 定义一个一维数组 xy 和一个二维数组 xz
PUBLIC ab(20),cb(40)　　　　&& 定义两个一维数组 ab 和 cb
DECLEAR cc(4,10),dd(10,4)　&& 定义两个二维数组 cc 和 dd

（2）为数组元素赋值

数组同变量一样可以拥有任意数据类型。数组在声明之后，每个数组元素的默认值为逻辑值.F.。可以使用数组名和元素位置指定数组元素并进行赋值。下例创建一个有 6 行 3 列的二维数组，然后给第 1 行的第 2 列元素赋值：

DIMENSION ArrayName(6,3)
ArrayName(1,2) = 123

也可以用一个语句为所有元素赋相同的值。例如，下列命令将 ArrayName 数组的所有元素赋以 123：

ArrayName = 123

此外，可以使用 SCATTER、GATHER、COPY TO ARRAY 和 APPEND FROM ARRAY 等命令在数组元素与表的记录之间传递值。

5. 字段变量

字段是包含在记录中的数据项，也称为字段变量。字段变量是表的记录中拥有特定数据类型的命名位置。字段变量可以是 Visual FoxPro 允许的任意数据类型或字段类型。命名字段在设计阶段由表设计器设置其数据类型，或者在运行时由 CREATE TABLE 命令来确定。字段变量的设置与操作将在第 3 章中作详细介绍。

6. 对象

对象是类的实例，类是对于拥有数据和一定行为特征的对象集合的描述。Visual FoxPro 对象可以是表单、表单集或控件，可以利用对象来完成应用程序中需要一致性和依赖性的行为,减少代码量并提高代码可重用性。每个对象都有其属性和方法,并能响应特定的事件。可以通过对象的事件、属性和方法来处理对象。若要创建对象,可以通过表单设计器创建,或使用 CREATEOBJECT( )函数创建。有关内容将在第 6～7 章介绍。

7. 不同数据存储容器的作用域

数据是否可用(即数据的作用域)取决于在程序中声明的方式和位置。表 2-4 列出了不同数据存储容器的作用域。

表 2-4　不同数据存储容器的作用域

容　器	作用域
常量	私有
变量	公共、私有或局部
数组	公共、私有或局部
字段	永久存储,当保存此记录的表被打开时可访问
对象属性	通过对象和对象容器层次被引用

2.4.3　Visual FoxPro 系统函数

函数是系统预先编制好的程序代码,可供在任何地方调用。每个函数可以有 0 个,1 个或多个参数(参数间用逗号分隔),有且仅有一个返回值。函数分为两大类:由 Visual FoxPro 提供的函数称为"系统函数",用户定义的函数称为"用户自定义函数"。

调用函数时,其一般格式如下:

函数名([参数 1[,参数 2[,…]]])

Visual FoxPro 提供的函数有数百种之多,按功能可分为五类(表 2-5),每类又可细分为若干功能更明确的小类。

表 2-5　系统函数的分类

函数类型		说　明	常用函数
数据类型类	数值函数	处理并返回数值型数据	ABS( )、MAX( )、MIN( )、INT( )、MOD( )、ROUND( )、SQRT( )、RAND( )
	字符函数	处理字符型数据,返回字符型或数值型数据	ALLTRIM( )、LTRIM( )、RTRIM( )、LEN( )、AT( )、EMPTY( )、SUBSTR( )、LEFT( )、RIGHT( )、SPACE( )、BETWEEN( )
	日期/时间函数	用以产生和处理日期和时间型数据	DATE( )、DATETIME( )、DOW( )、DAY( )、MONTH( )、YEAR( )、SECONDS( )、TIME( )
	数据转换函数	将数据从一种类型转换成另一种类型	ASC( )、CHR( )、STR( )、VAL( )、DTOC( )、CTOD( )、TTOC( )、CTOT( )

续表

函数类型		说　　明	常用函数
数据库类	数据库函数	用以处理数据库的函数	DBUSED( )、DBC( )、DBSETPROP( )、DBGETPROP( )
	字段函数	用以处理表中的字段的函数	DELETED( )、FIELDS( )、FCOUNT( )、FSIZE( )
	索引函数	用以对索引文件的操作并返回与索引文件有关的信息	CDX( )、ORDER( )、TAG( )、UNIQUE( )
	记录函数	用以选择表中的记录或将记录指针定位	RECNO( )、SEEK( )、FILTER( )
	关系函数	建立或中断表之间的关系	RELATION( )、TARGET( )
	表函数	用于创建、处理和查看表	BOF( )、EOF( )、RECCOUNT( )、MLINE( )
环境类	环境函数	处理系统环境的函数	CAPSLOCK( )、INSMODE( )、RGB( )、DISKSPACE( )、NUMLOCK( )
	文件管理函数	用于处理磁盘文件的函数	FILE( )、PUTFILE( )、GETFILE( )
输入输出类	键盘和鼠标输入函数	控制键盘和鼠标进行输入	LASTKEY( )、INKEY( )、MDOWN( )、ISMOUSE( )
	菜单函数	开发、显示和激活用户自定义的菜单和菜单栏	BAR( )、POPUP( )、PAD( )、PROMPT( )、GETPAD( )
	打印函数	用于打印输出	PRINTSTATUS( )、GETPRINTER( )
	窗口函数	创建、显示和激活用户自定义窗口	WVISIBLE( )、WEXIST( )、WFONT( )、WONTOP( )、WOUTPUT( )
程序设计类	数组函数	用于处理数组	ASORT( )、ADEL( )、ADIR( )、ACOPY( )
	调试和错误处理函数	调试程序	ERROR( )、LINENO( )、PROGRAM( )、MESSAGE( )
	低级文件函数	低级处理文件和通信端口	FOPEN( )、FREAD( )、FSEEK( )、FCEATE( )、FEOF( )
	面向对象程序设计函数	用于创建和处理类和对象	CREATEOBJECT( )、GETOBJECT( )、ACLASS( )、AMEMBERS( )

函数作为 Visual FoxPro 语言的组成部分,要想正确地使用它们,必须从函数的功能、语法及返回值等方面去掌握。下面介绍部分常用函数,有关表和数据库等操作的函数在第 3 章及其后介绍。

1．数值函数

数值函数用于处理数值型数据,其返回值也为数值型数据。常用的数值函数有 ABS( )、MAX( )、MIN( )、INT( )、MOD( )、ROUND( )等。

（1）ABS( )函数

ABS( )函数的功能是返回指定数值表达式的绝对值。其语法格式如下：

ABS(*nExpression*)

例如：

? ABS(-45)	&& 显示 45
? ABS(10 - 30)	&& 显示 20
? ABS(30 - 10)	&& 显示 20
STORE 40 TO nNumber1	
STORE 2 TO nNumber2	
? ABS(nNumber2 - nNumber1)	&& 显示 38

（2）MAX( )和 MIN( )函数

MAX( )函数的功能是对几个表达式求值，并返回具有最大值的表达式的值；MIN( )函数的功能是对几个表达式求值，并返回具有最小值的表达式的值。其语法格式为：

MAX(*eExpression*1 , *eExpression*2 [, *eExpression*3 …])

MIN(*eExpression*1 , *eExpression*2 [, *eExpression*3 …])

其中，所有表达式必须为同一数据类型。

例如：

? MAX(-45 ,2 ,22 , -22)	&& 显示 22
STORE 40 TO nNumber1	
STORE 2 TO nNumber2	
? MAX(nNumber2 - nNumber1 ,39)	&& 显示 39
? MIN(-45 ,2 ,22 , -22)	&& 显示 -45
? MIN(nNumber2 - nNumber1 ,39)	&& 显示 38

（3）INT( )函数

INT( )函数的功能是计算一个数值表达式的值，并返回其整数部分。其语法格式为：

INT(*nExpression*)

例如：

? INT(12.5)	&& 显示 12
? INT(6.25 * 2)	&& 显示 12
? INT(-12.5)	&& 显示 -12
STORE -12.5 TO nNumber	
? INT(nNumber)	&& 显示 -12

（4）MOD( )函数

MOD( )函数的功能是用一个数值表达式去除另一个数值表达式，返回余数。其语法格式为：

MOD(*nDividend* , *nDivisor*)

其中,被除数表达式(nDividend)中的小数位数决定了返回值中的小数位;除数表达式(nDivisor)为正数,返回值为正,否则返回值为负。

例如:

? MOD(36,10)	&& 显示 6
? MOD((4 * 9),(90/9))	&& 显示 6
? MOD(25.250,5.0)	&& 显示 0.250
? MOD(23, -5)	&& 显示 -2
? MOD(-23, -5)	&& 显示 -3

（5）ROUND( )函数

ROUND( )函数的功能是返回圆整到指定小数位数的数值表达式。其语法格式为:

ROUND(nExpression, nDecimalPlaces)

其中,如果小数位数(nDecimalPlaces)为负数,则 ROUND( )返回的结果在小数点左端包含指定个零。

例如:

SET DECIMALS TO 4	&& 小数位为 4 位
SET FIXED ON	&& 固定显示小数位
? ROUND(1234.1962, 3)	&& 显示 1234.1960
? ROUND(1234.1962, 2)	&& 显示 1234.2000
? ROUND(1234.1962, 0)	&& 显示 1234.0000
? ROUND(1234.1962, -1)	&& 显示 1230.0000
? ROUND(1234.1962, -2)	&& 显示 1200.0000
? ROUND(1234.1962, -3)	&& 显示 1000.0000

（6）SQRT( )函数

SQRT( )函数的功能是返回数值表达式的值的平方根。其语法格式为:

SQRT(nExpression)

例如:

? SQRT(4)	&& 显示 2.00

（7）RAND( )函数

RAND( )函数的功能是返回一个 0 ~ 1 之间的随机数。其常用语法格式为:

RAND( )

例如:

? RAND( )	&& 显示一个 0 ~ 1 之间的数值

2. 字符函数

字符函数用于处理字符型数据,其返回值为字符型数据或其他类型数据。常用的字符函数有 ALLTRIM( )、TRIM( )、LTRIM( )、RTRIM( )、AT( )、LEN( )、SUBSTR( )、LEFT( )、RIGHT( )、SPACE( )等。

（1）ALLTRIM( )、TRIM( )、LTRIM( )和 RTRIM( )函数

ALLTRIM( )函数的功能是删除指定字符表达式值的前后空格符,返回删除空格后的字符串;LTRIM( )是删除指定字符表达式值的前面空格符,返回删除空格后的字符串;RTRIM( )与 TRIM( )是删除指定字符表达式值的后面空格符,返回删除空格后的字符串。其语法格式分别为:

ALLTRIM(cExpression)

LTRIM(cExpression)

RTRIM(cExpression)

TRIM(cExpression)

例如:

cVar = "VISUAL FOXPRO"

? ALLTRIM(cVar)   && 显示"VISUAL FOXPRO"

（2）AT( )函数

AT( )函数的功能是返回一个字符表达式(或备注字段)在另一个字符表达式(或备注字段)中首次出现的位置。其语法格式为:

AT(cSearchExpression , cExpressionSearched[, nOccurrence])

其中,字符表达式 cSearchExpression 指定搜索表达式;字符表达式 cExpressionSearched 指定被搜索表达式;数值表达式 nOccurrence 指定 cSearchExpression 在 cExpressionSearched 中第几次出现,缺省时为 1。如果返回值为 0,则表示未出现。

例如:

STORE 'Now is the time for all good men' TO gcString

STORE 'is the' TO gcFindString

? AT(gcFindString,gcString)   && 显示 5

STORE 'IS' TO gcFindString

? AT(gcFindString,gcString)   && 显示 0,区分大小写

需要说明的是,AT( )函数区分搜索字符的大小写。如果想要不区别搜索字符的大小写,可使用 ATC( )函数。

（3）LEN( )函数

LEN( )函数的功能是返回字符表达式的值中字符的数目。其语法格式为:

LEN(cExpression)

例如:

cVar = "VISUAL FOXPRO"

? LEN(cVar)   && 显示 13

```
? LEN( cVar + '1 2 3')                    && 显示 18( 注:有两个空格)
```

（4）SUBSTR( )函数

SUBSTR( )函数的功能是从给定的字符表达式（或备注字段）中返回一个子字符串。其语法格式为：

$$SUBSTR(cExpression, nStartPosition[, nCharactersReturned])$$

其中,cExpression 指定要从其中返回字符串的字符表达式或备注字段;nStartPosition 用于指定返回的字符串在字符表达式或备注字段中的位置;nCharactersReturned 用于指定返回的字符数目,缺省时返回字符表达式结束前的全部字符。

例如：

```
STORE 'abcdefghijklm' TO mystring
? SUBSTR( mystring, 1, 5)                 && 显示 "abcde"
? SUBSTR( mystring, 6)                    && 显示 "fghijklm"
```

（5）LEFT( )和 RIGHT( )函数

LEFT( )函数的功能是从字符表达式最左边字符开始返回指定数目的字符,RIGHT( )函数的功能是从字符表达式最右边字符开始返回指定数目的字符。其语法格式分别为：

$$LEFT(cExpression, nExpression)$$
$$RIGHT(cExpression, nExpression)$$

例如：

```
? LEFT( 'Redmond, WA', 7)                 && 显示 "Redmond"
? RUGHT( 'Redmond, WA', 2)                && 显示 "WA"
```

（6）SPACE( )函数

SPACE( )函数的功能是返回由指定数目的空格构成的字符串。其语法格式为：

$$SPACE(nExpression)$$

3. 日期与时间函数

日期与时间函数用于处理日期与时间型数据,其返回值为日期型、日期时间型或数值型数据。常用的函数有 DATE( )、TIME( )、DATETIME( )、YEAR( )、MONTH( )、DAY( )、DOW( )等。

（1）DATE( )、TIME( )和 DATETIME( )函数

DATE( )函数的功能是返回由操作系统控制的当前系统日期;TIME( )返回当前系统时间;DATETIME( )返回当前系统日期与时间。其语法格式分别为：

```
DATE( )
TIME( )
DATETIME( )
```

例如：

```
SET CENTURY OFF
```

? DATE( )   && 显示不带世纪的当天日期

SET CENTURY ON

? DATE( )   && 显示带世纪的当天日期

? TIME( )

? DATETIME( )

需要注意的是：Visual FoxFro 命令或函数都不能直接改变系统日期；返回值的格式由 SET DATE、SET MARK、SET CENTURY、SET HOURS 和 SET SECONDS 的当前设置决定，这种格式也依赖于 Windows 控制面板中的"国别设定"选项。

(2) YEAR( )、MONTH( )和 DAY( )函数

YEAR( )函数的功能是从指定的日期表达式或日期时间表达中返回年份；MONTH( )函数的功能是返回月份值；DAY( )函数的功能是返回某月中的第几天。其语法格式分别为：

YEAR(*dExpression* | *tExpression*)

MONTH(*dExpression* | *tExpression*)

DAY(*dExpression* | *tExpression*)

例如：

? YEAR(DATE( ))

? MONTH(DATE( ))   && 显示月份值

STORE {^03/05/95} TO gdBDate

? DAY(gdBDate)   && 显示 5

注：YEAR( )总是返回带世纪的年份，CENTURY 的设置（ON 或 OFF）并不影响此返回值。

(3) DOW( )函数

DOW( )函数的功能是从日期表达式或日期时间表达式返回该日期是一周的第几天（第一天为星期日）。其常用语法格式为：

DOW(*dExpression* | *tExpression*)

例如：

? DOW(DATE( ))

4. 数据类型转换函数

数据类型转换函数用于将一种类型的数据（参数）转换为另一种类型的数据（返回值）。常用的有 ASC( )、CHR( )、VAL( )、DTOC( )、TTOC( )、CTOD( )、CTOT( )和 STR( )等。

(1) ASC( )函数

ASC( )函数的功能是返回字符表达式值中最左边字符的 ASCII 值。其语法格式为：

ASC(*cExpression*)

例如：

? ASC('ABCD')   && 显示字母 A 的 ASCII 码值 65

（2）CHR（ ）函数

CHR（ ）函数的功能是计算数值表达式的值，然后以该值为 ASCII 代码返回其对应的字符（即返回字符的 ASCII 码值为数值表达式的值）。其语法格式为：

　　CHR（*nExpression*）

其中，数值表达式 *nExpression* 的值必须在 0～255 之间。

例如：

　　? CHR（66）　　　　　　　　　　　　　　　&& 显示字符 B

注：在实际应用中，可用 CHR（ ）向打印机等设备发送控制代码，例如 CHR（13）为换行，CHR（7）将启用计算机铃声（与 SET BELL TO 命令结合使用可以播放音乐）。

（3）VAL（ ）函数

VAL（ ）函数的功能是由数字组成的字符表达式返回数字值。其语法格式为：

　　VAL（*cExpression*）

其中，字符表达式 *cExpression* 最多由 16 位数字组成，若超过 16 位，则对其圆整。该函数在处理时，从左到右返回字符表达式值中的数字，直至遇到非数值型字符时为止（忽略前面的空格）。若字符表达式的第一个字符不是数字，也不是加、减号，则 VAL（ ）函数返回 0。

例如：

```
STORE '12' TO A
STORE '13' TO B
? VAL（A）+ VAL（B）                    && 显示 25.00
STORE '1.25E3' TO C
? 2 * VAL（C）                          && 显示 2500.00
```

（4）DTOC（ ）、TTOC（ ）函数和 CTOD（ ）、CTOT（ ）函数

DTOC（ ）和 TTOC（ ）函数的功能是由日期或日期时间型数据返回字符型日期，而 CTOD（ ）和 CTOT（ ）函数的功能与之相反。其语法格式为：

　　DTOC（*dExpression* | *tExpression* [,1]）

　　TTOC（*tExpression* [,1 | 2]）

　　CTOD（*cExpression*）

　　CTOT（*cExpression*）

其中，对于 DTOC（ ）和 TTOC（ ）函数，参数"1"用于以年月日顺序且无分隔符的形式返回字符型日期，参数"2"用于仅返回含时间部分的字符型时间；对于 CTOD（ ）和 CTOT（ ）函数，字符表达式 *cExpression* 的求值结果必须是从 1/1/100 至 12/31/9999 范围内的一个有效日期，其默认格式是 mm/dd/yy。可用 SET DATE 和 SET CENTURY 来更改默认格式。如果输入日期时未指定是哪个世纪（如字符表达式 1/1/95），则系统默认为 20 世纪。

例如：

STORE {^1995/10/31 10:34} TO gdThisDate

? DTOC(gdThisDate) &&显示字符串 10/31/1995

? DTOC(gdThisDate,1) &&显示字符串 19951031

? TTOC(gdThisDate) &&显示字符串 10/31/1995 10:34:00 AM

? TTOC(gdThisDate,1) &&显示字符串 19951031103400

? TTOC(gdThisDate,2) &&显示字符串 10:34:00 AM

STORE '7/4/1776' TO gcthe_4

? CTOD(gcthe_4th) &&非 SET STRICDATE TO 2 状态

STORE CTOD('^2101/12/15') TO gdchristmas

? gdchristmas

STORE '7/4/1776 10:22' TO gcthe_4th

? CTOT(gcthe_4th) &&非 SET STRICDATE TO 2 状态

STORE CTOT('^2001-10-12 22:22') TO gdchristmas

? gdchristmas

（5）STR()函数

STR()函数的功能是将数值表达式的值转换为对应的字符串。其语法格式为：

STR(*nExpression* [, *nLength* [, *nDecimalPlaces*]])

其中,长度 *nLength* 用于指定 STR() 返回的字符串长度,该长度包括小数点所占的字符和小数点右边每个数字所占的字符。如果指定长度大于整个数值的宽度,STR()用前导空格填充返回的字符串;如果指定长度小于整数部分的数字位数,STR()返回一串星号,表示数值溢出;如果未指定长度,系统默认为 10。小数位数 *nDecimalPlaces* 用于指定由 STR() 返回的字符串中的小数位数(若要指定小数位数,必须同时包含长度),如果指定的小数位数小于数值表达的值中的小数位数,则截断多余的小数位。

例如：

? STR(314.15) &&返回"314",没有指定宽度和小数位数,默认宽度取 10

? STR(314.15,5) &&返回"314",宽度 5,没有指定小数位数,前导 2 个空格

? STR(314.15,5,2) &&返回"314.1",宽度 5,小数位数 2,宽度不够,首先保证整数

? STR(314.15,2) &&返回"***",宽度为 2,小于整数部分宽度,溢出

? STR(1234567890123) &&返回"1.234E+12"

5. 其他常用函数

下面再介绍几个较为常用的函数:BETWEEN()、INKEY()、TYPE()、IIF()、DISKSPACE()、FILE()、GETFILE()和 MESSAGEBOX()等。

（1）BETWEEN()函数

BETWEEN( )函数用于判断一个表达式的值是否在另外两个相同数据类型的表达式的值之间,返回值为.T.或.F.或 NULL。其语法格式为:

BETWEEN(*eTestValue*, *eLowValue*, *eHighValue*)

其中,*eTestValue* 为测试值;*eLowValue* 用于指定范围的下界;*eHighValue* 用于指定范围的上界。如果一个字符型、日期型、日期时间型、数值型、浮点型、整型、双精度型或货币型表达式的值在另外两个相同数据类型表达式的值之间,BETWEEN( )就返回.T.,否则就返回.F.。如果 *eLowValue* 或 *eHighValue* 为 NULL 值(空值),则返回 NULL 值。

例如:

```
? BETWEEN(3, 14, 15)          && 显示.F.
? BETWEEN('a','A','b')         && 显示.F.
? BETWEEN('A','a','P')         && 显示.T.
```

(2) INKEY( )函数

INKEY( )函数的功能是返回一个编号,该编号对应于键盘缓冲区中第一个鼠标单击或按键操作。其常用语法格式为:

INKEY([*nSeconds*])

其中,秒数 *nSeconds* 用于 INKEY( )函数对键击的等待时间,缺省时立即返回一次键击的值,为 0 时 INKEY( )函数一直等待到有键击为止。如果没有按下键,则返回 0;如果键盘缓冲区中有多个键,只返回第一个输入到缓冲区的键的值。

例如:

```
? INKEY(20)          && 在 20 秒内按回车键,则显示 13
? INKEY(0)           && 按空格键,则显示 32
```

(3) TYPE( )函数

TYPE( )函数的功能是返回表达式的值的数据类型。其语法格式为:

TYPE(*cExpression*)

其中,表达式必须用引号。

例如:

```
? TYPE('(12 * 3) + 4')     && 显示 N
? TYPE('DATE( )')          && 显示 D
? TYPE('.F. OR .T.')        && 显示 L
? TYPE('ANSWER = 42')      && ANSWER 变量未预先赋予值,显示 U(不确定的
                              类型)
```

(4) IIF( )函数

IIF( )函数的功能是根据逻辑表达式的值返回两个值中的一个。其语法格式为:

IIF(*lExpression*, *eExpression*1, *eExpression*2)

其中,逻辑表达式 *lExpression* 为条件,其值为.T.时返回 *eExpression*1 的值,否则返回

*eExpression*2的值。

例如:

　　? IIF(DOW(DATE( )) = 1 OR DOW(DATE( )) = 7, '今天休息', '今天上班')

&& 星期日、星期六休息

(5) DISKSPACE( )函数

DISKSPACE( )函数的功能是返回默认磁盘驱动器上可用的字节数。其语法格式为:

　　DISKSPACE( )

此函数可用来确定是否有足够的可用空间来备份文件。如果返回值为 – 1,表示默认磁盘驱动器中没有磁盘。

例如:

　　SET DEFAULT TO a:

　　? DISKSPACE( )　　　　　　　　&& 显示软盘 a 中可用的磁盘空间(以字节为单位)

(6) FILE( )函数

FILE( )函数用于测试辅助存储器上是否存在指定的文件。其语法格式为:

　　FILE(*cFileName*)

其中,文件说明 *cFileName* 是一个字符串,用于指定文件。如果指定文件存在,则函数的返回值为. T. ,否则为. F. 。

例如:

　　? FILE('a: \data\js. dbf')　　　　&& 测试软盘的 data 文件夹中是否存在 js. dbf 文件

(7) MESSAGEBOX( )函数

MESSAGEBOX( )函数的功能是显示一个用户自定义对话框。其语法格式为(需要注意的是:该函数的函数名缩写为 MESSAGEB,即只能省略最后两个字符):

　　MESSAGEBOX(*cMessageText* [, *nDialogBoxType* [, *cTitleBarText*]])

其中,字符表达式 *cMessageText* 用于指定在对话框中显示的文本;对话框类型 *nDialogBoxType* 是一个数值表达式(缺省时为 0),用于指定对话框中的按钮和图标,显示对话框时的默认按钮以及对话框的行为;标题 *cTitleBarText* 用于指定对话框的标题,缺省时显示"Microsoft Visual FoxPro"。

对话框类型可以是按钮值、图标值、默认值的和。其中,对话框按钮值从 0 到 5 指定了对话框中显示的按钮(表 2-6),图标值 16、32、48、64 指定了对话框中的图标(表 2-7),默认按钮值 0、256、512 指定对话框中哪个按钮为默认按钮(表 2-8)。

表 2-6　按钮值

数值	对话框按钮
0	仅有"确定"按钮
1	"确定"和"取消"按钮
2	"放弃"、"重试"和"忽略"按钮
3	"是"、"否"和"取消"按钮
4	"是"、"否"按钮
5	"重试"和"取消"按钮

表 2-8　默认按钮值

数值	默认按钮
0	第一个按钮
256	第二个按钮
512	第三个按钮

表 2-7　对话框的图标值

数值	图标
16	"停止"图标
32	问号
48	惊叹号
64	信息(i)图标

表 2-9　按钮的返回值

返回值	按钮
1	确定
2	取消
3	放弃
4	重试
5	忽略
6	是
7	否

MESSAGEBOX( )的返回值标明选取了对话框中的哪个按钮。在含有"取消"按钮的对话框中,如果按下 < Esc > 键退出对话框,则与选取"取消"按钮一样。表 2-9 列出了 MESSAGEBOX( )对应每个按钮的返回值。

例如:

```
cMessageTitle = '我的应用程序'
cMessageText = '目前软驱中无软盘,是否重试?'
nDialogType = 4 + 32 + 256        &&"是/否"按钮;问号图标;第二个按钮为默认
nAnswer = MESSAGEBOX( cMessageText, nDialogType, cMessageTitle )
```

显示如图 2-8 所示的对话框。如果用户单击"否"按钮,则 nAnswer 的值为 7。

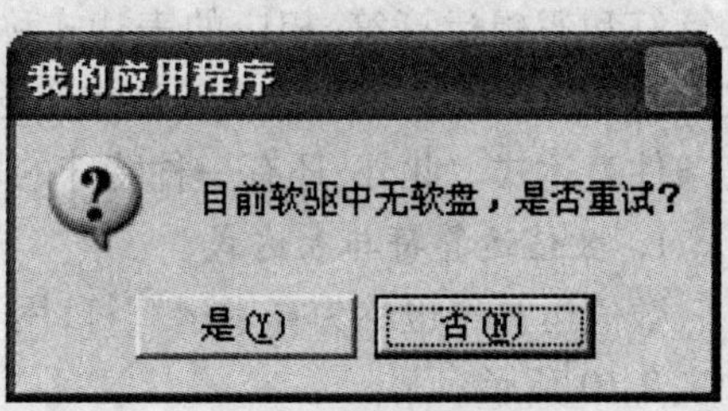

(8) GETFILE( )函数

GETFILE( )显示"打开"对话框,并返回选定文件的名称。其常用语法格式为:

GETFILE([*cFileExtensions*] [, *cText*])

图 2-8　MESSAGEBOX( )函数

其中,字符串 *cText* 用于指定文件文本框前的标签;文件扩展名 *cFileExtensions* 用于指定没有选择"所有文件"菜单项时,列表中显示的文件扩展名,文件扩展名的表示形式有多种:

● 如果包含单一扩展名(例如,. PRG),只显示具有此扩展名的文件;

● 可以包含由分号分隔的文件扩展名列表(例如,包含 PRG、FXP,可以显示扩展名为 . PRG或. FXP 的所有文件);

● 如果只包含分号(;),则显示所有不带扩展名的文件;

也可以包含通配符(＊ 和?),此时将显示扩展名满足通配符条件的所有文件。

例如,执行如下命令将显示如图 2-9 所示的对话框:

gcTable = GETFILE('DBF', '表文件名')

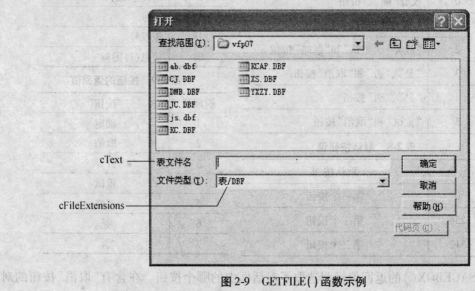

图 2-9　GETFILE( )函数示例

2.4.4　运算符与表达式

运算符用于同类型数据间的运算;表达式是通过运算符将数据组合起来可以运算的式子,其运行结果为单个值。需要说明的是:单个的常量、函数、字段名、对象的属性值等可看作是表达式的特例;参加运算的数据可以是常量,也可以是变量、字段名、函数和对象的属性值等形式。

在 Visual FoxPro 中,运算符可以分为数值运算符、字符运算符、日期/时间运算符、关系运算符和逻辑运算符,相应的表达式称为数值表达式、字符表达式、日期表达式、关系表达式、逻辑表达式。其中,关系表达式和逻辑表达式通常用于表示某种操作的条件,因此合称为条件表达式。此外,还有一种特殊的表达式——名称表达式。

1. 数值运算符与表达式

数值运算符也称为算术运算符,用于操作数值型数据。按优先级高低排列,数值运算符如表 2-10 所示。

表 2-10　数值运算符

运算符	操作
( )	子表达式分组以改变运算顺序(括号中的优先)
**或^	乘方运算
*、√	乘、除运算
%	模运算
+、-	加、减运算

例如,数学公式 $\dfrac{x^3+\sqrt{y-10}}{2xy}$ 的数值表达式可表示为:$(x^\wedge 3+\mathrm{SQRT}(y-10))/(2*x*y)$。

2. 字符运算符与表达式

使用字符运算符 + 、– 和 $ 可以连接和比较字符型数据。按优先级顺序列,字符运算符如表 2-11 所示。

表 2-11　字符运算符

运算符	操　作
+	将字符串连接在一起,参加连接的串可以是字符串常量、字符型字段、字符型变量和返回值为字符型的函数,结果仍然是字符串
–	将运算符左侧字符串尾部的空格移至连接后字符串的末尾
$	匹配。查看一个串(左)是否包含在另一个串(右)中,结果是一逻辑值

例如:

```
?"Visual "+"FoxPro"          && 结果为"Visual FoxPro",两个单词间有一个空格
?"Visual "–"FoxPro"          && 结果为"VisualFoxPro ",两个单词间无空格、最
                                后  一个为空格
?"ox "$"FoxPro"              && 结果为.T.
?"fox "$"FoxPro"             && 结果为.F.
```

3. 日期(和日期时间)运算符与表达式

对于日期和日期时间型数据,可以使用的运算符只有 2 个:加(+)和减(–)。需要注意的是:不可以对两个日期型数据或日期时间型数据进行相加运算。

例如:

```
?｛^2002 – 07 – 01｝+50                        && 日期加 50 天
?｛^2002 – 07 – 01 10:10:10 p｝+500            && 日期时间加 500 秒
?｛^2002 – 07 – 01｝–｛^2001 – 07 – 01｝       && 两个日期相减,结果为天数
?｛^2002 – 07 – 02 10:10:10 p｝–｛^2002 – 07 – 01 10:10:10 p｝
                                              && 结果为秒
?｛^2002 – 07 – 01｝–50                        && 日期减 50 天
?｛^2002 – 07 – 01 10:10:10 p｝–500            && 日期时间减 500 秒
```

4. 关系运算符与表达式

关系运算符可用于任意数据类型的数据比较,但要求关系运算符两边的操作数据的数据类型相同,运算结果为逻辑值。表 2-12 列出了可用的关系运算符(需要注意的是:后四种关系运算符的表示不同于数学上的表示)。此外,有时也将字符运算符 $ 归类于关系运算符。

表 2-12　关系运算符

运算符	操　作
<	小于比较
>	大于比较
=	等于比较
< > 或#或! =	不等于比较
< = 或 = <	小于或等于比较
> = 或 = >	大于或等于比较
= =	字符串精确等于比较

在比较字符串时,系统对两个字符串中的字符从左向右逐个进行比较,一旦发现两个对应字符不同,就根据这两个字符的排序序列决定两个字符串的大小。两个字符的大小,例如,'a'与'A',取决于字符序列的设置。字符序列的设置分为三种:

● Machine(机器)序列:按照机内码顺序排序。因此,由小到大是空格、大写字母、小写字母、一级汉字(按拼音排序)、二级汉字(按笔画排序)等。

● PinYin(拼音)序列:汉字按拼音序列排序。对于西文字符,由小到大是空格、小写字母、大写字母。

● Stroke(笔画)序列:汉字按照书写笔画的多少排序。对于西文字符,由小到大是空格、小写字母、大写字母。

系统默认的字符序列为"PinYin"。字符序列的设置可以在"选项"对话框(通过菜单命令"工具"→"选项"打开)的"数据"页面中进行,也可以通过 SET COLLATE 命令进行。例如:

```
SET COLLATE TO "Machine"
?'A' < 'B', 'a' < 'A', '' < 'A'                     && 显示.T.、.F.、.T.
SET COLLATE TO                              "PinYin"
?'A' < 'B', 'a' < 'A', '' < 'A'                     && 显示.T.、.T.、.T.
```

在使用" = "进行字符串比较时,其结果受 SET EXACT 命令所设置的系统环境的影响。SET EXACT OFF(默认值)时,如果" = "右边的字符串长度比左边的短,则左边的字符串取同右边长度相同的子字符串参加比较;在 SET EXACT ON 时,首先通过在字符串后面加空格的方法使两个字符串的长度相等,然后进行比较。例如:

```
SET EXACT ON
?"BCDE" = "BC"                                && 返回值为.F.
?"BC" = "BCDE"                                && 返回值为.F.
?"BC" = "BC"                                  && 返回值为.T.
?"BC" = "BC    "                              && 返回值为.T.
?"BCDE" = "BCDE"                              && 返回值为.T.
SET EXACT OFF
```

?"BCDE" = "BC"	&& 返回值为 . T.
?"BC" = "BCDE"	&& 返回值为 . F.
?"BC" = "BC"	&& 返回值为 . T.
?"BC" == "BC　　"	&& 返回值为 . F.
?"BCDE" == "BCDE"	&& 返回值为 . T.

在使用双等号(= =)进行字符串相等比较时,不受 SET EXACT 命令所设置的环境的影响,即只有长度相等且各个字符相同时,两个字符串才相等。

5. 逻辑运算符与表达式

逻辑运算符用于操作逻辑类型的数据,并且返回一个逻辑值。按优先级从大到小排列,逻辑运算符如表 2-13 所示。

表 2-13　逻辑运算符

运算符	操　　作
( )	子表达式分组,改变表达式中的运算顺序,( )中优先
NOT 或!	逻辑"非",用于取反一个逻辑值
AND	逻辑"与",用于对两个逻辑值进行"与"操作
OR	逻辑"或",用于对两个逻辑值进行"或"操作

Visual FoxPro 的逻辑表达式是自左向右进行运算的。运算过程中,当运算出某个中间结果后,若已经能够确定最终的结果,那么将终止本逻辑表达式中后面部分的运算。例如,用 AND 运算符建立的逻辑表达式中,只要有一项的值为假(. F.),整个表达式的值就为假。当 Visual FoxPro 遇到第一个 . F. 后,表达式剩余的部分就没有必要运算了。

6. 名称表达式

许多 Visual FoxPro 命令和函数需要用户提供操作对象的名称(例如,字段名、窗口名、菜单名、文件名和对象名等)。虽然这些名称不能直接用变量或数据元素表示,但可以使用名称表达式。

名称表达式是由圆括号括起来的一个字符表达式,该表达式也可以是单个变量或数组元素。名称表达式可以用来替换命令和函数中的名称,从而为 Visual FoxPro 的命令和函数提供了灵活性。下面是使用名称表达式的一些示例。

● 用名称表达式替换命令中的变量名。例如:

```
nVar = 100
var_name = "nVar"
STORE 123. 4 TO( var_name)          && 等价于 STORE 123.4 TO nVar 命令
? nVar                              && 结果为 123.4
```

● 用名称表达式替换命令中的文件名。例如:

```
dbf_name = "js"
USE( dbf_name)                      && 等价于 USE js 命令( USE 命令用于打
                                        开表,在第 3 章中介绍)
```

● 用名称表达式作为函数的参数：

  string1 ="Visual FoxPro"

  str_var ="string1"

  ?SUBSTR((str_var),1,6)   && 等价于 SUBSTR(str_var,1,6)命令取

             子串,结果为"Visual"

● 用字符表达式来构成一个名称表达式。例如：

  db_name ="jxsj"   && 数据库文件名

  dbf_name ="js"   && 表文件名

  USE(db_name +"!" + dbf_name) && 等价于 USE jxsj.js 命令

在使用名称表达式时,名称表达式不能出现在赋值语句的左边。例如,下列命令在过程执行时报错：

  var_name ="nVar"

  (var_name) =100   && 该命令执行时报错

7. 宏替换

宏替换与名称表达式具有相似的作用,可使用宏替换的方法用内存变量替换名称。在使用宏替换时,将连字符(&)放在变量前,告诉 Visual FoxPro 将此变量值当作名称使用,并使用一个句号(.)来结束这个宏替换表达式。例如：

  nVar =100

  var_name ="nVar"

  STORE 123.4 TO &var_name && 等价于 STORE 123.4 TO nVar 命令

宏替换与名称表达式虽然都可以用变量或数组中的值来替换名称,宏替换的使用范围更广些,有些地方只能使用宏替换而不能使用名称表达式。例如：

● 宏替换可以用以构成表达式,而名称表达式不能作为其他表达式的组成部分。例如：

  field_name ="js. xm"

  LOCATE FOR &field_name ="程东萍" && 能实现正确定位(LOCATE 命令用于

              表的记录定位)

  LOCATE FOR(field_name) ="程东萍" && 不能实现正确定位

● 在某些命令和函数中不能使用名称表达式。例如：

  var_name = "cVar3"

  &var_name ="test2"   && 能正确赋值

  (var_name) ="test2"   && 出错,不能赋值

  STORE "test1" TO (var_name) && 能正确赋值

  ? &var_name   && 显示的是变量 cVar3 的值

  ? (var_name)   && 显示的是"cVar3"而非变量 cVar3 的值

2.4.5　空值处理

Visual FoxPro 支持空值(用 NULL 或 . NULL. 表示),这不仅简化了对未知数据的处理,而且也方便了与含有 NULL 值的 Microsoft Access 或其他 SQL 数据库产品的协同工作。NULL 值具有以下特点:

- 等价于没有任何值。
- 与 0、空字符串("")及空格不同。
- 排序优先于其他数据。
- 在计算过程中或大多数函数中都可以用到 NULL 值。
- NULL 值会影响命令、函数、逻辑表达式和参数的行为。Visual FoxPro 支持的 NULL 值可以出现在任何使用值或表达式的地方。

在 Visual FoxPro 中,可以通过程序设计中的 NULL 标记,或在字段中以交互方式键入 <Ctrl> + <0> 来赋 NULL 值。可使用 ISNULL( ) 函数判断字段或变量是否为 NULL 值,或者一个逻辑表达式计算结果是否为 NULL 值。

1. 作为值使用空值

NULL 值不同于空字符串、空白字段或 0。例如,当变量含有空白或空字符串时,EMPTY( ) 和 ISBLANK( ) 函数都将返回"真"(. T.)。EMPTY( ) 函数对于 0 也返回"真"(. T.)。而对于以上各种情况 ISNULL( ) 函数都将返回"假"(. F.),并且 EMPTY( ) 和 ISBLANK( ) 函数在遇上 NULL 值时,都将返回"假"(. F.)。

可以用数组命令和字段命令操作 NULL 值,像 STORE、GATHER 和 SCATTER 命令。下面的示例将 NULL 值赋予 aX 数组中的每个元素:

```
DIMENSION aX[4]
STORE . NULL. TO aX
```

NULL 值不是一种数据类型,当给字段或变量赋 NULL 值时,该字段或变量的数据类型不变,只是值变为 NULL。例如:

```
STORE 5 TO nX
nX = . NULL.
? TYPE("nX")                    && 显示的数据类型为 N(数值型)
```

2. 空值在命令和函数中的行为

表 2-14 说明了命令和函数对 NULL 值的解释方式。

表 2-14　命令和函数解释空值的方式

数据类型	说　　明
逻辑型	大多数等于 NULL 的逻辑表达式返回 NULL 或产生一个错误信息,EMPTY( )、ISBLANK( ) 和 ISNULL( ) 函数除外
数值型	值为空值的数值表达式结果为 NULL。当为函数传递的参数为空值时,数值函数的结果为 NULL
日期型	含有空值的日期表达式将返回 NULL

3. 在逻辑表达式中 NULL 的行为

在大多数情况下,空值将在逻辑表达式中维持不变。表 2-15 说明了在逻辑表达式中 NULL 值的行为。

表 2-15　空值在逻辑表达式中的行为

逻辑表达式	表达式的结果		
	x = .T. 时	x = .F. 时	x = .NULL. 时
x AND .NULL.	.NULL.	.F.	.NULL.
x OR .NULL.	.T.	.NULL.	.NULL.
NOT x	.F.	.T.	.NULL.

当条件表达式中遇到 NULL 值时,因为空值不等于真(.T.),因此会将其解释为条件失败。例如,结果为 NULL 的 FOR 子句被当作"假"(.F.)值看待。需要注意的是,在整个表达式计算过程中,空值被看作 NULL,直到整个表达式都被计算。

4. 使用 NULL 作为参数

将 NULL 值作为参数传递给 Visual FoxPro 命令和函数时,将遵循以下规则:

● 给命令传递 NULL 值将产生错误。

● 将 NULL 作为有效值的函数,将向结果传递 NULL 值。

● 向应该接收数值型参数的函数传递 .NULL. 值,将产生错误。

向下列函数传递 NULL 值时会返回假(.F.):ISBLANK()、ISDIGIT()、ISLOWER()、ISUPPER()、ISALPHA() 和 EMPTY(),但 ISNULL() 返回真(.T.)。

INSERT-SQL、UPDATE-SQL 和 SELECT-SQL 命令通过 IS NULL 和 IS NOT NULL 子句处理 NULL 值。在这种情况下,INSERT、UPDATE 和 REPLACE 将 NULL 值放入记录中。

如果参与计算的所有值都为 NULL,则 Visual FoxPro 合计函数产生 NULL 值,否则任何 NULL 值将被忽略。

习　题

一、选择题

1. 下列有关名称命令规则的叙述中不正确的是_____。

A. 名称中只能包含字母、下划线"_"、数字符号和汉字

B. 名称的开头只能是字母、汉字或下划线,不能是数字

C. 各种名称的长度均可以是 1～128 个字符

D. 系统预定的系统变量,其名称均以下划线开头

2. 在下列函数中,其返回值为字符型的是_____。

A. DOW( )　　　　B. AT( )　　　　C. CHR( )　　　　D. VAL( )

3. 下列有关空值的叙述中不正确的是_____。

A. 空值等价于没有任何值

B. 空值排序时优先于其他数据

C. 在计算过程中或大多数函数中都可以用到 NULL 值

D. 逻辑表达式.F. OR .NULL. 的返回值为.F.

4. 函数 LEN(DTOC(DATE( ),1)) 的返回值为_____。

A. 4　　　　　　B. 6　　　　　　C. 8　　　　　　D. 10

5. 在下列有关日期/时间型表达式中,语法上不正确的是_____。

A. DATETIME( ) − DATE( )

B. DATETIME( ) + 100

C. DATE( ) − 100

D. DTOC(DATE( )) − DTOT(DATETIME( ))

6. 在 Visual FoxPro 中,EMPTY(⦃⦄)和 ISNULL(⦃⦄)函数的值分别为_____。

A. .T.和.T.　　　B. .F.和.F.　　　C. .T.和.F.　　　D. .F.和.T.

7. 为了使过程(或自定义函数)具有一定的灵活性,可以向过程(或自定义函数)传递一些参数。在 Visual FoxPro 中,系统约定:一个过程(或自定义函数)最多可以有_____个参数。

A. 1　　　　　　B. 4　　　　　　C. 27　　　　　　D. 127

8. 下列 Visual FoxPro 命令的叙述中不正确的是_____。

A. 在命令窗口中输入并执行命令 DIR,则显示当前目录中所有的表文件的目录

B. RENAEME 命令可以完成文件移动的功能

C. 所有 IF…ENDIF 结构的程序段均可以写成 IIF( ) 函数形式

D. ? 命令与 ?? 命令的功能不同

9. 在 Visual FoxPro 集成环境下,用户利用 DO 命令执行一个程序文件时,系统实质上是执行文件_____。

A. .PRG　　　　B. .BAK　　　　C. .FXP　　　　D. .EXE

10. 在下列叙述的操作中,不能关闭 Visual FoxPro 集成环境窗口的是_____。

A. 按 <Alt> + <F4> 组合键   B. 执行菜单命令"文件"→"关闭"

C. 单击窗口的"关闭"按钮   D. 在命令窗口中执行 QUIT 命令

二、填空题

1. 在 VFP 的集成操作环境中，对于比较长的命令，在命令窗口中可以按_____键以换行输入。

2. 在"选项"对话框中进行设置后，如果按住_____键的同时按"确定"按钮，则当前设置会以命令形式显示在命令窗口中。

3. VFP 操作环境可以通过 SET 命令进行临时设置。决定是否可以通过按 <Esc> 键中断程序和命令的运行的 SET 命令的格式是_____。

4. 在 VFP 中，创建并保存一个项目后，系统会在磁盘上生成两个文件，这两个文件的文件扩展名分别是_____和_____。

5. 在 VFP 中，可以使用 LOCAL、PRIVATE 和 PUBLIC 关键字指定变量的作用域。在命令窗口中创建的任何变量或数组均为_____变量。

6. 在定义数组时，使用 DECLEAR 和_____声明的数组属于"私有数组"，而使用 PUBLIC 命令声明的数组属于"全局数组"，使用 LOCAL 命令声明的数组属于"局部数组"。

7. 如果要将第 1 个字符为"c"的所有变量保存到 mVar 内存变量文件中，可以使用命令_____。

8. 函数 LEN(STR(12345678901)) 的返回值为_____；

函数 LEN(DTOC(DATE())) 的返回值为_____。

9. 在 VFP 中，命令关键字和函数名一般可缩写为前四个字母，但 MESSAGEBOX() 函数的缩写为_____。

第 3 章

数据库与表的创建及使用

信息系统的基础是数据库。设计一个完善、高效、结构优化的数据库，是创建信息系统过程中必不可少的重要环节。早期的 xBase 系列数据库管理系统中，数据库概念比较单一，数据库就是表，每个数据库都对应一个以.DBF 为扩展名的文件，这些文件在逻辑上是完全独立的，文件与文件之间没有任何关联。自 Visual FoxPro 3.0 以后，数据库的概念才得到了真正实现。

在 Visual FoxPro 中，表是数据的容器，系统使用表以行和列的形式储存数据，这些行和列就是记录和字段。数据库是表的容器，它联合、组织以及使用表和视图提供的结构和操作环境。用户可以独立地使用数据库，或在应用程序项目中包含它们。本章主要介绍如何创建 Visual FoxPro 数据库和表，以及它们的使用、维护和管理等内容。

3.1   数据库概述

Visual FoxPro 中构建数据库也包含创建表。在设计应用数据库时，其主要内容就是确定表、字段以及关系等数据库中所需的项目。当创建表时，就对这些项目的细节产生了更明确的选择，例如，每个字段的数据类型、标题和可能的默认值，每个表的触发器以及建立表间关系所需的表索引等。

3.1.1   数据库设计的过程

在一个数据库应用系统中，数据库的设计是非常关键的。数据库设计的好坏，将直接影响到数据的使用、存储以及应用系统中的程序设计。在第 1 章已对数据库设计的基础知识进行了介绍。在基于 Visual FoxPro 开发小型的信息处理系统的过程中，数据库的设计一般按如下步骤进行：

● 确定建立数据库的目的，进行数据需求分析。

● 确定需要的各种表，即将信息分为若干个独立的主题，每个主题都将是数据库中的一个表。

● 确定所需字段，也就是将在表中保存的信息。

● 确定表之间的关系，形象而又直观地反映现实世界中各实体间的真正关系。

● 改进设计、优化设计。

在上述步骤中,第一个步骤实际上是进行数据库的概念设计,后面的几个步骤是进行数据库的逻辑设计。

1. 分析数据需求

数据需求分析的目标是对现实世界中要处理的对象进行详细调查,并在了解整个系统概况、确定新系统功能的过程中,收集支持系统目标的信息。这个步骤将最终确定应在数据库中存储何种信息以及它们之间的关系等。明确目的之后,就可以确定需要保存哪些主题的信息(表),以及每个主题需要保存哪些信息(表中的字段)。

进行数据需求分析是数据库设计的第一步,是其他后续步骤的基础。在需求分析中,应尽可能地与数据库的最终用户进行广泛的交流,推敲那些需要数据库回答的问题,确定要生成的报表和用来收集记录数据的表单等。

2. 确定需要的表

表是存储数据的容器,也是数据库的主要管理对象。

在一个应用系统中,往往需要管理各方面的数据。例如,在一个教学管理信息系统中可能涉及到教师、课程、课程安排、学生、学生成绩、院系专业、教材等多方面的信息。为了高效准确地提供信息,应将不同主题的信息保存到不同的表中。例如,用 xs(学生)表保存学生的信息,用 cj(成绩)表保存学生的考试成绩信息等。

在设计数据库的时候,需要分离那些需要作为单个主题而独立保存的信息,然后说明这些主题之间有何关系,以便在需要时把正确的信息组合在一起。通过将不同的信息分散到不同的表中,可以使数据的组织和维护工作更简单,同时也保证建立的应用系统具有较高的性能。图 3-1 是一个教学管理系统中表及表之间联系的示意图,本教材后续的内容将基于这些表展开。

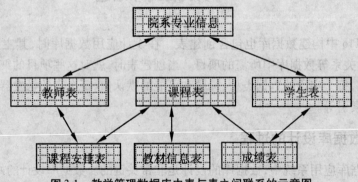

图 3-1　教学管理数据库中表与表之间联系的示意图

确定数据库中的表是数据库设计过程中最具技巧性的一步。因为根据要从数据库中得到的结果(包括要打印的报表、要使用的表单、要数据库解答的问题)不一定能直接得到如何设计表的线索,它们只是告诉用户需要从数据库得到的东西,并没有告诉用户如何把这些信息分门别类地添加到表中去。在确定表时要注意尽量避免在一个表中存储重复的信息。将相同的信息只保存一次能减少错误出现的概率,包括降低数据的冗余度,避免数据的异常插入、异常删除等操作(有关内容可参见第 1 章)。

3. 确定表的字段

在确定了表之后,须进一步确定每个表包含哪些字段。为了确定表的字段,首先需要确

定在表中描述对象(人、物或事件)的哪些信息。确定字段时,应遵从如下设计原则:

● 每个字段直接和表的主题相关,即必须确保一个表中的每个字段直接描述该表的主题,描述另一个主题的字段应属于另一个表。例如,在课程表中不应包含学生的成绩信息。

● 不要包含可推导得到或需计算的字段(数据),即一般不必把计算结果存储在表中。例如,在教师表中,有了"出生日期"字段,就不必有"年龄"字段,因为"年龄"可以通过当前日期所属的年份与"出生日期"所属的年份的差求得。

● 收集所需的全部信息,确保所需的信息都已包括在表中,或者可由表中字段推导出来。但又不是多多益善,所需信息的多少应根据实际应用的需要而定,因为涉及到一个事物的属性很多,必须要有所取舍。

● 尽量以最小的逻辑单位存储信息,即应尽量把信息分解成比较小的逻辑单位。如果一个字段中结合了多种信息,以后要获取单独的信息就会很困难,且可能会增大数据冗余度。如存储教师的联系方式时,不要将通信地址、电话电码等信息一起存放在同一个字段中。

● 每个表都必须包含主关键字。为使系统更有效地工作,数据库的每个表都必须由一个或一组字段构成主关键字,用以唯一确定存储在表中的每个记录,通常使用唯一的标识号作为这样的字段(如学生的学号、课程的课程代号)。利用主关键字可以迅速关联多个表中的数据,并把相关数据组合在一起。

4. 确定表之间的关系

在一个应用系统中一般均包含多个表,但表与表之间通常存在一定的联系,如学生表与成绩表、成绩表与课程表、课程表与教师表等。对于有联系的两个表,可以定义它们之间的关系。利用这些关系,可以查找相关联的信息,并为保持数据的一致性提供支持。

要在两个表之间正确地建立关系,首先必须明确这两个表之间存在何种关系。如第 1 章中所述,在关系模型中实体之间的联系有三种关系:一对一关系、一对多关系和多对多关系。

● "一对一"关系在实际应用中不常见,因为两个表之间如果是"一对一"关系,则通常可以将它们合并成一个表,除非字段总数超过 255(系统规定一个表最多有 255 个字段)。

● "一对多"关系是最常见、也是最有用的关系。例如,学生表与成绩表之间存在"一对多"关系:学生表中任意一个学生(以学号标识)在成绩表中可以找到他(她)的多门课程的成绩记录,如图 3-2 所示(图中显示了两个表的浏览窗口,有关表的创建与浏览等内容在 3.3 节介绍)。

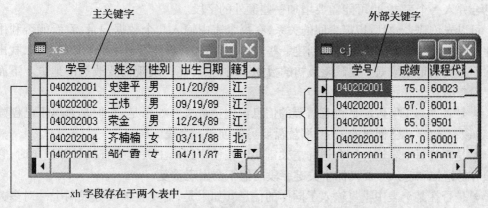

图 3-2　学生表(xs)与成绩表(cj)之间的一对多关系

● 在实际应用中,"多对多"关系大量存在。例如,学生表与课程表之间存在多对多关系:每个学生可以选多门课程,每门课程可被多个学生选修。但"多对多关系"通常不能直接被利用,或者说无利用价值。对于具有"多对多"关系的两个表,通常需要通过(建立)第三个表将这种关系分解成两个一对多关系。因为这第三个表在两表之间起着纽带的作用,因此称为"纽带表"(Junction Table)。在纽带表中,存储了两个表的主关键字。例如,成绩表是学生表与课程表之间的纽带表(图3-3),在这三个表之间,学生表与成绩表之间是一对多关系,课程表与成绩表之间也是一对多关系,而学生表与课程表之间是多对多关系。如果没有成绩表作为纽带表,把成绩字段放到学生表或课程表任何一个中,都将造成表中数据的大量重复。

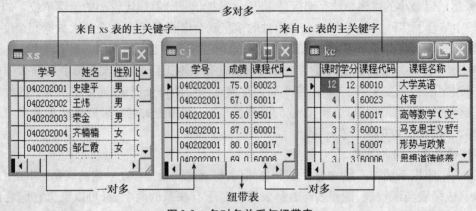

图3-3　多对多关系与纽带表

5. 设计的优化

确定了所需要的表、字段和关系之后,应该来研究一下设计方案,并且检查可能存在的缺陷。设计数据库时可能会有一些缺陷,例如,下列常见问题可能会使数据难以使用和维护:

● 表中是否带有大量并不属于某主题的字段? 应确保每个表包括的数据只与一个主题有关。

● 是否对很多记录来说有些字段保持空白? 这常意味着这些字段属于另一个表。

● 是否有大量表包含了许多同样的字段? 这常意味着需要将与同一主题有关的所有信息合并入一个表中,也可能需要增加一些额外的字段。

可以先创建表,然后指定表间的关系,在每个表中输入几个数据记录,看看能否利用数据库找到所需的答案。再粗略地创建一些表单和报表,看看能否显示所期望的数据,找出并消除不必要的重复数据。在试验最初的数据库时,很可能会发现需要改进的地方。下面是需要检查的几个方面:

● 是否遗忘了字段? 是否有需要的信息没包括进去? 如果是,它们是否属于已创建的表? 如果不包含在已创建的表中,那就需要另外创建一个表。

● 是否为每个表选择了合适的主关键字? 在使用这个主关键字查找具体记录时,它是否很容易记忆和键入? 要确保主关键字段的值不会出现重复。

● 是否在某个表中重复输入了同样的信息? 如果是,需要将该表分成两个一对多关系的表。

● 是否存在"字段很多而记录很少"的表,而且许多记录中的字段值为空? 如果有,就要考虑重新设计该表,使它的字段减少,记录增多。

确定了要做的修改之后,就可以修改表和字段,来改进设计方案。

3.1.2　数据库的组成

创建数据库(在 3.3 节介绍)后,从项目管理器窗口中可以看出 Visual FoxPro 数据库包含 5 个项目:表、本地视图、远程视图、连接和存储过程等内容,如图 3-4 所示。

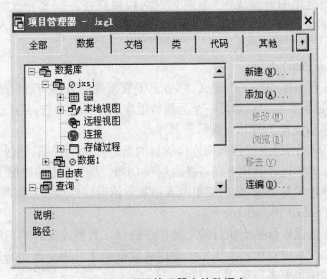

图 3-4　项目管理器中的数据库

1. 表(Table)

表及表之间的关系是数据库管理的主要内容,从属于某一个数据库的表,通常也称为"数据库表"。与后面介绍的自由表相比,数据库表具有许多扩展功能和管理特性。

表与数据库之间的相关性是通过表文件与库文件之间的双向链接实现的(图 3-5)。双向链接包括前链和后链,前链(Forward Link)是保存在数据库文件中的表文件的路径和文件名信息,它将数据库与表文件相链接;后链(Back Link)是存放在表(. DBF)的表头中的数据库文件的路径和文件名,用以将该表与拥有该表的数据库容器相链接。

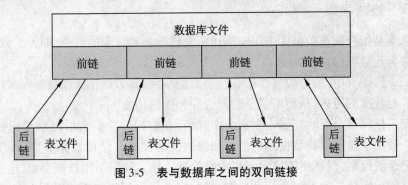

图 3-5　表与数据库之间的双向链接

2. 视图(View)

在设计表时,要把数据按主题分解到不同的表中,在使用这些表时,常常要把分散在相关表中的数据通过链接条件把它们收集到一起,构成一个"虚表"。在 Visual FoxPro 中,视图就是一种"虚表"类型,其数据来源于一个或多个表。

在应用程序中,若要创建自定义并且可更新的数据集合,可以使用视图。视图兼有表和查询的特点:与查询相类似的地方是,可以用来从一个或多个相关联的表中提取有用信息;与表相类似的地方是,可以用来更新其中的信息,并将更新结果永久保存在磁盘上。视图可以使数据暂时从数据库中分离成为"游离"数据,以便在主系统之外收集和修改数据。在 Visual FoxPro 中,视图可以分为本地视图和远程视图。有关视图的详细内容将在第 4 章中介绍。

3. 连接(Connection)

连接是保存在数据库中的一个定义,它指定了数据源的名称。这里所述的数据源是指远程数据源,一个远程数据源通常是一个远程数据库服务器或文件,并且已为它在本地安装了 ODBC 驱动程序和设置了 ODBC 数据源名称。

在 Visual FoxPro 中,建立远程数据连接的目的是创建远程视图,通过使用远程视图,无需将所有记录下载到本地计算机上即可提取远程 ODBC 服务器上的数据子集。用户可以在本地机上操作这些选定的记录,然后把更改或添加的值返回到远程数据源中。

4. 存储过程(Stored Procedure)

存储过程是在数据库数据上执行特定操作并储存在数据库文件中的程序代码,并且在数据库打开时被加载到内存中。由于不必管理从数据库文件中分离出来的代码文件,存储过程为应用程序提供了更多便利。

存储过程由一系列用户自定义函数或在创建表与表之间参照完整性规则时系统创建的函数组成。当用户对数据库中的数据经常要进行一些相似或相同的处理时,可以把这些处理代码编写成自定义函数并保存到存储过程中。实现永久关系中的参照完整性的代码也以函数形式存储在存储过程中。有关参照完整性的内容将在 3.4 节介绍。

利用存储过程可以提高数据库的性能,因为在打开一个数据库时,该数据库包含的存储过程便被自动地加载到内存中。显然,使用存储过程能使应用程序更容易管理,因为用户不必在数据库文件之外管理自定义函数。有关过程和自定义函数的内容将在第 5 章介绍。

3.1.3 数据字典

数据字典是指存储在数据库中用于描述所管理的表和对象的数据,即关于数据的数据,这些数据称为元数据(Meta Data)。

在 Visual FoxPro 中,每个数据库带有一个数据字典,其数据存储在数据库文件中。数据字典扩展了对数据的描述,从而增强了数据管理和控制功能。

数据库不仅将多个表收集到一个集合中,而且在数据库中的表可以享受到数据字典的各种功能。数据字典使得对数据库的设计和修改更加灵活。使用数据字典,可以创建字段级规则和记录级规则,保证主关键字字段内容的唯一性。如果不用数据字典,这些功能就必须用户自己编程实现。在 Visual FoxPro 中,数据字典可以创建和指定以下内容:

● 表中字段的标题、注释、默认值、输入掩码和显示格式,以及字段在表单中使用的默认控件类。

- 表的主索引关键字。
- 数据库表之间的永久性关系。
- 长表名和表注释。
- 字段级和记录级有效性规则。
- 存储过程。
- 插入、更新和删除事件的触发器。

3.2　数据库的创建、打开与使用

在 Visual FoxPro 中,每创建一个新的数据库都将在磁盘上以三个文件进行保存:数据库文件(. DBC)、关联的数据库备注文件(. DCT)和关联的数据库索引文件(. DCX)。数据库文件并不在物理上包含任何附属对象(如表或字段等)和用户数据,它仅存储指向表的链接指针、数据字典和一些定义(如视图的定义、自定义函数的定义、连接的定义等)。

3.2.1　数据库的创建

Visual FoxPro 为数据库设计提供了两个工具:数据库向导和数据库设计器。数据库向导使用预定义的模板帮助用户创建包含适当表的数据库,而数据库设计器则为用户提供定制自定义数据库的手段。这些工具不但能辅助完成数据库设计,而且还提供了一套完善的数据库管理和维护功能。

在 Visual FoxPro 中,用户既可以利用命令创建新的数据库,也可以通过界面操作创建新的数据库,通过界面操作时也有多种操作方式。

1. 界面操作方式创建数据库

用界面操作方式创建新建数据库可以采用下列方式之一:

- 在“项目管理器”窗口的项列表中选择“数据库”项,单击“新建”按钮,在“新建数据库”对话框中单击“新建数据库”按钮,在“创建”对话框中输入数据库的文件名(如 jxsj),单击“保存”按钮。在新数据库文件创建后,屏幕上出现如图 3-6 所示的“数据库设计器”窗口和“数据库设计器”工具栏,并且在项目中也增加了一个“jxsj”数据库。

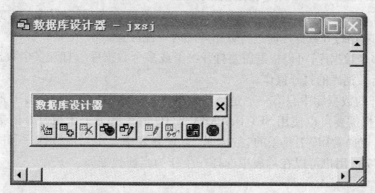

图 3-6　数据库设计器窗口及其工具栏

● 使用菜单命令"新建"→"文件",或"常用"工具栏上的"新建"按钮,打开"新建"对话框后选择"数据库"选项按钮,单击"新文件"按钮,同样可以创建新数据库。系统同样会打开数据库设计器窗口,但这样新建的数据库不会自动加到项目中去。

2. 命令方式创建数据库

用户也可以使用 CREATE DATABASE 命令创建新数据库。该命令的语法格式是:

CREATE DATABASE [*DatabaseName* | ?]

在使用命令创建新数据库时,如果在命令中没有给出数据库名或给出了"?",则系统会自动打开"新建"对话框,等待用户给出数据库文件名及存储路径;如果给出数据库名,则创建数据库,并使该数据库处于打开状态,但不出现数据库设计器。

3. 数据库设计器与"数据库"菜单

在通过界面操作创建数据库时,系统会自动地打开数据库设计器(图 3-6)。用户也可以在项目管理器窗口中选择数据库后单击"修改"按钮,或利用 MODIFY DATABASE 命令打开数据库设计器。

在打开数据库设计器后,用户可以在该设计器中查看表以及执行创建表之间的关系等操作,且在数据库设计器打开状态时,提供"数据库"菜单供用户使用。

3.2.2 数据库的打开与关闭

当创建数据库时,Visual FoxPro 创建并以独占方式打开数据库(与独占方式相对应的是共享方式)。

1. 打开数据库

在使用数据库前必须打开数据库。数据库的打开有多种方式:对于新建的数据库,保存后将自动地以独占方式打开;在打开数据库中的表时,系统也会自动地打开相应的数据库;在项目管理器窗口中选择一个数据库并单击"修改"按钮,也将打开所选数据库,并出现数据库设计器窗口。此外,可以使用 OPEN DATABASE 命令打开数据库,该命令的语法格式为:

OPEN DATABASE [*DatabaseName*] [EXCLUSIVE | SHARED] [NOUPDATE]
　　　　　　　[VALIDATE]

其中,EXCLUSIVE | SHARED 用于指定数据库是以独占方式还是以共享方式打开,缺省时以独占方式打开;NOUPDATE 用于限制数据库打开后不可修改,即以只读的方式打开;VALIDATE 用于要求在打开数据库时进行数据库的有效性检验。

如果有多个数据库,可以根据需要打开一个或多个数据库。打开多个数据库的方法就是重复地进行数据库的打开操作。

所有打开的数据库中只有一个是当前数据库,系统默认最后一个打开的数据库为当前数据库,根据需要可以使用 SET DATABASE TO 命令将另一个被打开的数据库设置为当前数据库。在"常用"工具条的"数据库"下拉列表中显示当前数据库和所有已打开的数据库(图 3-7),用户可以在列表中选择一个作为当前数据库。

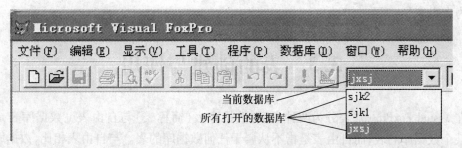

图 3-7 "常用"工具条中的"数据库"下拉列表

2. 检查数据库的有效性

如果用户移动了数据库文件或与数据库关联的表文件,则这些文件的相对路径会改变,从而可能会破坏用于关联数据库和表的双向链接。链接被破坏后,可通过重建链接来更新相对路径信息,以反映文件的新位置。

在使用命令打开数据库时若使用了 VALIDATE 关键字,则系统会检查数据库的有效性。也可在数据库打开后,利用 VALIDATE DATABASE 命令检查数据库的有效性和更新链接。该命令的基本语法格式为:

VALIDATE DATABASE [RECOVER][TO PRINTER|TO FILE *FileName*]

其中,RECOVER 用于说明更新链接,缺省时仅检查数据库的有效性;TO FILE 子句用于说明检查结果信息的去向,缺省时在 VFP 主窗口中显示。需要说明的是,VALIDATE DATABASE 命令只能处理以独占方式打开的当前数据库。在更新链接时,如果数据库表文件不在原位置,系统会打开"检查数据库"对话框,要求用户进行文件的定位。

3. 关闭数据库

可以通过下列方法关闭一个已打开的数据库:在项目管理器窗口中选择要关闭的数据库后单击"关闭"按钮;使用 CLOSE DATABASE 命令关闭当前数据库。此外,使用 CLOSE DATABASE ALL 命令可以关闭所有打开的数据库,若关闭(退出)Visual FoxPro 则系统将关闭一切打开的文件。例如,下面的命令可关闭已打开的数据库 jxsj:

SET DATABASE TO jxsj
CLOSE DATABASE

需要说明的是,在关闭数据库时,从属于该数据库的表同时被关闭(如果表已被打开);使用 CLOSE DATABASES 命令可以关闭当前数据库和表,若没有打开的数据库,则关闭所有工作区内所有打开的自由表、索引,并将当前工作区设置为工作区 1(自由表、工作区的概念在后面介绍)。

4. 删除数据库

删除数据库意味着删除存储在该数据库中的一切数据,包含存储过程、视图、表之间的关系、数据字典等。

删除数据库时,虽然可以从 Windows 的资源管理器窗口中删除,或利用 DELETE FILE 命令删除,但这些删除方法将不会删除该数据库所包含的表中的链接信息。因此,删除数据库时,应从项目管理器中通过"移去"操作进行删除,这样数据库所包含的数据库表将自动地变为自由表。

3.3 表的创建与使用

在 Visual FoxPro 中,表分为两种类型:数据库表(简称表)与自由表。数据库表是指从属于某个数据库的表,而自由表是指不从属于任何数据库的表。与自由表相比,数据库表除具有自由表的所有特性以外,还具有数据库管理的其他特性。

表是存储数据的实体,每个表均以文件(.DBF)的形式保存在磁盘中。系统约定,表文件的文件名除必须遵守 Windows 系统对文件名的约定外,不可使用 A ~ J 中的单个字母作文件名,且为了便于使用,在文件名及其存取路径中最好不要包含空格字符。

3.3.1 表结构概述

在 Visual FoxPro 中,建立表的一般步骤是:先设计表的结构,然后使用表设计器或命令建立表的结构并保存为表文件。表的结构主要是指定表的字段及其属性,即由哪些字段组成,这些字段的字段名、数据类型、宽度等分别是什么。需要注意的是,在 Visual FoxPro 中每个表最多可以有 255 个字段。

1. 字段名(Field Name)

表中的每一个字段必须取一个名字,称为"字段名"。字段名必须满足 2.1 节所述的命名规则。在实际应用中,字段名一般要与其对应的实体的属性名相同、相近或关联,以便于记忆和使用。例如,学生表的"姓名"字段可以取名为"姓名"(汉字),或"xingming"(拼音),或"xm"(拼音字头),或"name"(英文)等。

2. 字段的数据类型(Type)

表中的每个字段都有特定的数据类型。不同数据类型的表示和可进行的运算有所不同,指定数据类型是为了方便处理这些数据。Visual FoxPro 支持的基本数据类型见表 3-1。

表 3-1 字段的基本数据类型

数据类型	字母表示	说　　明	示　　例
字符型	C	字母、汉字符号和数字型文本	学生的学号或姓名
货币型	Y	货币单位	教师的工资
数值型	N	整数或小数	学生考试成绩
浮点型	F	(同数值型)	
日期型	D	年,月,日	生日
日期时间型	T	年,月,日,时,分,秒	员工的上班时间
双精度型	B	双精度数值	实验要求的高精度数据
整型	I	不带小数点的数值	学生的数量
逻辑型	L	真与假	课程是否为必修课
备注型	M	不定长的一段文本	学生简历
通用型	G	OLE	图片或声音

3. 字段宽度(Width)

字段宽度是指该字段所能容纳数据的最大字节数。字段宽度是否需要设置与字段的类型有关。系统约定字符型、数值型和浮点型等类型的字段需要设置其宽度,而其他一些类型的字段,其字段宽度由系统给定。例如,货币型、日期型、日期时间型和双精度型为 8 字节,逻辑型为 1 字节,整型、备注型和通用型为 4 字节。

在指定字段宽度时,必须充分考虑该字段可能存储的数据的最大长度。对于数值型和浮点型字段还必须设置其小数的位数,且字段宽度应为"整数部分的宽度 + 小数点 1 位 + 小数位数宽度"。

对于包含备注型字段的表来说,系统会自动生成和管理一个相应的备注文件,用于存储备注内容。备注文件的文件主名与表文件的主名相同,其扩展名为.FPT。在表的备注字段中,仅存储引用信息,指向备注文件中的备注内容。对于通用型字段来说,字段中仅保存引用信息,指向所管理的数据对象。

4. 空值支持

空值(NULL)是用来指示记录中的一个字段"有或没有"数据的标识。NULL 不是一种数据类型或一个值,确切地讲它是用来指示数据存在或不存在的一种属性。通过使用NULL,就有了一个判定某个字段是否具有一个值的办法。

以上这些字段的属性都是一些基本属性,对于数据库表来说还可以设置许多扩展属性,以增强其数据管理能力。

3.3.2　利用表设计器创建和修改表结构

在 Visual FoxPro 中,创建和修改表结构的方法主要有两种:利用表设计器(Table Designer)和使用命令。表创建并保存后,系统以扩展名.DBF 保存表文件。如果表中有备注型字段或通用型字段,则自动产生与表名相同但扩展名为.FPT 的备注文件。本教材中所用到的表及其结构说明见附录1。

1. 利用表设计器创建表结构

下面以创建学生表文件(xs.dbf)为例,介绍用"表设计器"创建表结构的方法。为了便于学习和掌握,这里仅介绍其基本结构的创建,即仅介绍字段的基本属性的设置,字段的扩展属性以及表索引和属性设置等在后面的小节中单独介绍。

利用表设计器创建表结构,可以按以下步骤进行:

● 在项目管理器的项列表中选择"自由表"后单击"新建"按钮,在出现的"新建表"对话框中单击"新表"按钮,然后在"创建"对话框中选择保存表文件的文件夹并输入表文件名(xs),单击保存按钮,则打开表设计器。

● 在表设计器"字段"选项卡上,将表的各个字段输入到字段列表框中(学生表的表结构及其说明见附录1)。其操作方法是:首先在"字段名"列标题下输入字段名,如"mzdm",然后选择类型为"字符型"、宽度为"2",其他字段依次输入,输入结束时如图 3-8 所示。

● 当一个表的所有字段的结构描述信息输入完毕并确认正确时,单击"确定"按钮。这时系统会出现一个"现在输入记录数据吗?"的消息框,询问是否"现在输入数据记录"。如果需要立即输入数据,可单击"是"按钮,否则单击"否"按扭。

学生表创建后,在磁盘上生成了两个文件:xs.dbf 和 xs.fpt。

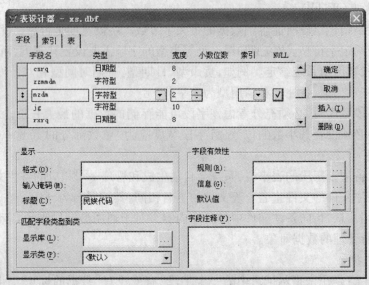

图 3-8　表设计器

2. 利用表设计器修改表结构

建立表之后,根据需要可以修改表的结构,例如添加、删除字段,或更改字段名、类型、宽度等。修改表结构的方式也有两种:用表设计器更改表的结构或使用 ALTER TABLE 命令来修改表的结构(后续介绍)。

如果表已存在于一个项目中,则可在项目管理器中先选定要修改的表,然后再单击"修改"按钮,系统便会打开表设计器。此外,如果表已在当前工作区中打开(表的打开与工作区的概念后续介绍),可使用 MODIFY STRUCTURE 命令打开表设计器以修改表的结构。

3.3.3　字段属性与表属性

1. 字段的扩展属性

数据库表的每个字段除具有字段名、类型、宽度等基本属性外,还可以设置标题、注释、格式、输入掩码、默认值、标题、注释以及字段的验证规则等扩展属性,以增强其数据管理能力。需要说明的是,虽然这些扩展属性同样是在创建表结构时设置的,但它们作为数据字典保存在数据库文件中。

(1) 字段的标题和注释

标题(Caption)和注释(Comment)都是为了增强表的可读性。

在取字段名时,首先应该考虑其可读性,但有时为了使字段更为方便地使用(如便于输入),字段名常常采用简练的形式(如使用拼音字母、英文单词或缩写等作为字段名)。在浏览表时,系统通常使用字段名作为各列的标题,但如果为字段设置了标题属性,则系统将以所设置的标题作为列的标题,从而增强了可读性。需要强调的是,标题只是在一些界面("浏览"窗口、表单或报表)中代表字段的标签,在引用字段时必须使用其字段名。

注释是字段的说明信息,便于(其他)用户理解字段的含义。若为某字段设置了注释,则在项目管理器窗口中选择一个字段时,在窗口的下部将显示该注释。

标题和注释不是必需的。在设置表结构时,如果字段名不能明确表达列的含义,可以为字段设置一个标题,如果标题还不能充分表达含义或者需要给字段以详细的说明,还可以给字段加上注释。

(2)字段的显示属性

字段的显示属性用来指定输入和显示字段时的格式,包括格式(Format)和输入掩码(InputMask)。

字段的格式用于指定字段显示时的格式,包括在"浏览"窗口、表单或报表中显示时的大小写和样式等。在说明格式时,可以使用一些字母(或字母的组合)来表示,可用的格式字母如表 3-2 所述。

表 3-2　字段格式

设置	说　　明
A	只允许字母和汉字(不允许空格或标点符号)
D	使用当前的 SET DATE 格式
E	以英国日期格式编辑日期型数据
K	当光标移动到文本框上时,选定整个文本框
L	在文本框中显示前导零,而不是空格。只对数值型数据使用
M	允许多个预设置的选择项。选项列表存储在 InputMask 属性中,列表中的各项用逗号分隔。列表中独立的各项不能再包含嵌入的逗号。如果文本框的 Value 属性并不包含此列表中的任何一项,则它被设置为列表中的第一项。此设置只用于字符型数据,且只用于文本框
R	显示文本框的格式掩码,掩码字符并不存储在控制源中。此设置只用于字符型或数值型数据,且只用于文本框
T	删除输入字段前导空格和结尾空格
!	把字母转换为大写字母。只用于字符型数据,且只用于文本框
^	使用科学记数法显示数值型数据,只用于数值型数据
$	显示货币符号,只用于数值型数据或货币型数据

例如,指定 xh 字段(学号)的格式可设置为"T!",则在输入和显示学号时其前导空格自动地被删除,且所有字母均转换为大写字母。

字段的输入掩码用于指定字段中输入数据的格式。在说明输入掩码时,可以使用一些字母或字母的组合来表示,可用的输入掩码字母如表 3-3 所述。

表 3-3　字段的输入掩码

设置	说　　明
X	可输入任何字符
9	可输入数字和正负符号,如负号()
#	可输入数字、空格和正负符号
$	在某一固定位置显示(由 SET CURRENCY 命令指定的)当前货币符号
*	在值的左侧显示星号
.	句点分隔符指定小数点的位置
,	逗号可以用来分隔小数点左边的整数部分
$$	在微调控制或文本框中,货币符号显示时不与数字分开

例如,指定 jbgz 字段(基本工资)的输入掩码为"99,999.99",则在输入基本工资时,系统使用"会计"格式。

（3）默认值

向表中添加新记录时，为字段所指定的最初的值称为该字段的默认值。在设置字段默认值时，默认值必须是一个与字段类型相同的表达式。

通过为某些字段设置适当的字段默认值，可以减少数据输入的工作量。例如，将 xb 字段（性别）的字段默认值设置为字符串"男"，则添加的新记录的 xb 字段自动地填充"男"；再如，某财务管理信息系统中某个表有一个"记账日期"字段（日期时间型），将该字段的字段默认值设置为日期函数 DATETIME( )，则该字段的值可以"永远"不需要输入。

如果字段设置为允许"Null"，则字段的默认值可设置为"Null"，否则，字段的默认值不可设置为"Null"。如果用户未指定字段的默认值且字段不允许为空值(.NULL.)，则系统将按表 3-4 所述的方式设置字段的默认值。

表 3-4　各数据类型的字段默认值

字段数据类型	默 认 值
字符型	长度与字段宽度相等的空串
数值型、整型、双精度型、浮点型、货币型	0
逻辑型	.F.
备注型、通用型	（无）
日期型、日期时间型	空的日期

（4）字段的有效性规则和有效性信息

字段的有效性规则用来控制输入到字段中的数据的取值范围。该规则是一个逻辑表达式，且当前字段应包含在该表达式中。该有效性规则仅对相应字段输入或修改的值验证其有效性，因此称为"字段级规则"。它将所输入的值用所定义的逻辑表达式进行验证，如果输入的值不满足规则要求（即逻辑表达式的值为.F.），则拒绝该字段值并显示一个消息框。

字段有效性信息也称为字段有效性说明，它是一个字符型表达式，通常与字段的有效性规则配合使用，用于指定在不满足规则要求时所显示的消息框中的说明信息。

例如，在学生成绩表中，成绩字段值应在一个有效的范围内，如在 0～100 之间，则可以将 cj 字段的有效性规则设置为逻辑表达式"cj > =0 .AND. cj < =100"，字段有效性信息设置为字符串"成绩应在 0～100 之间"。再如，在学生的性别只能是"男"或"女"，则可以将 xb 字段（性别）的有效性规则设置为逻辑表达式"xb $'男女'"，字段有效性信息设置为字符串"性别只能是男或女"。

需要注意的是，如果表中已有记录，且需要设置或修改某字段的有效性规则，则必须首先确保表中所有记录满足将要设置的有效性规则，否则有效性规则无法设置（也可以在保存表时不选择"用此规则对照现有数据"选项，以强制地设置）。

（5）字段的默认控件类

从表设计器中可以看出，可以设置字段的"匹配字段类型到类"属性。其作用是指定使用"表单向导"生成表单或从数据环境中将字段拖放到表单上时，与该字段相应的控件类（有关表单的内容将在第 6 章介绍）。

2. 数据库表的表属性

数据库表不仅可以设置字段的属性,而且可以为表设置一些属性,如长表名、记录验证、触发器等。这些表的属性也是作为数据字典保存在数据库文件中的。表属性可以通过在表设计器的"表"页面中设置,如图 3-9 所示。

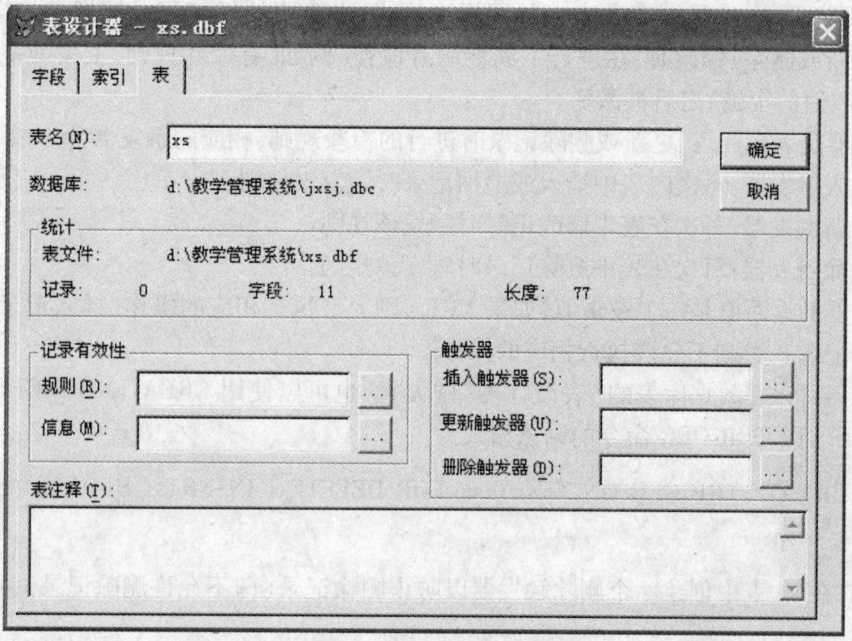

图 3-9 设置表属性

(1) 长表名与表注释

在默认情况下,表名即为表文件名。对于数据库表来说,允许再定义一个表名,通常称为长表名,系统规定该表名最大长度为 128 个字符。数据库表如果设置了长表名属性,则该表在项目管理器等窗口中均以长表名代替原表名(即文件名)。

在打开数据库表(打开表的方法后续介绍)时,长表名与文件名均可以使用。使用长表名打开表时,数据库必须打开且为当前数据库;使用表文件名打开表时,如果所属数据库未打开,系统将会自动打开数据库。

表注释是表的说明信息。当表的文件名及长表名均不能完全说明表的含义时,可以设置表的注释。在项目管理器窗口中选择一个表后,在窗口的下部会显示表注释。

(2) 记录有效性规则和信息

记录验证包括记录有效性规则和有效性信息,用于定义记录级校验规则及相应的提示信息。前面介绍的字段有效性规则仅对所设置的字段有效,而使用记录有效性规则可以校验多个字段之间的关系是否满足某种条件。例如,可以使用记录有效性规则来保证一个字段的值总是比同一记录中另一个字段的值大。在设置时,记录有效性规则为一个逻辑型表达式,记录有效性信息为一个字符型表达式。

记录级规则在记录值改变时被激活,不管用什么方法处理数据,在记录指针移动时都要检查记录有效性规则。如果修改了记录且没有移动记录指针,则关闭"浏览"窗口时仍然要检查记录有效性规则。

如果对一个已有记录的表增设记录有效性规则,则在设置结束时要按此规则对所有记录进行规则检查。如果有记录不符合规则,则设置的规则将不被认可,除非在保存表时不选择"用此规则对照现有数据"选项,以强制地设置该规则。

(3) 表的触发器

触发器(Trigger)是绑定在表上的逻辑表达式,当表中的任何记录被指定的操作命令(插入、更新或删除)修改时,在进行了其他所有检查(例如,有效性规则,主关键字的实施,以及 NULL 值的实施)之后被激活。

触发器是表在插入、更新或删除记录时进行的检验规则,相应的触发器分为如下三种:

● 插入触发器:每次向表中插入或追加记录时触发该规则。

● 更新触发器:每次在表中修改记录时触发该规则。

● 删除触发器:每次在表中删除记录时触发该规则。

触发器的返回值是一个逻辑值,如果为.T.,则允许执行相应的操作(插入记录、更新记录或删除记录),否则不允许执行相应的操作。

触发器可以在数据库表的"表设计器"中设置,也可以使用 CREATE TRIGGER 命令来创建。CREATE TRIGGER 命令的语法格式为:

CREATE TRIGGER ON *TableName* **FOR DELETE | INSERT | UPDATE AS** *lExpression*

例如,在 kc 表中创建一个删除触发器以防止删除记录(即不允许删除记录),可用如下命令:

CREATE TRIGGER ON kc FOR DELETE AS .F.

删除表的触发器可以在"表设计器"中进行,也可以使用 DELETE TRIGGER 命令。该命令的语法格式为:

DELETE TRIGGER ON *TableName* **FOR DELETE | INSERT | UPDATE**

数据库表的字段级有效性规则、记录级验证规则以及表的触发器,为数据的输入和修改等操作实施了约束。表 3-5 列出了可用的数据有效性约束机制,它们按照实施的顺序、应用级别以及何时激活的顺序进行排列。

表 3-5　约束机制及其激活时机

约束机制	级	激 活 时 机
Null 有效性	字段/列	当从浏览中离开字段/列,或在执行 INSERT 或 REPLACE 更改字段值时
字段有效性规则	字段/列	当从浏览中离开字段/列,或在执行 INSERT 或 REPLACE 更改字段值时
记录有效性规则	记录	发生记录更新时
候选/主索引	记录	发生记录更新时
VALID 子句	表单	移出记录时
触发器	表	在 INSERT、UPDATE 或 DELETE 事件中,表中值改变时

字段级和记录级规则能够控制输入到表中的信息,而不管数据是通过"浏览"窗口、表单,还是以编程方式来访问的。此外,建立在数据库中的规则可以对表的所有用户实施,而不理会应用程序的要求。

3.3.4 表的打开与关闭

在 Visual FoxPro 中,表使用前必须先打开。表的打开可以是显式地打开,也可以是隐式地打开。所谓显式地打开,是指用户利用菜单等界面操作方法,或 USE 命令直接打开表;所谓隐式地打开,是指在执行某些操作时系统会自动地打开相应的表,例如,在项目管理器窗口中选择一个表后单击"修改"或"浏览"按钮时,也会自动地打开表。

1. 工作区

所谓工作区是指用以标识一个打开的表的区域。在 Visual FoxPro 中打开一个表时,必须为该表指定一个工作区。每个工作区有一个编号,称为工作区号,其编号范围为 1 ~ 32747(前 10 个工作区号也可以用字母 A ~ J 表示)。如果某工作区中已有表打开,可以用表的"别名"作为工作区号(别名在后面介绍)。

一个工作区中只能打开一个表。如果在一个工作区中已经打开了一个表,再在此工作区中打开另一个表时,前一个表将自动被关闭。用户可以同时在多个工作区中打开多个表,也可以将一个表同时在多个工作区中打开。

系统正在使用的工作区称为当前工作区,即默认的工作区。当通过界面交互式地或用命令进行有关表的处理操作时,如果不指定其他工作区,则其作用对象是当前工作区中的表。在 Visual FoxPro 系统启动后,系统默认当前工作区号为 1。根据需要,可以使用 SELECT 命令选择当前工作区,其命令格式如下:

SELECT *nWorkArea* | *cTableAlias*

其中,*nWorkArea* 为工作区号,若 *nWorkArea* 为 0,则选择未被使用的最小编号的工作区;*cTableAlias* 为表别名。

2. 数据工作期窗口

数据工作期是当前数据动态工作环境的一种表示。在 Visual FoxPro 系统启动后,系统自动生成一个数据工作期,称为"默认"数据工作期。每一个表单、表单集或报表(在后面的章节介绍)在运行过程中,为了管理自己所用的数据,可以形成自己的数据工作期。每一个数据工作期包含有自己的一组工作区,这些工作区含有打开的表、表索引和关系。

在 Visual FoxPro 中,用户可以通过菜单命令"窗口"/"数据工作期",或"常用"工具栏上的"数据工作期窗口"按钮,打开如图 3-10 所示的"数据工作期"窗口。通过该窗口,用户可以选择、查看数据工作期以及所选数据工作期中的工作区使用情况、表打开的情况等,并且可以进行有关表的一些操作。

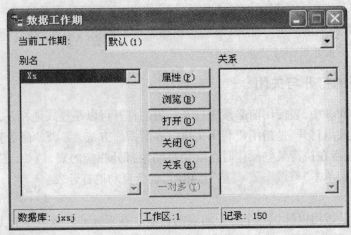

图 3-10 "数据工作期"窗口

3. 表的打开

对于创建的表来说,自动处于打开状态。打开的表可以被关闭,被关闭的表必须再次被打开后才能访问其中的数据。

(1)通过界面操作打开表

通过菜单、工具栏、项目管理器或"数据工作期"窗口等均可以打开表,但它们之间有所不同:

● 使用菜单命令"文件"→"打开"或单击"常用"工具条上的"打开"按钮,将出现"打开"对话框。在该对话框中选择表文件,则指定表将在当前工作区中打开。

● 在"数据工作期"窗口中单击"打开"按钮,将出现"打开"对话框。在该对话框中选择表文件,则指定表将在当前未被使用的最小工作区中打开,且当前工作区不变。

● 在项目管理器窗口中选择需要打开的表,然后单击"修改"或"浏览"按钮,则指定表将被打开,且出现"表设计器"对话框或表的浏览窗口。表的这种打开是在当前未被使用的最小工作区中打开,且该工作区为当前工作区。

(2)使用命令打开表

在命令窗口或程序中,可以使用 USE 命令打开一个表。该命令的基本语法格式为:

USE *TableName* [IN *nWorkArea* | *cTableAlias*1] [AGAIN] [ALIAS *cTableAlias*2]
[NOUPDATE]

其中,IN 子句用于指定表在哪个工作区中打开,缺省表示在当前工作区中打开;AGAIN 用于说明表再次打开(该表已在某工作区中被打开);ALIAS 子句用于定义表的别名,缺省时表的别名一般与表名相同;NOUPDATE 指定表打开后不允许修改结构和数据。

例如,下列命令用于打开表(有关说明见命令中的注释):

```
USE xs                  && 在当前工作区中打开 xs 表,别名为 xs
USE js ALIAS jiaoshi IN 4    && 在工作区 4 中打开 js 表,且定义别名为 jiaoshi
USE cj IN 0 NOUPDATE     && 在最小未用工作区中打开 cj 表,且不允许修改
USE xs AGAIN IN 5        && 在工作区 5 中再次打开 xs 表,其别名为 e
```

　　USE xs AGAIN IN 15　　　　　&& 在工作区 15 中再次打开 xs 表,其别名为 w15

　　表的别名是对工作区中打开的表的一个临时标识,可用于引用工作区和工作区中的表。在应用程序中,工作区通常通过使用该工作区的表的别名来标识。在打开表时,如果未利用 ALIAS 子句指定别名,则别名与表名相同,但如果一个表同时在多个工作区中打开且均未指定别名,则在第一次打开的工作区中,别名与表名相同,其他工作区中用 A ~ J 以及 W11 ~ W32747 表示。当前表打开的情况以及表的别名等,可在“数据工作期”窗口中查看。

　　4. 表的关闭

　　如果在一个工作区中已打开了一个表,则在此工作区中再次打开另一个表时,先前的表将自动被关闭。另外,可以通过界面操作或命令关闭打开的表。

　　(1) 通过界面操作

　　在“数据工作期”窗口中选定一个表的别名,单击“关闭”按钮。

　　(2) 使用命令

　　可以使用不带表名的 USE 命令关闭表,其命令格式如下:

　　　　USE [IN *nWorkArea* | *cTableAlias*]

其中,不使用 IN 子句时关闭当前工作区中的表。若需要将所有已被打开的表全部关闭,可使用下列命令(该命令执行后,当前工作区设置为1):

　　　　CLOSE TABLES ALL

　　此外,在退出 Visual FoxPro 系统时,所有的表都将被关闭;使用 CLOSE ALL 命令可以关闭所有工作区中的数据库、表和索引,且将当前工作区设置为 1。

　　5. 表的独占与共享

　　Visual FoxPro 是一个支持多用户的开发环境,网络上的多个用户可以在同一时刻访问一个表。这种一个表可以同时被多个用户访问的情况,就是表的共享。反之,当一个表只能被一个用户打开时,称为表的独占。

　　在默认状态下,表是以独占方式打开的。这种默认打开方式可以在“选项”对话框(通过菜单命令“工具”→“选项”打开)中设置,或使用 SET EXCLUSIVE 命令来设置:

　　　　SET EXCLUSIVE OFF　　　&& 设置“共享”为默认打开方式
　　　　SET EXCLUSIVE ON　　　 && 设置“独占”为默认打开方式

　　在打开表时,亦可以显式地指定表的打开方式是独占还是共享。在采用界面操作方式打开表时,“打开”对话框中有一个“独占”复选框,选中表示独占,否则表示共享。在使用 USE 命令打开表时,可以在命令中加子句“SHARED”(共享)或“EXCLUSIVE”(独占)来指定打开方式。例如:

　　　　USE xs SHARED　　　　　&& 以共享方式打开 xs 表
　　　　USE js EXCLUSIVE　　　　 && 以独占方式打开 js 表

　　需要说明的是,改变 SET EXCLUSIVE 的设置并不改变已经打开表的状态。此外,一个表如果被多次打开,只以第一次的打开方式为准。例如,第一次是以独占方式打开一个表,则在另一个工作区中再次打开该表时,即使指定 SHARED 方式,系统仍将以独占方式打开。

3.3.5 记录的处理

表结构是表的框架,用于存储和管理所存储的数据。当表结构创建好以后,用户就可以将数据输入到表中,并根据需要对表中的数据进行处理、利用和维护。

1. 记录的输入

表记录的输入可以在创建完表结构后立即进行,也可以根据需要在使用过程中追加。

(1) 表结构创建后立即输入记录

当表结构创建后,在关闭表设计器窗口前会出现"现在输入记录数据吗?"信息框,这时若单击"是"按钮,则出现输入如图 3-11 所示的编辑窗口。

在该编辑窗口中,系统用横线把各个记录隔开,一行为记录的一个字段。输入结束时,可单击窗口的"关闭"按钮,或按 < Ctrl > + < End > 组合键或 < Ctrl > + < W > 组合键。

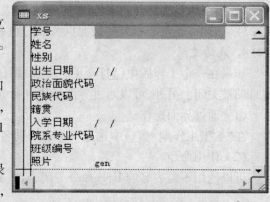

图 3-11 表的编辑窗口

(2) 在浏览窗口中追加记录

用户通过表的浏览窗口(图 3-12)可以查看和处理表的记录。浏览表有多种操作方法,例如:

● 利用菜单命令"显示"→"浏览",可以打开当前工作区中表的浏览窗口;

● 在"数据工作期"窗口中选择"表",单击"浏览"按钮,可以打开所选表(该表已被打开)的浏览窗口。

● 如果表由项目所管理,无论表是否被打开,均可在项目管理器窗口中选择需要浏览的表,单击窗口中的"浏览"按钮。

学号	姓名	性别	出生日期	政治面貌	民族代	籍贯	入学日期	院系专业代	班级编号	照
050503005	陈震宇	男	08/15/87	03	01	上海	09/01/05	050301	050503	ge
050503006	裴颖杰	男	12/12/86	13	01	江苏苏州	09/01/05	050301	050503	ge
050503007	胡帝娟	女	07/19/87	13	15	福建福州	09/01/05	050301	050503	ge
050503008	张学芸	女	04/02/87	13	01	广东广州	09/01/05	050301	050503	ge
050503009	张忠华	男	06/16/87	13	01	上海	09/01/05	050301	050503	ge
050503010	郭凯	男	01/31/87	03	01	江苏镇江	09/01/04	050301	050503	ge
050503011	曹爱祥	男	08/10/87	13	01	江苏南京	09/01/05	050301	050503	ge
050503012	查靓静	女	04/26/87	13	03	浙江杭州	09/01/05	050301	050503	ge
050503013	顾慧娜	女	03/09/87	03	01	福建厦门	09/01/05	050301	050503	ge
050503014	张琼	女	09/14/87	13	01	江苏苏州	09/01/05	050301	050503	ge
050503015	林云斌	男	06/28/87	13	03	江苏南通	09/01/05	050301	050503	ge
050503016	周佳盛	男	01/11/87	03	03	江苏无锡	09/01/05	050301	050503	ge
			/ /				/ /			ge

图 3-12 表的浏览窗口

在表处于浏览状态时,利用菜单命令"表"→"追加新记录"或"显示"→"追加方式"可追加一条新记录,且处于编辑状态等待用户输入数据。新记录输入后,系统会继续追加新记录,如此反复。

此外,表的浏览窗口(图3-12)与编辑窗口(图3-11)相互之间可以进行切换,其操作方法是利用菜单命令"显示"→"浏览"与"显示"→"编辑"。

(3) 使用 INSERT-SQL 命令追加记录

使用 INSERT-SQL 命令可以向表中追加一条记录。该命令的格式如下:

INSERT INTO TableName $[(FieldName1[,FieldName2,\cdots])]$;

VALUES $(eExpression1[,eExpression2,\cdots])$

其中,字段名列表用于指定新记录的哪些字段需要填值,缺省表示全部字段;表达式列表指定新插入记录的字段值。需要注意的是,如果指定了字段名列表,则表达式列表必须与之对应,否则表达式列表必须按照表结构定义字段的顺序来指定字段值。

可以使用以下命令向 xs 表中插入一条新记录:

INSERT INTO xs (xh, xm, xb, xzydm) VALUES ("050503017","高山","男","050301")

(4) 使用 APPEND 与 APPEND FROM 命令追加记录

使用 APPEND 命令可以向表中追加空记录。该命令的常用格式如下:

APPEND $[BLANK][IN\ nWorkArea|cTableAlias]$

其中,BLANK 用于说明向表中追加一条空记录,缺省时系统向表中追加一个空记录,并打开表的浏览窗口以等待用户输入该记录的数据。

使用 APPEND FROM 命令可以将其他文件(表文件、文本文件、Excel 文件等)中的数据导入当前工作区的表中。该命令的常用格式如下:

APPEND FROM $FileName[FIELDS\ FieldList][FOR\ lExpression]$ $[DELIMITED|XLS$

其中,DELIMITED 用于说明追加文件为文本文件,XLS 用于说明追加文件为 Excel 文件,缺省时追加文件为表文件。

APPEND FROM 命令实现的功能,也可以通过界面操作来完成。当某表处于浏览状态时,利用菜单命令"表"→"追加记录"可打开如图 3-13 所示的"追加来源"对话框。在该对话框中选择文件类型、追加的数据来源后,单击"确定"按钮即可。

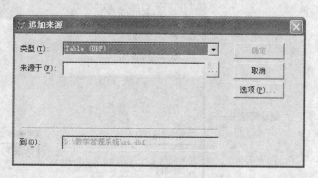

图3-13　"追加来源"对话框

(5) 备注型字段与通用型字段的数据输入

在浏览窗口中,备注型字段显示"memo"(表示无内容)或"Memo"(表示有内容)。为备注型字段输入数据的操作步骤是:将光标移动到相应的备注型字段,按 < Ctrl > + < Home > 组合键或双击备注型字段,在出现的编辑窗口中输入备注,结束时关闭编辑窗口。

在浏览窗口中,通用型字段显示"gen"(表示无内容)或"Gen"(表示有内容)。为通用型字段输入数据的操作步骤是:光标移动到通用型字段,按＜Ctrl＞＋＜Home＞组合键或双击通用型字段,在出现编辑窗口后利用菜单命令"编辑"→"插入对象"插入其内容,结束时关闭编辑窗口。

2. 浏览窗口

在表的浏览窗口中,用户可以对表记录进行多种操作。浏览当前工作区中的表,除了前面介绍的界面操作方法外,还可以使用 BROWSE 命令。该命令的常用格式如下:

BROWSE ［FIELDS *FieldList*］［FOR *lExpression*］［FREEZE *FieldName*］;
　　　［NOAPPEND］［NODELETE］［NOMODIFY］［TITLE *cExpression*］

其中,FIELDS 子句用于指定在浏览窗口中出现的字段(各字段名之间用逗号分隔),缺省时表示所有字段;FOR 子句用于筛选记录,仅有满足条件的记录在浏览窗口中显示;FREEZE 子句用于指定可以修改的字段,其他字段的数据不可修改;NOAPPEND 指定不可追加记录;NODELETE 指定不可删除记录;NOMODIFY 指定不可修改记录,但可追加或删除记录;TITLE 子句指定浏览窗口的标题,缺省时为表名。

在浏览窗口为活动窗口时,系统将出现"表"菜单项,以便用户对浏览窗口中的表(即当前工作区中的表)进行各种操作。

3. 记录的筛选

如果用户只想查看和处理满足一定条件的一部分记录,可以对表记录进行筛选。在许多对表进行处理的命令中(例如 BROWSE 命令),通过 FOR 子句或 WHERE 子句可以完成筛选功能。

当表处于浏览状态时,在"工作区属性"对话框(利用菜单命令"表"→"属性"打开,如图 3-14 所示)中通过对"数据过滤器"的设置(填写条件)可以筛选记录。

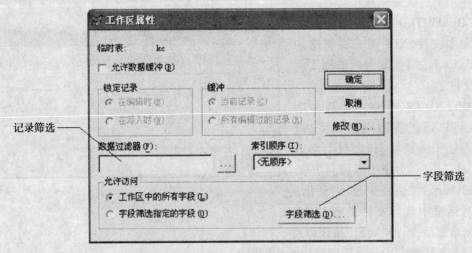

图 3-14　"工作区属性"对话框

此外,也可以使用 SET FILTER 命令进行记录的筛选。该命令的格式如下:

SET FILTER TO ［*lExpression*］

其中,条件表达式 *lExpression* 用于指定记录需要满足的条件,缺省时表示所有记录(即取消筛选)。

　　例如,下列命令的功能是从 xs 表中筛选女学生,而且表浏览窗口的标题为"女学生"。

```
CLOSE TABLES ALL
USE  xs
SET FILTER TO xb = ′女′
BROWSE FIELDS xh,xm NOMODIFY TITLE ′女学生′
```

4. 限制对字段的访问

　　在浏览或使用表时,如果只需要显示或处理表中的部分字段,可以设置字段筛选来限制对某些字段的访问。在许多对表进行处理的命令中(例如,BROWSE 命令),通过 FIELD 子句的使用可以完成筛选功能。

　　当表处于浏览状态时,利用"工作区属性"对话框可以筛选字段。此外,也可以使用 SET FIELD 命令进行记录的筛选。该命令的格式如下:

```
SET FIELD TO [ FieldList ]
```

其中,字段名表 *FieldList* 用于列出所需的字段,缺省时表示所有字段(即取消筛选)。

　　下列命令的功能与上例的功能相同:

```
CLOSE TABLES ALL
USE XS
SET FIELD TO xh,xm
BROWSE FOR XB = ′女′ NOMODIFY TITLE ″女学生″
```

5. 记录的定位

　　当用户向表中输入数据时,系统为每个记录都按输入顺序指定了"记录号"。第一个输入的记录,其记录号为 1,依次类推。

　　(1) 记录指针

　　当一个表被打开后,系统自动地为该表生成三个控制标志:记录开始标志、记录指针标志、记录结束标志,如图 3-15 所示。记录开始标志介于表结构信息和记录之间,即其前面是表结构信息,后面是第 1 条记录。记录指针标志用于指示当前处理的记录位置,记录指针指向的那个记录称为"当前记录"。记录结束标志是整个表记录结束的标志。

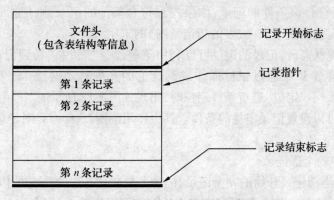

图 3-15　表文件的内部结构示意图

记录指针是系统内部的一个指示器，可以将记录指针理解为保存当前记录号的变量。每当打开一个表文件时，记录指针总是指向第 1 条记录。在进行数据处理时，经常要移动记录指针，使记录指针指向所需要操作的那条记录，这个过程即是记录的定位。

记录指针的值可用函数 RECNO( ) 进行测试，用户也可以从 Visual FoxPro 主窗口的状态栏(图 3-16)上看出记录指针的值。

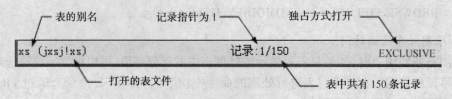

图 3-16　当前工作区中有表打开时的状态栏

在处理记录的过程中，记录指针将会不停地移动。记录指针是否指在记录的有效范围内，可以用 BOF( ) 函数和 EOF( ) 函数进行测试。当记录指针指向记录开始标志时，BOF( ) 函数的值为 .T. ，否则为 .F. 。当记录指针指向记录结束标志时，EOF( ) 函数的值为 .T. ，否则为 .F. 。表 3-6 列出了一个表打开后，未作记录指针移动操作时 RECNO( )、BOF( ) 和 EOF( ) 函数的值。记录指针的初始值总是 1，不可能为 0 或负数，最大值是表中记录总数加 1。

表 3-6　表打开时记录指针情况

表中记录情况	BOF( )的值	RECNO( )的值	EOF( )的值
无记录	.T.	1	.T.
有记录	.F.	1	.F.

（2）记录的定位

记录的定位即记录指针的定位，其方式可分为：记录指针的绝对定位、记录指针的相对定位和条件定位。

记录指针的绝对定位是将指针移动到指定的位置，例如，指定记录号的记录、第一条记录或最后一条记录。记录指针的相对定位是将指针从当前位置开始，相对于当前记录向前或向后移动若干个记录位置。条件定位是指按照一定的条件自动地在整个表(或表的某个指定范围)中查找符合该条件的记录，如果找到符合条件的记录，则把指针定位到该记录上，否则，指针将定位到整个表(或表的指定范围)的末尾。

当表处于浏览状态时，记录的定位可以利用菜单命令"表"→"转到记录"→……进行，也可以直接在浏览窗口中通过鼠标操作或键盘上的光标移动键操作。在利用菜单命令"表"→"转到记录"→"定位"进行条件定位时，出现如图 3-17 所示的"记录定位"对话框，在该对话框中用户可以设置记录定位的条件。其中作用范围(Scope)是对记录的筛选，可以选择的范围有四项：

● ALL：表中的全部记录。

● NEXT：从当前记录开始的 n 个记录，记录个数在其右边的微调框中输入。

● RECORD：指定的记录，记录号在其右边的微调框中输入。

● REST：当前记录及其后的所有记录。

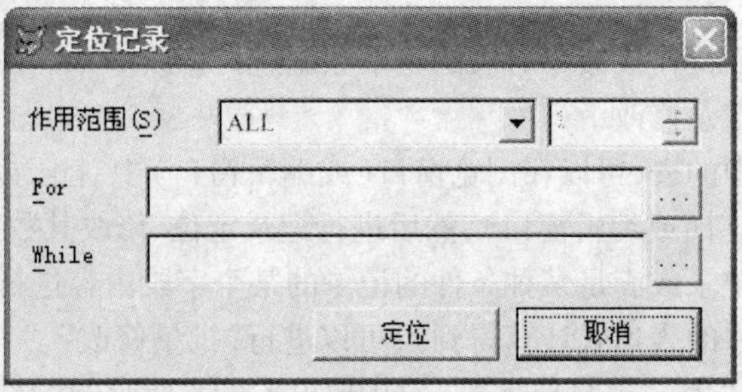

图 3-17 "定位记录"对话框

对于在当前工作区打开的表，用户也可以使用 GOTO 命令进行记录的绝对定位，使用
SKIP 命令进行记录的相对定位，使用 LOCATE 命令进行条件定位。它们的命令格式分别
如下：

GOTO *nRecordNumber*[IN *nWorkArea*| IN *cTableAlias*]|TOP|BOTTOM

SKIP [*nRecords*][IN *nWorkArea*| *cTableAlias*]

LOCATE FOR *lExpression*[*Scope*]

其中，记录号 *nRecordNumber* 必须在表记录的有效范围内；TOP 指第一条记录，BOTTOM 指
最后一条记录；记录数 *nRecords* 用于指定记录指针需要移动的记录个数（正数表示向后移
动、负数表示向前移动），缺省时表示为 1；条件表达式 *lExpression* 用于表示记录的定位条
件，范围 *Scope* 用于指定进行条件定位的范围。

例　　下列命令是记录定位的示例：

CLOSE TABLES ALL

USE xs

GOTO 4　　　　　　　&& 记录指针移动到记录号为 4 的记录

GOTO Top　　　　　　&& 记录指针移动到第一条记录（记录号为 1）

SKIP 4　　　　　　　&& 记录指针下移 4 条记录（记录号为 5）

SKIP − 2　　　　　　&& 记录指针上移 2 条记录（记录号为 3）

LOCATE FOR xm = ′李纲′　&& 记录指针指向姓名为"李纲"的记录或表的结尾

在使用命令进行记录定位时，需注意如下几点：

● 如果从第一条记录向上移动一条记录，记录指针将指向记录开始标志，BOF( )函数
将返回.T. ，RECNO( )函数返回值仍为 1。如果再执行 SKIP-1 命令，系统将显示出错信息
"已到文件头"，此时记录指针仍然指向记录开始标志。

● 如果从最后一条记录向下移动一条记录，记录指针将指向记录结束标志，EOF( )函
数将返回.T. ，RECNO( )函数返回值为表的记录数加 1。如果再执行 SKIP 命令，系统将显
示出错信息"已到文件尾"，此时记录指针仍然指向记录结束标志。

● 如果表有一个主控索引（索引将在后面介绍），SKIP 命令将使记录指针移动到索引顺
序决定的记录上。

● 对于条件定位来说，可以使用 CONTINUE 命令从当前记录位置开始继续进行条件定

位,即定位到下一条满足条件的记录。

6. 记录的修改

用户可以通过界面操作或命令对表的记录数据进行修改。

(1) 界面方式的记录修改

对于当前工作区中的表,可以在浏览窗口(或编辑窗口)中对记录进行修改。需要修改记录时,先打开浏览窗口(或编辑窗口),然后进行记录定位、修改其数据。

如果需要对所有记录或满足某种条件的记录的某个字段内容进行有"规律"的修改(指修改后的数据可由统一的表达式计算得到),可以进行"批量修改"。其操作步骤是:在浏览状态下,利用菜单命令"表"→"替换字段",打开如图 3-18 所示的"替换字段"对话框;在该对话框中选择和输入字段替换的有关要求。例如,图 3-19 中的设置是将 jc 表中所有 dj(单价)小于 10 的纪录的 dj(单价)值加 1。

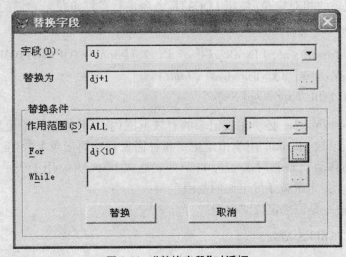

图 3-18 "替换字段"对话框

(2) 使用命令修改记录

修改记录字段值的命令有两个:UPDATE-SQL 命令和 REPLACE 命令。这两个命令都能对表中一条或多条记录的一个或多个字段进行修改。其区别在于 REPLACE 命令只能修改在当前工作区打开的表,而 UPDATE-SQL 命令在执行时会首先在最小未使用的工作区中打开表(即不需要事先打开表)。

UPDATE-SQL 命令的基本语法格式为:

UPDATE *TableName* SET *FieldName*1 = *eExpression*1 ;

[, *FieldName*2 = *eExpression*2 …] [WHERE *lExpression*]

其中,表名 *TableName* 用于指定要更新记录的表;*FieldName* 和 *eExpression* 用于指定要更新的字段以及字段的新值;WHERE 子句用于指定要更新的记录,省略时表示所有记录。

REPLACE 命令的基本语法格式为:

REPLACE *FieldName*1 WITH *eExpression*1 [ADDITIVE]

[, *FieldName*2 WITH *eExpression*2 [ADDITIVE] …] [*Scope*] [FOR *lExpression*]

其中,字段 *FieldName* 与表达式 *eExpression* 用于指定要更新的字段以及字段的新值;ADDI-
TIVE 仅对备注型字段有效,使用时表示替换的内容追加到原备注中,否则替换原内容;FOR
子句和范围 *Scope* 用于指定要更新的记录,当 FOR 子句和范围均缺省时表示仅对当前记录
(一条记录)进行替换。

需要注意的是:UPDATE-SQL 命令执行前后的当前工作区不变;UPDATE-SQL 命令执行
后记录指针位于表的结尾,REPLACE 命令执行后记录指针位于指定范围的末尾。

7. 记录的删除与恢复

在 Visual FoxPro 中,要彻底地删除表中的记录,需要分两个步骤来实现:首先标记要删
除的记录,然后彻底删除带有删除标记的记录。

(1) 标记要删除的记录

标记要删除的记录是指为需要删除的记录加注删除标记,但这些记录并没有从表中真
正被删除。因此,这种删除也称为记录的逻辑删除。

当表处于浏览状态时,通过鼠标操作或菜单操作可以标记需要删除的记录。在表的浏
览窗口中,显示记录字段的前面两“列”分别称为“记录选择器列”(RecordMark)和“删除标
志列”(DeleteMark),如图 3-19 所示。

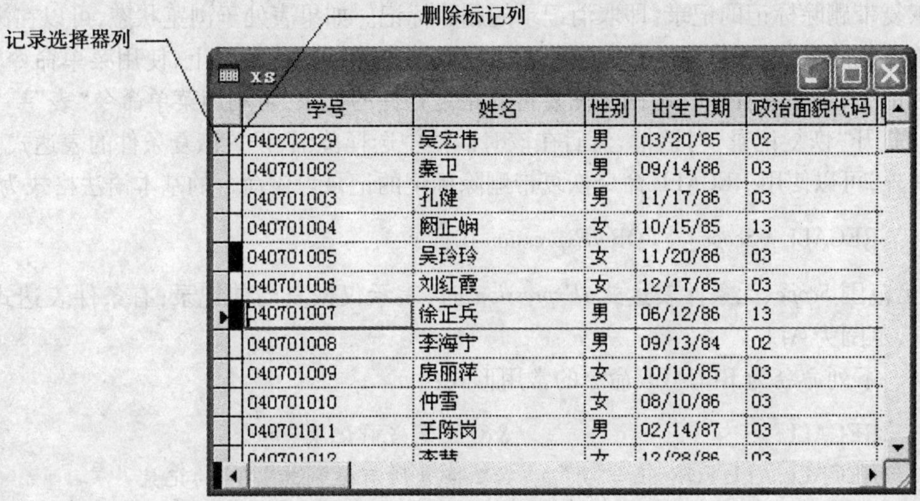

图 3-19　加注删除标记

如果与某记录相应的删除标记列为黑色,则该记录已加注删除标记。在图 3-19 中,两
条记录(姓名分别为“吴玲玲”和“徐正兵”的记录)加注了删除标记。删除标记的切换(即
有无删除标记)可以通过鼠标单击删除标记列来完成,或在记录定位后利用菜单命令
“表”→“切换删除标记”来完成。

如果要在某一范围内删除一组符合指定条件的记录,可利用菜单命令“表”→“删除记
录”,打开“删除”对话框,在该对话框中选择范围、建立删除条件的表达式。

此外,可以使用 DELETE 命令或 DELETE – SQL 命令为表记录加注删除标记。它们的
区别在于前者只能对已打开的表进行操作,后者无需打开表(同 UNDATE – SQL 一样,系统
会自动地打开表)。

DELETE 命令的基本格式分别如下:

DELETE [*Scope*] [FOR *lExpression*] [IN *nWorkArea* | *cTableAlias*]

其中,工作区号 *nWorkArea* 或表别名 *cTableAlias* 用于指定加注删除标记的表,缺省时表示对当前工作区中的表进行操作;无范围 *Scope*、无条件表达式 *lExpression* 时,表示仅对当前记录加注删除标记;有条件表达式但无范围时,范围为 ALL。

DELETE – SQL 命令的基本语法格式如下:

DELETE FROM *TableName*[WHERE *lExpression*]

例如,下列命令可以为 js 表中所有年龄超过 60 岁的教师的记录加注删除标记:

CLOSE TABLES ALL
USE js
DELETE FOR (YEAR(DATE())) – YEAR(csrq) >60

下列命令的功能同上:

DELETE FROM js WHERE (YEAR(DATE())) – YEAR(csrq) >60

(2) 恢复带删除标记的记录

恢复带删除标记的记录,即取消记录的删除标记。如果表处于浏览状态,可以在浏览窗口中单击删除标记,或将记录指针定位到需要取消删除标记的记录上,使用菜单命令"切换删除标记"。如果要在某一范围内恢复符合指定条件的记录,可利用菜单命令"表"→"恢复记录",打开"恢复记录"对话框,然后在该对话框中选择范围、设置恢复条件的表达式。

此外,可以使用 RECALL 命令恢复带删除标记的记录。该命令的基本语法格式为:

RECALL [*Scope*] [FOR *lExpression*]

其中,无范围 *Scope*、无条件表达式 *lExpression* 时,表示仅恢复当前记录;有条件表达式但无范围时,范围为 ALL。

例 下列命令为 RECALL 命令的常用形式:

RECALL   && 恢复当前记录
RECALL ALL FOR xb ="男"   && 恢复所有性别为"男"的记录
RECALL ALL   && 恢复所有记录

(3) 彻底删除记录

对于在当前工作区中打开的表,若已有记录加注了删除标记,则可以将具有删除标记的记录彻底删除。这种删除是不能被恢复的,因此也称为"物理删除"。

如果表处于浏览状态,可以使用菜单命令"表"→"彻底删除"进行物理删除。对于当前工作区中的表,也可以使用 PACK 命令进行物理删除。

例 下列命令可以彻底删除 xs 表中"04"级的学生(根据学号的前两位判断):

CLOSE TABLES ALL
USE xs
DELETE FOR LEFT(xh, 2) ='04'
PACK

如果要彻底删除当前工作区中打开的表的所有记录,也可以使用 ZAP 命令。ZAP 命令的功能是物理删除所有记录(不管记录是否有删除标记)。因此,在实际使用中应慎用此命令。需要注意的是,PACK 命令与 ZAP 命令都需要当前工作区中的表以独占方式打开。

(4) 对带有删除标记的记录的访问

对于带有删除标记的记录,在默认情况下有些命令仍然可以对其进行操作,而有些命令则忽略这些记录。可以使用 SET DELETED 命令来指定 Visual FoxPro 是否处理标有删除标记的记录。该命令的语法格式如下:

> SET DELETED ON|OFF

其中,ON 忽略标有删除标记的记录;OFF(为系统默认值)则允许访问标有删除标记的记录。需要说明的是,这种设置也不是对所有命令或函数起作用。

可以利用 DELETE( )函数来测试记录是否已被删除。例如,下列命令可以仅浏览带有删除标记的记录:

> BROWSE FOR DELETE( )

8. 数据的复制

利用 COPY TO 命令可以将当前工作区中表的数据复制到其他表文件或其他类型的文件中。COPY TO 命令的常用格式如下:

> COPY TO *FileName* [FIELDS *FieldList*] [*Scope*] [FOR *lExpression*1] ;
> [[SDF | XLS | DELIMITED [WITH *Delimiter*| BLANK | TAB]]]

参数:

● *FileName*——指定 COPY TO 要创建的新文件名。若文件名中不包含扩展名,则指定扩展名为文件类型的默认扩展名。若不指定文件类型,则 COPY TO 创建一个新的 Visual FoxPro 表,并且用默认扩展名. DBF 指定表文件名。

● FIELDS *FieldList*——指定要复制到新文件的字段。若省略 FIELDS *FieldLsit*,则将所有字段复制到新文件。若要创建的文件不是表,则即使备注字段名包含在字段列表中,也不把备注字段复制到新文件。

● *Scope*——指定要复制到新文件的记录范围,只有在范围内的记录才被复制。

● FOR *lExpression*——指定只复制逻辑条件 *lExpression* 为. T. 的记录到文件中。包含 FOR *lExpression*1 可按条件复制记录,筛选出不想要的记录。

● SDF——创建 SDF(系统数据格式)文件。SDF 文件是 ASCII 文本文件,其中记录都有固定长度,并以回车和换行符结尾。字段不分隔,若不包含扩展名,则指定 SDF 文件的扩展名为. TXT。

● XLS——创建 Microsoft Excel 电子表格文件。当前选定表中的每个字段变为电子表格中的一列,每条记录变为一行。若不包含文件扩展名,则新建电子表格的文件扩展名指定为. XLS。

● DELIMITED——创建"分隔文件"。分隔文件是 ASCII 文本文件,其中每条记录以一个回车符结尾。默认的字段分隔符是逗号。因为字符型数据可能包含逗号,所以另外用双引号分隔字符型字段。除非另外指定,否则分隔文件的扩展名指定为. TXT。

● DELIMITED WITH *Delimiter*——创建用字符代替引号分隔字符型字段的分隔文件。分隔字符型字段的字符用 *Delimiter* 指定。

● DELIMITED WITH BLANK——创建用空格代替逗号分隔字符型字段的分隔文件。

● DELIMITED WITH TAB——创建用制表符代替逗号分隔字符型字段的分隔文件。

例　下列命令可以复制 xs 表中记录：

```
CLOSE TABLES ALL
USE xs
COPY TO xs01 FOR xb = '女'        && 生成一个 xs01.dbf 文件,仅包含女学生
COPY TO xs01 FIELD xh,xm SDF   && 生成一个 xs01.txt 文件,仅包含学号和姓名
COPY TO xs01 XLS                    && 生成一个 xs01.xls 文件
```

3.3.6　索引的创建与使用

1. 索引概述

表中的记录通常是按其输入的时间顺序存放的,这种顺序称为记录的物理顺序。若要从表中查找某个满足要求的记录,必须从文件的第一个记录开始逐条依次查找,直至找到为止。如果表中无被查找的记录,则只有对表通查一遍才能知道。当表文件的记录数很大时,这需要花费很多的查找时间。为了实现对表记录的快速查询,可以对表文件中的记录按某个字段值或某些字段值排序,这种顺序称为逻辑顺序。对有序文件可采用快速查找法进行查询。

排序的方法有两种:一是把表记录按某种逻辑顺序排序后重新写到一个新的表文件中,新表与原表大小相同,记录数相同,不同的仅是它们的物理顺序;二是建立一个逻辑顺序号与原表物理顺序的记录号的对照表,并把对照表保存到一个文件中。后一种方法称为索引法。显然,索引法有许多优点。首先,生成对照表的速度比重写一遍所有记录要快,表越大,速度差距越明显;其次,对照表的文件要比实际的表文件小得多,节省了磁盘空间;其三,在实际应用中,常常有多种不同的顺序要求,对一个表可以创建多个索引且保存在同一个索引文件中。

例如,学生表(xs.dbf)中有 n 个记录,若输入记录时的物理顺序如下:

记录号	xh	xm	xb	csrq	jg
1	040202029	吴宏伟	男	19850320	江苏南京
2	040701002	秦 卫	男	19860914	江苏南京
3	040701003	孔 健	男	19861117	江苏扬州
4	040701004	阙正娴	女	19851015	江苏苏州
…	…				

若要根据 xh 字段进行排序,则可创建相关索引,索引文件中记录的信息如下(第一列是索引号 Index #,第二列是对应于表中的记录号 TableRecord #,第三列是关键字值 KeyValue):

Index #	TableRecord #	KeyValue
1	100	040202001
2	1	040202029
3	102	040701001
4	2	040701002
5	3	040701003
6	4	040701004
……		

2. 索引文件类型

为表创建索引时不改变表中记录的物理顺序,只是把索引信息保存到被称为"索引文件"的另一个文件中。Visual FoxPro 支持三种不同的索引文件:结构复合索引文件、非结构复合索引文件和独立索引文件。

(1) 结构复合索引文件

结构复合索引文件是将一个表的一个或多个索引的索引信息存储在一个索引文件中,且索引文件的文件名与表名相同,扩展名为 .CDX。结构复合索引文件与对应的表文件的主文件名相同,在创建时系统自动给定。在使用过程中,结构复合索引自动地与表同步打开、更新和关闭。因此,在创建结构复合索引时不要建立无用的索引,多余的索引将降低系统的性能。

(2) 非结构复合索引文件

非结构复合索引文件是将一个表的一个或多个索引的索引信息存储在一个索引文件中,索引文件的扩展名为 .CDX,但其文件名与表名不同。在使用过程中,非结构复合索引文件不会随着表的打开而自动打开,只有用打开索引文件命令将其打开才能起作用。如果想创建多个索引标识,但又不想在每次打开表时维护它们,以减轻应用程序的负担,此时,非结构复合索引较有用。

(3) 独立索引文件

独立索引文件是只存储一种索引的索引文件,其扩展名为 .IDX,文件名由用户给定。独立索引文件一般作为临时索引文件,其特点是这种索引文件的查找速度快。与非结构复合索引一样,独立索引也不会随表的打开而自动打开。

在以上三种索引文件中,最常用的是结构复合索引文件。本教材后续介绍和使用索引均指结构复合索引。

3. 使用表设计器创建结构复合索引

在使用表设计器创建或修改表结构时,可以创建或修改表的索引。操作方法是:在表设计器中选择"索引"页面(图 3-20)后,在"索引名"框中输入索引名称,在"类型"列表中选择一种类型,在"表达式"框中输入索引表达式,单击"索引名"左侧的按钮选择升序或降序。图 3-20 中为 xs 表创建了三个不同类型的索引。

- 第一个索引为升序,索引名为 xh,索引类型为"主索引",索引表达式为 xh;
- 第二个索引为降序,索引名为 yxzydm,索引类型为"唯一索引",索引表达式为 yxzydm；

● 第三个索引为升序，索引名为 xbrq，索引类型为"普通索引"，索引表达式为 xb + DTOC(csrq,1)，筛选条件为"xb = '男'"。

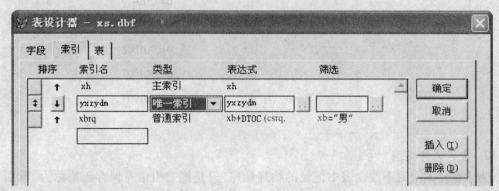

图 3-20　在"表设计器"中创建索引

（1）排序

索引时可指定索引是升序还是降序。在图 3-20 所示的表设计器中，单击索引名左则的按钮，可在升序（"↑"表示）和降序（"↓"表示）之间切换。

（2）索引标识（Tag）

一个表可以创建多个索引。为了区分索引，每一个索引都必须有一个索引名，即索引标识。索引标识的命名必须满足 2.1 节所述的命名规则。

在实际应用中，索引标识一般要与其对应的索引关键字相同或相近，以便于记忆。例如，使用索引标识 xh（基于 xh 字段的索引）、xdhxb（基于 xdh 字段和 xb 字段的索引）等。

（3）索引类型

在 Visual FoxPro 中，数据库表可以创建 4 种类型的索引：主索引、候选索引、唯一索引和普通索引。其中，主索引只能在数据库表中创建。

● 普通索引（Regular Indexes）：用于决定记录的处理顺序，其索引表达式的值允许出现重复，即在普通索引上查找的记录不具有唯一性。对于一个表来说，可以创建多个普通索引。例如，对 xs 表可以基于 xm 字段（姓名）创建普通索引，基于 csrq 字段（出生日期）创建普通索引，等等。

● 唯一索引（Unique Indexes）：对于唯一索引来说，索引表达式的值可以重复，但在索引文件中重复的值仅存储一次。例如，对 jc 表（教材）来说，可以基于 cbsmc 字段（出版社名称）创建唯一索引，基于此索引浏览表时，仅显示每个出版社的第一条记录。一个表可以创建多个唯一索引。

● 候选索引（Candidate Indexes）：候选索引是以表的候选关键字为索引表达式而创建的索引。候选索引要求对于表的所有记录来说，指定的索引表达式的值不可重复。如果在任何已含有重复数据的字段中指定候选索引，系统将产生错误信息。如果表已建立了候选索引，在追加新记录或修改记录时，系统会重新计算索引表达式，一旦出现相同的索引表达式的值，则系统拒绝接收数据的输入或修改。一个表可以建立多个候选索引。

● 主索引（Primary Indexes）：对于数据库表来说，可以从候选索引中选取一个作为该表的主索引。每个数据库表只能创建一个主索引，且主索引的索引表达式在表的所有记录中不能有重复的值。

需要说明的是,在实际应用中一个表一般需要创建一个主索引,根据需要可以创建多个普通索引。对于数据库表来说,候选索引很少使用,除非需要利用索引控制记录的值在某个算法上避免重复。

(4) 索引表达式

索引表达式(即索引关键字)是建立索引的依据,它通常是一个字段或由多个字段组成的表达式。索引表达式的构成与一般表达式的构成一样,只是索引表达式一般与表的字段有关。索引表达式可以由单个字段构成,也可以是多个字段的组合,但系统规定不能基于备注型字段和通用型字段建立索引。

若索引表达式是基于多个字段的,系统根据表达式的值进行排序。用多个字段建立索引表达式时,要注意以下几点:

● 如果索引表达式为字符型表达式,则各个字段在索引表达式中的前后顺序将影响索引的结果。例如,为 js 表建立索引时,使用"yxzydm + xb"作为索引表达式与使用"xb + yxzydm"作为索引表达式是不一样的。前者是先按 yxzydm 字段排序,在 yxzydm 字段的值相同的情况下,才按 xb 字段的值排序;而后者是先按 xb 字段的值排序,在 xb 字段的值相同的情况下,才按 yxzydm 字段的值排序。

● 如果索引表达式为算术表达式,则按照表达式的运算结果进行排序。例如,为 kc 表建立索引时,使用"kss + xf"作为索引表达式,意味着根据这两个字段之和作为排序依据。如果要求先根据 kss 字段的值排序,kss 字段的值相同时再根据 xf 字段的值排序,可使用索引表达式"STR(kss) + STR(xf)"。

● 不同数据类型的字段构成一个索引表达式时,必须转换为同一数据类型(通常转换为字符型)。例如,为 js 表建立索引时,要求先根据 xb 字段(字符型)排序,相同时再根据 pyrq 字段(日期型)排序,则索引表达式应使用"xb + DTOC(pyrq,1)"。需要注意的是,使用 DTOC() 函数时一般参数中的"1"不可少,它可确保日期型数据转换为按"年月日"顺序排列的 8 个字符的字符型数据。

(5) 筛选

"筛选"用于指定仅有符合条件的记录参加索引。

4. 索引的使用

为表建立索引的作用主要是为了提高记录的查询速度,使记录的显示和处理顺序按照某种指定的方式进行,也可以限制记录数据的唯一性(设置主索引或候选索引)。

(1) 设置主控索引

一个表可以有一个或多个索引,在需要使用某个索引时必须显式地指定,即将某个索引设置为"主控索引",用该索引对表的显示和访问顺序进行控制。虽然结构复合索引文件会随着表的打开/关闭而打开/关闭,且在表数据的处理过程中会自动地维护所有的索引,但任何一个索引都不会被自动设置为主控索引,此时表中的记录仍按物理顺序显示和访问。除非在打开表时指定某一索引标识为主控标识,或在表打开后,再用命令设置主控索引。

在使用 USE 命令打开表时,可通过其 ORDER 子句指定主控索引。例如,下列命令在打开 xs 表的同时设置了主控索引:

```
USE xs ORDER xh                    && 主控索引为 xh
```

USE xs IN 0 ALIAS xs2 AGAIN ORDER xb   && 主控索引为 xb

在表打开后,也可以通过界面方式设置主控索引,或使用命令设置主控索引。

如果表处于浏览状态,设置主控索引的操作方法是:通过菜单命令"表"→"属性",打开"工作区属性"对话框,然后在"索引顺序"下拉列表框中选择一个索引作为主控索引。

如果表已打开但不处于浏览状态,设置主控索引的操作方法是:在"数据工作期"窗口中选择需要设置主控索引的表的别名,单击"属性"按钮,然后在"工作区属性"窗口中设置。

如果表已打开,也可以使用 SET ORDER 命令设置表的主控索引。该命令的基本语法格式为:

SET ORDER TO [*TagName*[IN *nWorkArea* | *cTableAlias*] [ASCENDING | DESCENDING]]

其中,索引标识 *TagName* 用于指定主控索引,缺省时取消主控索引;ASCENDING 与 DESCENDING 用于指定显示或存取表的顺序为升序还是降序,但不改变索引与索引文件。

(2) 利用索引快速定位记录

表建立了索引后,可以基于索引关键字使用 SEEK 命令进行记录的快速定位。SEEK 命令用于在一个表中搜索指定表达式的值首次出现的记录,这个记录的索引关键字必须与指定的表达式匹配。该命令的基本语法格式如下:

SEEK *eExpression*[ORDER *TagName*[ASCENDING | DESCENDING]] [IN *nWorkArea* | *cTableAlias*]

其中,表达式 *eExpression* 用于指定 SEEK 搜索的索引关键字。需要强调的是,SEEK 命令只能在索引过的表中使用,并且只能基于索引关键字进行搜索。

例如,下列命令可在 xs 表中定位到学号(xh 字段)为"040701004"的记录上(当前主控索引 xh 的索引表达式是 xh 或是以 xh 开头。

```
USE xs ORDER xh
SEEK "040701004"
```

如果 SEEK 找到了与索引关键字相匹配的记录,则 RECNO( )函数返回匹配记录的记录号,FOUND( )函数返回. T. ,EOF( )函数返回. F. ,否则 RECNO( )将返回表中记录的个数加1,FOUND( )返回. F. ,EOF( )返回. T. 。

3.3.7　自由表

所谓自由表,就是不隶属于任何数据库的表。自由表的创建与数据库表的创建相似,但是自由表不能创建数据库表具有的那些扩展属性,包括字段的显示格式、输入掩码、默认值、标题、注释、字段有效性规则和信息,表的长表名、记录有效性规则和信息、触发器等,也不能创建主索引,以及后续介绍的建立永久性关系与设置参照完整性等。创建自由表的"表设计器"如图 3-21 所示。

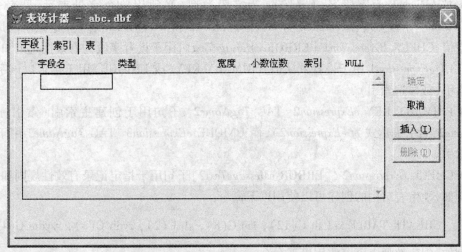

图 3-21　自由表的"表设计器"中"字段"选项卡窗口

在实际应用中,如果一个表与其他的表无关联,也不需要设置数据库表具有的那些扩展属性(例如,通过有效性规则来约束数据),则可以将该表作为自由表来管理。

自由表可以添加到数据库中,使之成为一个数据库表(这时该表可以设置数据库表的一切属性);反之,可以将一个数据库表从数据库中移出,使之成为一个自由表。需要注意的是,一个数据库表变成自由表后,一切扩展属性均自动丢失。

3.3.8　利用命令创建和修改表结构

大多数情况下,用户都是利用表设计器来创建或修改表结构,但有时(如在程序中)也需要利用命令来创建或修改表结构。

1. 使用 CREATE TABLE – SQL 命令创建表结构

使用 CREATE TABLE – SQL 命令也可以创建表的结构,但其实现的功能与表设计器有些差别。该命令既可创建自由表,也可创建数据库表,在创建数据库表时,相应的数据库必须打开且为当前数据库。CREATE TABLE – SQL 命令的基本语法格式如下:

> CREATE TABLE *TableName* ［NAME *LongTableName*］［FREE］
> (*FieldName*1 *FieldType* ［(*nFieldWidth* ［, *nPrecision*］)］［NULL | NOT NULL］
> ［CHECK *lExpression*1 ［ERROR *cMessageText*1］］［DEFAULT *eExpression*1］
> ［PRIMARY KEY | UNIQUE］
> ［, *FieldName*2 …］
> ［, PRIMARY KEY *eExpression*2　TAG *TagName*2 |, UNIQUE *eExpression*3　TAG *TagName*3］
> ［, CHECK *lExpression*2 ［ERROR *cMessageText*2］］)

其中,参数:

● *TableName* 为表文件名,*LongTableName* 为长表名,FREE 用于指定表为自由表(缺省时为数据库表)。

● *FieldName*1 为字段名, *FieldType* 为字段类型(必须用单个字母表示,见表 3-1), *nFieldWidth* 为字段宽度; *nPrecision* 为小数位数, NULL 和 NOT NULL 用于指定该字段是否允许为空值, CHECK *lExpression*1 [ERROR *cMessageText*1]用于设置字段的有效性规则和信息, DEFAULT *eExpression*1 用于设置默认值, PRIMARY KEY(或 UNIQUE)用于指定以该字段作为主索引(或候选索引)。

● PRIMARY KEY *eExpression*2 TAG *TagName*2 子句用于创建主索引(索引标识为 *TagName*2,索引表达式为 *eExpression*2),而 UNIQUE *eExpression*3 TAG *TagName*3 用于创建候选索引。

● CHECK *lExpression*2 [ERROR *cMessageText*2]子句用于指定记录有效性规则和信息。

例如,学生表结构的创建可以使用以下命令:

CREATE TABLE xs(xh C(12), xm C(8), xb C(2), zydh C(6), xzydm C(4))

例如,创建教师表可以使用以下命令:

CREATE TABLE js(gh C(5),xm C(8),xb C(2),xdh C(2),gl N(2,0),csrq D,jbgz N(7,2),jl M)

2. 使用 ALTER TABLE-SQL 命令修改表的结构

可以使用 ALTER TABLE – SQL 命令修改表的结构。该命令的基本语法格式有下列三种形式:

ALTER TABLE *TableName*1 ADD | ALTER [COLUMN]
  *FieldName*1 *FieldType* [(*nFieldWidth* [, *nPrecision*])] [NULL | NOT NULL]
  [CHECK *lExpression*1 [ERROR *cMessageText*1]] [DEFAULT *eExpression*1]
  [PRIMARY KEY | UNIQUE]

或

ALTER TABLE *TableName*1 ALTER [COLUMN] *FieldName*2 [NULL | NOT NULL]
  [SET DEFAULT *eExpression*2]
  [SET CHECK *lExpression*2 [ERROR *cMessageText*2]]
  [DROP DEFAULT]
  [DROP CHECK]

或

ALTER TABLE *TableName*1
  [DROP [COLUMN] *FieldName*3]
  [SET CHECK *lExpression*3 [ERROR *cMessageText*3]]
  [DROP CHECK]
  [ADD PRIMARY KEY *eExpression*3 TAG *TagName*2 [FOR *lExpression*4]]
  [DROP PRIMARY KEY]
  [ADD UNIQUE *eExpression*4 [TAG *TagName*3 [FOR *lExpression*5]]]
  [DROP UNIQUE TAG *TagName*4]
  [RENAME COLUMN *FieldName*4 TO *FieldName*5]

其中，ADD 子句用于增加字段，ALTER 子句用于修改字段，DROP 子句用于删除字段，RE-
NAME 子句用于字段改名，其他部分参数的说明同 CREATE TABLE - SQL 命令类似。需要
注意的是：在修改宽度、类型时，应避免引起数据的溢出、丢失；在修改字段名时，应避免引起
数据的丢失或该字段已在其他位置被引用。

例如，下列是一些语法上合法的 ALTER TABLE - SQL 命令。

> ALTER TABLE js ADD COLUMN Fax C(20) NULL　　&& 增加一个 fax 字段
> ALTER TABLE js ADD PRIMARY KEY jybh TAG jybh
> 　　　　　　　　　　　　　　　　　　&& 增加一个主索引
> ALTER TABLE js ALTER COLUMN SET CHECK gzrq < csrq;
> 　　　　ERROR'出生日期必须大于工作日期'
> 　　　　　　　　　　　　　　　&& 设置表的有效性
> ALTER TABLE js ALTER COLUMN xb SET DEFAULT "男"
> 　　　　　　　　　　　　　　&& 设置默认值
> ALTER TABLE js DROP CHECK　　　　　　&& 删除表的有效性规则

3.4　永久性关系与参照完整性

在数据库中，可以为存在一对多关系的两个表创建永久性关系，且基于永久性关系，可
以创建这两个表之间的数据完整性规则。

3.4.1　表之间的永久性关系

永久性关系（Persistent Relationship）是在数据库表之间建立的一种关系，这种关系不仅
在运行时存在，而且一直保持。

数据库表间的永久性关系是根据表的索引建立的。之所以在索引间创建永久性关系
（而不是在字段间创建永久性关系），是因为这样可以根据索引关键字来联系表。索引的类
型决定了要创建的永久性关系类型。在一对多关系中，"一方"必须用主索引或者用候选索
引，而"多方"则可以使用普通索引。在一对一关系中，两个表都必须用主索引或候选索引。

为数据库表创建永久性关系，其作用主要有两个：一是在后面章节中介绍的查询、视图、
表单和报表中自动作为默认联接条件、默认关系；二是可以基于关系创建参照完整性信息。
创建永久性关系的一般操作方法为：

● 确定两个具有一对多或一对一关系的表。

● 建立主表的主索引或候选索引。

● 如果是一对多关系，则在子表中以主表的主关键字作为该表的外部关键字，建立普
通索引；如果是一对一关系，则在子表中以与主表相同的关键字建立主索引或候选索引。

● 在数据库设计器窗口中，将主表的主索引或候选索引标识拖放到子表相应的索引标
识上，即可完成永久性关系的设置。

例如，在 jxsj 数据库中，学生表（xs. dbf）与学生成绩表（cj. dbf）之间存在一对多关系，则
可以在这两个表之间创建永久性关系，如图 3-22 所示。从图中可以看出，在数据库设计器

中,永久性关系用一条连线表示(且从线中可以看出主表和子表)。

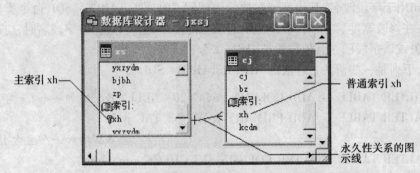

图 3-22 在数据库设计器上建立永久性关系

在数据库设计器中,可以建立、删除或编辑数据库表之间的永久性关系。删除永久性关系时,其操作方法是:在"数据库设计器"中单击关系连线后(这时连线变粗),按 < Del > 键。需要编辑关系时,可以双击关系连线,打开如图 3-23 所示的"编辑关系"对话框,在该对话框中用户可以重新选择用以建立关系的两个表的索引。

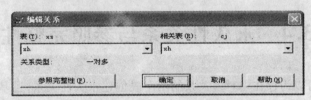

图 3-23 "编辑关系"对话框

3.4.2 参照完整性

"参照完整性"(Referential Integrity,简称 RI)是用来控制数据的完整性,尤其是控制数据库中相关表之间的主关键字和外部关键字之间数据一致性的规则。

1. 参照完整性的一般要求

对于具有一对多(或一对一)关系的两个数据库表,其数据的完整性、一致性要求相关表之间应该满足如下三个规则:

● 子表中的每一个记录在对应的主表中必须有一个父记录。比如,在相关联的学生表和学生成绩表之间,成绩表中的学号是外关键字,其值必须是学生表中某个记录的学号。

● 在子表中插入记录时,其外关键字必须是父表主关键字值中的一个。

● 在父表中删除记录时,与该记录相关的子表中的记录必须全部删除。

在一对多关系中,当用户对主表或子表进行添加、修改或删除操作时,可能会使子表中的记录成为"孤立记录",即子表的某些记录在主表中没有对应的父记录。为了防止这种情况的发生,可以通过设置参照完整性规则来约束。参照完整性生成器可以帮助用户建立参照完整性规则,控制记录如何在相关表中被插入、更新或删除。

2. 参照完整性的设置

相关表之间的参照完整性规则是建立在永久性关系基础上的。在"数据库设计器"中右击关系连线,然后执行出现的快捷菜单中的"参照完整性"菜单命令或在"编辑关系"对话框中单击"参照完整性"按钮,出现如图 3-24 所示的"参照完整性生成器"对话框。

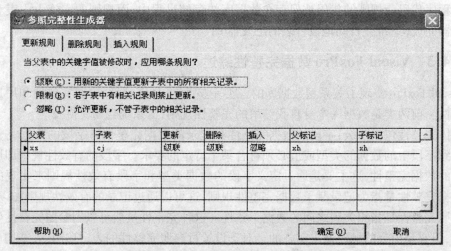

图 3-24 "参照完整性生成器"对话框

在 Visual FoxPro 中,参照完整性规则分为更新规则、删除规则和插入规则三种,每一种规则又有"级联"、"限制"和"忽略"三种设置。具体说明见表 3-7。

表 3-7 参照完整性规则

	更新规则	删除规则	插入规则
	(当父表中记录的关键字值被更新时触发)	(当父表中记录被删除时触发)	(当在子表中插入或更新记录时触发)
级联	用新的关键字值更新子表中的所有相关记录	删除子表中所有相关记录	
限制	若子表中有相关记录,则禁止更新	若子表中有相关记录,则禁止删除	若父表中不存在匹配的关键字值,则禁止插入
忽略	允许更新,不管子表中的相关记录	允许删除,不管子表中的相关记录	允许插入

"参照完整性生成器"对话框中有三个页面:"更新规则"、"删除规则"和"插入规则"。在每个页面上都有同一个 7 列的表格,表格中的一行为数据库中的一个关系,从左到右各列依次为:

● 父表:显示一个关系中的父表名。

● 子表:显示一个关系中的子表名。

● 更新:显示为关系更新参照完整性的类型。可取的值为"级联"、"限制"或"忽略"。设置能反映在上面的"更新规则"页面中,反之亦然。

● 删除:显示为关系删除参照完整性的类型,可取的值为"级联"、"限制"或"忽略"。设置能反映在上面的"删除规则"页面中,反之亦然。

● 插入:显示为关系插入参照完整性的类型,可取值为"限制"或"忽略"。设置能反映在上面的"插入规则"页面中,反之亦然。

● 父标记:显示用于建立该永久性关系的父表的主索引(或候选索引)标识名。

● 子标记:显示用于建立该永久性关系的子表的索引标识名。

在利用"参照完整性生成器"对话框设置参照完整性规则时,系统会自动地生成完成该规则的程序代码。规则的代码被保存在数据库的存储过程中,而规则的实施由主表和子表的触发器完成(系统会自动地设置表的触发器)。

3.4.3 Visual FoxPro 数据完整性综述

Visual FoxPro 实现了关系型数据库的三类完整性:实体完整性、参照完整性和用户自定义完整性。前两类是数据库本身自我约束的完整性规则,由系统自动支持。

实体完整性包括两级:字段的数据完整性和记录的数据完整性。字段的数据完整性是指输入到字段中的数据的类型或值必须符合某个特定的要求。字段的有效性规则即用以实施字段的数据完整性,这主要是通过定义字段的数据类型和字段有效性规则来实现的。记录的数据完整性是指为记录赋予数据完整性规则,这可以通过记录的有效性规则加以实施。

参照完整性是指相关表之间的数据一致性。这种完整性虽然可以用参照完整性生成器来设置,但它是由表的触发器来实施的。对于设置过参照完整性的表,打开其表结构可以看出系统自动地为其设置了触发器,且触发器为系统定义的一些自定义函数,它们保存在数据库的存储过程中。

用户自定义完整性是指用户通过编写程序来控制数据的完整性。

通过字段级、记录级和表间三级完整性约束,有效地实现了数据的完整性和一致性,从而方便了用户的数据库管理,并减轻了用户数据维护的负担。

3.5　有关数据库及其对象的常用函数

除了前面已介绍的一些与表处理相关的函数,Visual FoxPro 还提供了一些针对数据库及其对象(如数据库表、视图等)操作的函数,常用的有 DBC( )、DBUSED( )、DBGETPROP( )和 DBSETPROP( )等。

1. DBC( )函数与 DBUSED( )函数

DBC( )函数返回当前打开的数据库的完整文件名,该函数无需参数。

DBUSED 函数返回指定的数据库文件是否已经打开的状态。如果已打开,则函数返回值为 .T. ,否则函数返回值为 .F. 。该函数的语法格式如下:

DBUSED(*cDatabaseName*)

其中,数据库名 *cDatabaseName* 为字符型表达式。

2. DBGETPROP( )函数

利用 DBGETPROP( )函数可以返回当前数据库的属性,或者返回当前数据库中表、表的字段或视图属性,且返回值均为字符型。该函数的语法格式如下:

DBGETPROP(*cName*, *cType*, *cProperty*)

其中,对象名 *cName* 用于指定数据库名、表名、字段名或视图名,如果对象名为字段名,则在字段名前可引用表名(例如,要返回 xs 表中 xh 字段的信息,可指定为 xs. xh);类型 *cType* 用于指定对象名的类型,列出了类型的允许值;属性名 *cProperty* 用于指定属性名称,表

3-8 和表 3-9 分别列出了属性名的部分常用的允许值和属性说明。

表 3-8　DBGETPROP( )函数的类型的允许值

类　　型	说　　　明
DATABASE	当前数据库
TABLE	当前数据库中的一个表
FIELD	当前数据库中的一个字段
VIEW	当前数据库中的一个视图

表 3-9　DBGETPROP( )函数的常用属性名

属 性 名	说　　　明
Caption	字段标题
Comment	数据库、表、视图或字段的注释文本
DefaultValue	字段默认值
DeleteTrigger	表的删除触发器表达式
InsertTrigger	表的插入触发器表达式
Path	表的路径
PrimaryKey	表的主关键字的标识名
RuleExpression	表或字段的有效性规则表达式
RuleText	表或字段的有效性规则错误文本
UpdateTrigger	表的更新触发器表达式

例如，下列命令可以查看 jxsj 中 xs 表及其字段的属性：

```
OPEN DATABASE jxgl
? DBGETPROP("xs ", "TABLE", "RuleExpression")    && 返回表的记录有效性规则
? DBGETPROP("xs ", "TABLE", " PrimaryKey ")      && 返回表的主索引标识
? DBGETPROP("xs. xh", "FIELD", " RuleExpression ")  && 返回 xh 字段的有效性规则
? DBGETPROP("xs. xh", "FIELD", "DefaultValue")   && 返回 xh 字段的默认值属性
```

3. DBSETPROP( )函数

利用 DBSETPROP( )函数，可以给当前数据库或当前数据库中表、表的字段或视图设置属性。该函数只能设置它们的部分属性。例如，对于表来说，可以设置字段的标题和注释。DBSETPROP( )函数的语法格式如下：

DBSETPROP(*cName*, *cType*, *cProperty*, *ePropertyValue*)

其中，参数对象名 *cName*、类型 *cType* 同 DBGETPROP( )函数，但是属性名 *cProperty* 的允许值要比 DBGETPROP( )函数的少，常用的有 Caption、Comment、RuleExpression、RuleText 等。属性值用于指定属性的设定值，其数据类型为字符型，但字符串内容必须与属性要求一致（例如，设置有效性规则 RuleExpression 时，其属性值必须为逻辑表达式）。

习　题

一、选择题

1. 在 Visual FoxPro 中,用户最多可以同时打开_____个表。

　　A. 10　　　　　　 B. 100 多　　　　　 C. 1000 多　　　　　 D. 3000 多

2. 在创建索引时,索引表达式可以包含一个或多个表字段。在下列数据类型的字段中,不能作为索引表达式的字段为_____。

　　A. 日期型　　　 B. 字符型　　　　　 C. 备注型　　　　　 D. 数值型

3. 如果要创建一个仅包含一个字段的表 RB,其字段名为 RB,字段类型为字符型,字段宽度为 20,则可以用下列命令_____创建。

　　A. CREATE TABLE rb rb C(20)

　　B. CREATE TABLE rb (rb C(20))

　　C. CREATE TABLE rb FIELD rb C(20)

　　D. CREATE TABLE rb FIELD (rb C(20))

4. 设有一个表 rsda,该表有一个名为 zc 的字段。如果要将字段名 zc 改为 zhicheng,可以使用下列命令_____。

　　A. ALTER TABLE rsda RENAME COLUMN zc TO zhicheng

　　B. ALTER TABLE rsda RENAME FIELD zc TO zhicheng

　　C. ALTER TABLE rsda COLUMN RENAME zc TO zhicheng

　　D. ALTER TABLE rsda FIELD zc RENAME TO zhicheng

5. 打开一个空表(无任何记录的表)后,未作记录指针移动操作时 RECNO( )、BOF( ) 和 EOF( )函数的值分别为_____。

　　A. 0、.T. 和 .T.　　　　　　　　　 B. 0、.T. 和 .F.

　　C. 1、.T. 和 .T.　　　　　　　　　 D. 1、.T. 和 .F.

6. 对于 Visual FoxPro 中的自由表来说,不可以创建的索引类型是_____。

　　A. 主索引　　　 B. 候选索引　　　　 C. 唯一索引　　　　 D. 普通索引

7. 函数 SELECT(0) 的返回值为_____。

　　A. 当前工作区号　　　　　　　　　 B. 当前未被使用的最小工作区号

　　C. 当前未被使用的最大工作区号　　 D. 当前已被使用的最小工作区号

8. 设有一个教师表 js,含有一个字符型字段 xs(表示教师的性别)。下列命令中语法正确的是_____。

　　A. DELETE FROM js WHERE xb ='男'

　　B. DELETE TABLE js WHERE xb ='男'

　　C. DELETE FROM js FOR xb ='男'

　　D. DELETE TABLE js FOR xb ='男'

9. 在有关表操作的命令中,有些命令只能对当前工作区中的表进行操作,而有些命令可以对非当前工作区中的表进行操作。在下列命令中,只能对当前工作区中的表进行操作的命令是_____。

　A. REPLACE　　B. GOTO　　　　C. SKIP　　　　　D. DELETE

10. 设有一个名为 test 的表中有两个日期型字段:参加工作日期(字段名为 cjgzrq)和出生日期(字段名为 csrq)。现要创建一个索引,要求先根据参加工作日期排序,参加工作日期相同时根据出生日期排序,则索引表达式应为_____。

　A. cjgzrq + csrq　　　　　　　　B. DTOC(cjgzrq) + DTOC(csrq)

　C. DTOC(cjgzrq,1) + DTOC(csrq,1)　D. cjgzrq − csrq

二、填空题

1. 在 Visual FoxPro 中,每个表最多可以有_____个字段。

2. 在浏览窗口中,备注型字段显示"memo"(表示无内容)或"Memo"(表示有内容)。输入备注型字段内容时,操作步骤是:把光标移动到备注型字段后,按下_____组合键或双击备注型字段。

3. 在 REPLACE 命令中,保留字_____仅对备注型字段有效,使用时表示替换的内容追加到原备注中,否则替换原备注内容。

4. 用户使用 CREATE TABLE-SQL 命令创建表的结构,字段类型必须用单个字母表示。对于货币型字段,字段类型用单个字母表示时为_____。

5. 设有一个表 CJDA,该表有一个字段名为 BY 的字段。如果要将字段删除,可以使用命令 ALTER TABLE cjda _____。

6. 选择当前未使用的最小号工作区,可以使用命令_____。

7. 如果依次执行下列命令,则 xs 表在两个工作区中同时打开,其别名分别为_____和_____。

```
CLOSE TABLES ALL
USE xs
SELE 20
USE xs AGAIN
```

8. 在 BROWSE 命令中,_____子句用于指定可以修改的字段,而其他字段的数据不可修改。

9. 如果要彻底删除当前工作区中打开的表的所有记录,可以使用_____命令。

10. 结构复合索引文件是将一个表的一个或多个索引的索引信息存储在一个索引文件中,且索引文件的文件名与表名相同,扩展名为_____。

第4章

·········· >

查询和视图

本章主要介绍使用设计器创建查询和视图的方法，以及 SELECT-SQL 命令的用法。另外，通过实例的分析，阐述查询和视图在数据处理系统中的具体应用。

4.1 查询和视图概述

一般来说，数据库中的数据量是相当大的，但在具体工作中往往仅涉及其中的一部分数据（例如，只需显示或统计符合指定条件的记录和字段），且在某些时候对数据库的操作要涉及到多个表，如果用浏览的方法去寻找所需的内容，将是十分费时费力的，很多统计数据也难以得到。通过查询与视图，我们能够很方便地完成此类工作。

所谓"查询"，是向一个数据源发出的检索信息的请求，它按照一些条件提取特定的数据，其运行结果是一个动态的数据集合。

创建查询必须基于确定的数据源。从类型上讲，数据源可以是自由表、数据库表或视图（在后面的说明中统称为"表"）。从数量上讲，可以是单个表或多个相关的表。一般来说，基于多表的查询将更能显示查询的优势。

查询和视图提供了一种快速、简捷、方便地使用数据的方法。查询和视图有很多相似之处，都是定义一条 SELECT-SQL 语句，视图和查询的创建步骤也非常相似。其区别主要在于：查询（Query）主要是从表中检索或统计出所需数据，而视图（View）不仅具有查询的功能，而且可以改变视图中的数据并把更新结果返回到源表中；查询以独立的文件存储，而视图则不以独立的文件存储，系统将其名称及其定义信息存储在数据库中。

在 VFP 中，可以用一条 SELECT-SQL 语句来完成查询，也可以将这种语句保存为一个扩展名为 QPR 的查询文件。查询文件中保存的是实现查询的 SELECT-SQL 命令，而非查询的结果。

4.2 查询的创建和使用

4.2.1 使用查询设计器建立查询

在 VFP 中，系统提供了一个可视化的创建和设计查询文件的工具——查询设计器。下面通过一个实例介绍用查询设计器创建查询的方法。

　　例 4.1　查询成绩在 80 分以上(含 80 分)的课程代号、课程名、学生学号和成绩,且要求结果按课程代号升序排序,课程相同时按成绩的降序排序。显然,本查询需要基于两个表:cj 表(学生的成绩信息)和 kc 表(课程信息)。

　　(1) 打开查询设计器

　　利用"项目管理器"或"文件"菜单或工具栏,都可以启动"查询设计器"。此外,也可以使用 CREATE QUERY 命令打开查询设计器。最常用的方法是在"项目管理器"中选择"数据"页面,在项列表中选择"查询",单击"新建"按钮,选择"新建查询"。

　　在新建查询时,系统会打开如图 4-1 所示的"添加表或视图"对话框,提示用户选择查询所基于的数据源(选择数据库中的表或视图,或通过单击对话框中的"其他"命令按钮以选择自由表)。

　　利用图 4-1 所示的对话框中添加 kc 表与 cj 表(双击表,或选择表后单击"添加"按钮)后,单击"关闭"命令

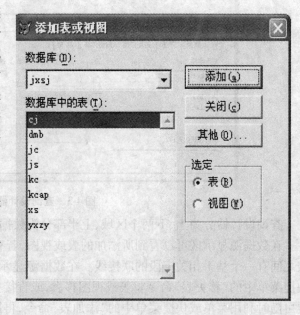

图 4-1　"添加表或视图"对话框

按钮,进入"联接条件"对话框(图 4-2 所示),单击"确定"按钮便进入了如图 4-3 所示的查询设计器窗口(有关联接条件的说明在后面介绍)。

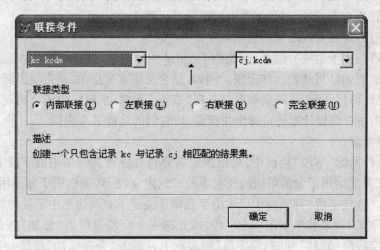

图 4-2　"联接条件"对话框

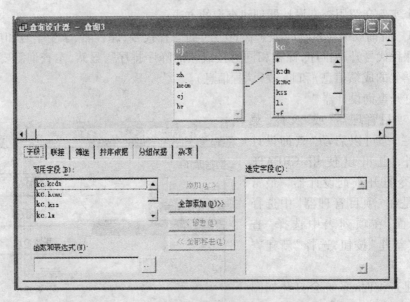

图 4-3　查询设计器

查询设计器分为上、下两个区域,上半部分为数据源显示区,下半部分为查询设置区。

在数据源显示区可以看到所添加的表或视图,若有多个表或视图,还可以看到相联接的表之间有一个基于相关字段的联接线。在数据源显示区选择某表或视图后,可利用菜单或快捷菜单中的"移去表"命令将表或视图移去,或直接按 < Delete > 键将其移去。如果需要,也可随时利用菜单或快捷菜单中的"添加表"命令,再次打开"添加表或视图"对话框以添加表或视图。

查询设置区包括六个页面:

● 字段:用于设置查询的输出字段。

● 联接:指定联接表达式,用它来匹配多个表或视图中的记录。

● 筛选:设置查询条件,对数据源中的记录进行筛选。

● 排序依据:设置查询结果的显示顺序。

● 分组依据:用于生成分组查询(类似于 Excel 中分类汇总的分类字段)。

● 杂项:对查询结果的输出作限制。例如,是否保留重复记录、是否输出部分记录等。

当查询设计器打开时,系统菜单中会出现"查询"菜单,在窗口中还会出现"查询"工具栏,通过鼠标右击查询设计器还可弹出快捷菜单,它们的功能基本相同。

(2) 输出字段

在查询设计器的"字段"页面中,可以选定需要包含在查询结果中的字段。在"可用字段"列表框中,系统给出了当前可用的所有字段,"选定字段"列表框用于显示用户设置的查询输出字段。"选定字段"列表框中显示的字段顺序决定了查询输出中字段的顺序。

在"可用字段"列表框中双击一个字段,或先选一个字段再单击"添加"按钮,可以选定一个字段(该字段将"转移"到"选定字段"列表框中);单击"全部添加"按钮,可以将所有的可用字段都选定。反之,在"选定字段"列表框中双击某一字段或选一个字段再单击"移去"按钮,可取消一个字段的选定;单击"全部移去"按钮,可取消所有字段的选定。

本例中,源表是课程表(kc)、成绩表(cj),输出字段需要四个:kc. kcdm、kc. kcmc、cj. xh

和 cj. cj。

如果输出的字段不是直接来源于表中的字段,可以定义与之相关的函数或表达式。在"函数和表达式"文本框中输入一个表达式(或单击"..."按钮打开"表达式生成器"对话框来生成表达式),单击"添加"按钮,表达式将出现在"选定字段"列表框中。若要给输出字段定义新的字段名,可在"函数和表达式"文本框中输入字段名或表达式,接着输入"AS"和新的字段名,例如,"Kc. kcmc AS 课程名称"。

（3）设置筛选条件

通过设置筛选条件,可以对数据源中的记录进行筛选(即定义记录子集)。本例中,只需要对成绩在 80 分以上(含 80 分)的课程进行查询,因此筛选的条件表达式是:cj. cj >= 80。要设置筛选条件,可在查询设计器中的"筛选"页面中进行(图 4-4)。

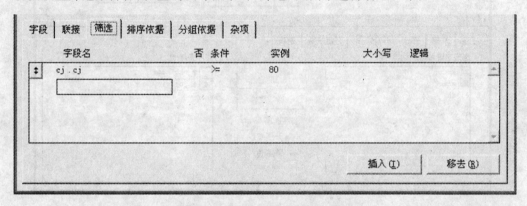

图 4-4　查询设计器的"筛选"页面

从图 4-4 中可以看出,一行构成了一个关系表达式,每一行的最后一列"逻辑"可以指定与下一行表达式之间的逻辑运算符,所有的行构成了一个逻辑表达式。需要说明的是:

● 字段名:用户可在该列选择一个字段,或构造一个与字段相关的表达式。

● 条件:在"条件"下拉列表框中,条件类型与前面介绍的关系运算符有一些区别,增加的"关系运算符"见表 4-1。

表 4-1　部分条件类型

条 件 类 型	说　　明
Like	指定字段与实例文本相匹配
Is NULL	指定字段包含 Null 值
Between	指定字段大于等于示例文本中的低值并小于等于示例文本中的高值
In	指定字段必须与实例文本中逗号分隔的几个样本中的一个相匹配

● 否:条件取反,即当前行的关系取反。

● 实例:在文本框中输入时,若实例为字符串常量,则在字符串与当前源表中的字段名不相同时,可不用字符串定界符;若实例为日期型常量,可不用花括号;若实例为逻辑型常量,逻辑值的前后必须使用点号,如. T. ;如果输入源表的字段名,则系统就将它识别为一个字段。

（4）设置排序依据

排序决定了查询输出结果中记录的顺序。本例中,要求先按课程代号的升序排序,课程代号相同时,按成绩的降序排序。其操作方法是:首先在"排序依据"页面(图4-5)中,将"选定字段"列表框中的"kc. kcdm"和"cj. cj"先后添加到"排序条件"列表框中,然后在"排序条件"列表框中选择"cj. cj",单击"排序选项"中的"降序"选项按钮。"排序条件"列表框中字段的顺序决定了排序的优先权,字段名前的箭头用于指示升序或降序。

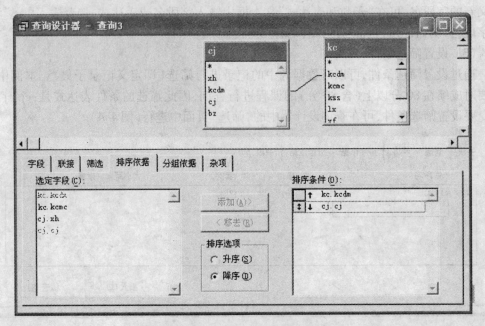

图4-5 查询设计器中的"排序依据"页面

至此,本例(例4.1)所需的查询已创建、设计完毕,保存后运行即可看到所需的查询结果(查询结果的默认输出形式为"浏览"窗口)。本例所创建的查询文件命名为 cxkccj。

在查询设计器打开的状态下,单击"常用"工具栏上的"运行"按钮(按钮图标为红色感叹号),或"查询"菜单中的"运行查询"项即可运行查询。其他情况下可以用 DO 命令来执行查询,例如:

DO cxkccj. qpr && 运行查询文件 cxkccj,DO 命令运行查询文件时必须给出扩展名

需要说明的是:运行查询(包括执行后面介绍的 SELECT-SQL 命令)时,系统会自动打开查询的数据源,且不会自动关闭。

(5) 设置分组依据

设置分组依据是为了实现"分组查询"。分组查询类似于 Excel 中的分类汇总,即根据一个或多个字段(即"分组依据")对数据源中的记录进行分组,每组记录进行统计性的计算,查询结果的每一条记录与数据源中的一组记录对应。

在分组查询中,一般需要利用 COUNT( )、SUM( )、AVG( )、MAX( )和 MIN( )等函数对每一组记录分别进行计数、求和、求平均值、求最大值和最小值等。这些函数通常称为"合计函数"或"字段函数",利用这些函数可以实现一些统计功能。

例4.2 基于课程表(kc)和成绩表(cj),查询每门课选课人数、平均成绩、最高分和最低分,查询输出字段包含课程代号、课程名、选课人数、平均成绩、最高分和最低分,且按平均

成绩降序排列。

本例中,需要按照课程代号进行分组。从操作过程上看:该查询的设计与例 4.1 相比,相同点在于基于相同的数据源(即添加两个表),不同点有:

● 设置输出字段:在"字段"页面上输入表达式作为输出字段,其结果(选定字段)如图 4-6 所示(COUNT( ) 函数的参数为星号,表示统计记录个数)。

● 设置分组依据:在"分组依据"页面上,选择 kc.kcdm 作为分组字段(图 4-7)。

● 设置排序依据:在"排序依据"页面上,选择"平均成绩"作为排序条件,且设置为降序。

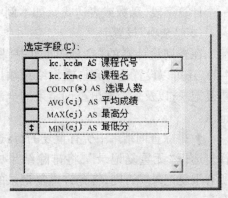

图 4-6 "选定字段"列表框

本例中不需要设置"筛选",至此就完成该查询的设计,保存后运行即可得到所需结果。

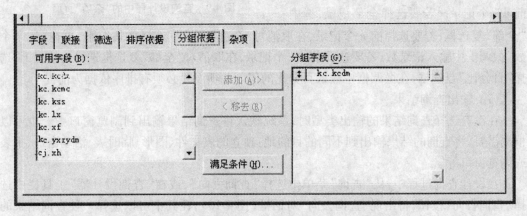

图 4-7 查询设计器中的"分组依据"页面

如果在分组的基础上,还需对查询结果进行记录筛选,即取查询结果记录的子集,可以单击"分组依据"页面上的"满足条件"按钮,然后在打开的"满足条件"对话框中设置。例如,对于上例中的查询,若查询结果仅需包含平均成绩在 80 分以上的课程,可以按图 4-8 所示的内容进行设置。

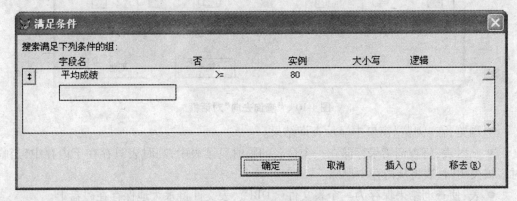

图 4-8 "满足条件"对话框

需要说明的是,用于分组的可用字段不一定是已选定输出的字段。但分组字段不能是一个计算字段(函数或表达式),如本例中的平均成绩。

(6)"杂项"设置

在查询设计器的"杂项"页面中(图4-9),还可以设置是否允许查询结果输出重复记录,以及是否输出查询结果的全部记录。

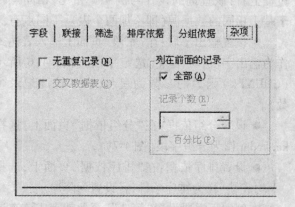

● 排除查询结果中所有重复的行:选择复选框"无重复记录",将排除结果中所有重复记录。否则,将允许重复记录的存在。

● 设置结果的记录范围:结果的记录范围有三种选择,即全部、前 n 个记录和前 $n\%$ 个记录。若要选择全部记录,选中

图4-9　查询设计器中的"杂项"页面

"全部"复选框;若要选择前 n 个记录,在取消对"全部"复选框选择的情况下,再在"记录个数"微调框中输入记录数;若要选择前 $n\%$ 个记录,在取消对"全部"复选框选择的情况下,选择"百分比"复选框,在微调框中输入百分比的值。此项设置必须有排序依据为前提。

(7)输出查询结果

在没有选择查询结果的输出类型时,系统默认将查询结果输出到浏览窗口中。也可以根据需要,将查询的结果输出到不同的目的地:独立的表文件、图形、临时表、活动窗口、报表或浏览窗口等。

在设计查询过程中,从"查询"菜单中选择"查询去向",或在"查询设计器"工具栏中选择"查询去向"按钮,将出现"查询去向"对话框(图4-10),在其中可以选择一种查询结果的输出去向。

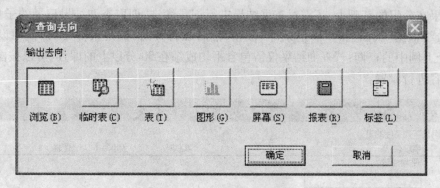

图4-10　"查询去向"对话框

● 浏览:在"浏览"窗口中显示查询结果。

● 临时表:将查询结果存储在一个命名的临时只读表中,临时表只存在于内存中,当临时表被关闭时,表将从内存中删除。

● 表:使查询结果保存为一个表文件(. DBF),表文件将永久地保存在磁盘上。

● 图形:使查询结果可用于 Microsoft Graph 应用程序。

● 屏幕:在 Visual FoxPro 主窗口或当前活动输出窗口中显示查询结果。

● 报表:将输出送到一个报表文件(.FRX)。

● 标签:将输出送到一个标签文件(.LBX)。

(8) 关于多表的联接

当需要查询的数据来源于两个或更多个表(或视图)时,需要将所有相关的表添加到查询中,并设置它们之间的联接关系。联接(Join)是查询(或视图)的一种操作,通过比较指定字段中的值联接两个或多个表或视图中的记录。

当两个表进行无条件的联接时,交叉组合后所形成的新记录个数是两个表记录数的乘积,显然在实际应用中交叉后所产生的所有记录并非都是有用的。例如,联接含有 m 条记录的学生表和含有 n 条成绩记录的成绩表,当进行无条件联接时,学生表中的一条学生记录将与成绩表中的所有 n 条记录组合形成 n 个新记录,m 条学生将形成 $m \times n$ 条记录。显然,学生表中学号为 A 的学生的成绩与成绩表中学号为 B 的学生的成绩组合成新记录是没有实际意义的。

因此,在交叉产生新记录时,必须限定在符合什么条件时,才构成一条新记录,所谓联接条件便是这样的限定条件。例如,只有学生表中的学号与成绩表中的学号相等时,才组合成一条记录。联接条件决定了两个表的交叉点,代表了相匹配记录的集合。

在建立联接时,必须选择一个联接类型。VFP 提供了四种联接类型,见表 4-2。

表 4-2　联接类型

联 接 类 型	说　　明
内联接(Inner Join)	两个表中仅满足条件的记录,这是最普通的联接类型
左联接(Left Outer Join)	表中在联接条件左边的所有记录,和表中联接条件右边的且满足联接条件的记录
右联接(Right Outer Jion)	表中在联接条件右边的所有记录,和表中联接条件左边的且满足联接条件的记录
完全联接(Full Join)	表中不论是否满足条件的所有记录

在建立联接条件时,要注意联接条件两边字段有左右之分。如果两个表是一对多关系,则一般"一"表的字段在左,"多"表的字段在右。

对于已存在的联接,在查询设计器的表显示区中将看到表之间的联接线;在"联接"页面(图 4-11)中将看到一行对应的条件。

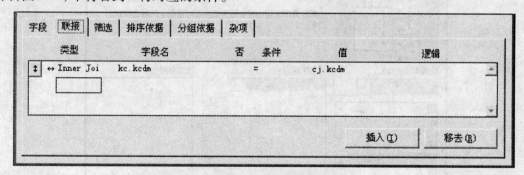

图 4-11　查询设计器中的"联接"页面

如果要删除联接,则先单击联接线,此时联接线条变粗,按 < Delete > 键即可将其删除。或者在"联接"页面中选择要删除的联接,单击"移去"按钮来删除一个联接条件。

联接不必基于完全匹配的字段,可基于"Like"、"= ="、">"或"<"条件设置不同的联接关系。

联接条件和筛选条件类似,二者都先比较值,然后选出满足条件的记录。不同之处在于筛选是将字段值和筛选值进行比较,而联接条件是将一个表中的字段值和另一个表中的字段值进行比较。

4.2.2 使用向导创建交叉表查询

下面结合一个示例介绍交叉表查询的创建和应用。

例4.3 在学生成绩表中,一个学生的各门课程的成绩分布在多行上,因此不易清楚地查看每个学生各门课程的成绩。最好是一个学生的各门课程的成绩放在一行上,并在最后一列有一个总分,如表4-3所示。要达到这样的要求,可以通过交叉表查询来实现。

表4-3 学生成绩交叉表

学号	课程1	课程2	课程3	课程4	课程5	课程6	总分
040202001	87	69	67	80	75	65	443
040202002	62	87	69	81	91	74	464
……							

所谓交叉表查询(Cross-tab Query)就是以电子表格形式显示数据的查询。可以使用"交叉表向导"建立交叉表查询。

首先在项目中选择"查询"项,单击"新建"按钮,打开"新建查询"对话框,然后在该对话框中单击"查询向导",打开"向导选取"对话框。在"向导选取"对话框中选择"交叉表向导",即可进入向导设置,其过程共分四步。

(1)步骤1:字段选取

在如图4-12所示的对话框中设置"选定"。需要说明的是,字段只能在一个表或视图中选取。在本例中,选择 cj 表,且选择该表的三个字段:xh、kcdm 和 cj。

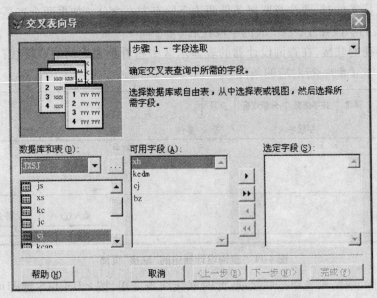

图4-12 交叉表向导之字段选取

（2）步骤 2：定义布局

在图 4-13 所示的对话框中定义交叉表的布局。该对话框中有三个"框"，分别为行、列和数据，操作时通过鼠标的拖放操作将可用字段分别拖放到这三个框中。

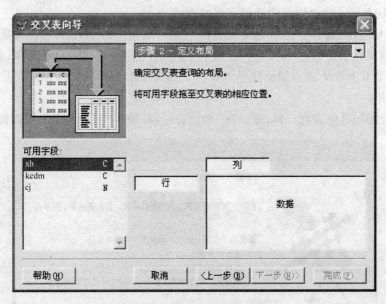

图 4-13　交叉表向导之定义布局

在本例中，因为要让一个学生占一行、每门课程成绩占一列，所以把 xh 字段拖放到"行"框中，把 kcdh 字段拖到"列"框中，把 cj 字段拖到"数据"框中。这样，在 cj 表中有多少个不同的 xh 值，则在交叉表中就会有多少个行；有多少个不同的 kcdm 值，在交叉表中就会有多少个列，而 cj 表中每个记录中的 cj 字段值将根据它所在记录的 xh 和 kcdm 确定其在交叉表中的坐标。

（3）步骤 3：加入总结信息

在如图 4-14 所示的对话框中设置总结信息。通过从"总结"和"分类汇总"区域选择合

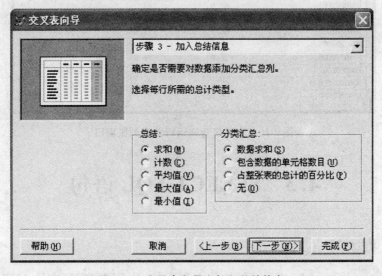

图 4-14　交叉表向导之加入总结信息

适的选项按钮,可以添加一个包含总结信息和分类汇总的列(输出字段),出现在交叉表查询结果中的右侧。

(4) 步骤4:完成

在如图4-15所示的对话框中选择完成的方式。

在本例中,选择“保存并运行交叉表查询”选项,取消“显示 NULL 值”选项后,单击“完成”,保存时取文件名为“cj_cross. qpr”。保存后将在“浏览”窗口中显示结果,如图4-16所示,其中字段名 C_60001 表示课程代号为60001的课程,C_60008 表示课程代号为60008的课程,以此类推。

交叉表查询同其他查询一样,可以在“查询设计器”窗口中打开,但不可以修改。

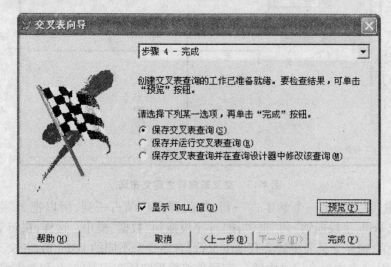

图4-15　交叉表向导之完成

Xh	C_60001	C_60008	C_60011	C_6001
040202001	87.0	69.0	67.0	
040202002	62.0	87.0	69.0	
040202003	67.0	66.0	70.0	
040202004	66.0	71.0	89.0	
040202005	73.0	66.0	82.0	
040202006	56.0	76.0	92.0	
040202007	76.0	68.0	89.0	
040202008	82.0	70.0	97.0	
040202009	96.0	81.0	79.0	

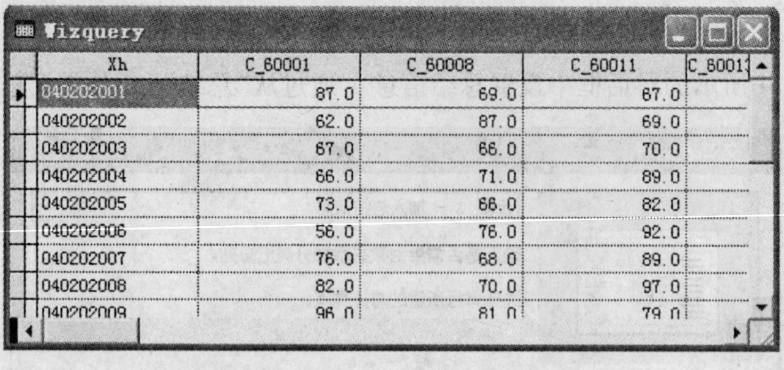

图4-16　交叉表查询运行结果浏览窗口

4.3　SELECT-SQL 语句

4.3.1　概述

SQL(Structured Query Language,结构化查询语言)是美国国家标准局 ANSI 确认的关系数据库语言标准。Visual FoxPro 支持 SQL,它使用 Rushmore 技术来优化性能,通常一个 SQL 命令可以代替多个 Visual FoxPro 命令完成一项操作。因此在 Visual FoxPro 中,应尽可能采用 SQL 命令来代替一般的 Visual FoxPro 命令。

Visual FoxPro 支持如下 SQL 命令(除最后一个外,均在第 3 章中作了介绍):

● CREATE TABLE-SQL:创建一个表。新表的每个字段由名称、类型、精度、比例、是否支持 NULL 值和参照完整性规则来定义,可从命令本身或数组中获得这些定义。

● CREATE CURSOR-SQL:创建一个临时表。临时表中的每个字段由名称、类型、精度、比例、是否支持 NULL 值和参照完整性规则定义,这些定义可从命令自身或数组中获得。

● ALTER TABLE-SQL:修改一个已存在的表。可以修改表中每个字段的名称、类型、精度、比例、是否支持 NULL 值和参照完整性规则。

● INSERT-SQL:在已存在表的末尾追加一条新记录,新记录包含的数据列在 INSERT 命令中,或者来自数组。

● UPDATE-SQL:更新表中的记录,可以基于 SELECT-SQL 语句结果更新记录。

● DELETE-SQL:使用 SQL 语法给表中的记录加上删除标记。

● SELECT-SQL:指定查询条件并执行查询命令,Visual FoxPro 解释该查询,并且从表中检索指定的数据。和其他 Visual FoxPro 命令一样,SELECT 命令建立在 Visual FoxPro 内部。

4.3.2　SELECT-SQL 命令

利用查询设计器所做的设计工作,实质上都是在查询文件中生成并保存为一个 SE-LECT-SQL 命令。例如,在查询设计器中打开例 4.1 所建的查询(在项目中选择该查询后单击"修改"按钮)后,执行菜单或快捷菜单命令"查看 SQL",则打开如图 4-17 所示的窗口,从该窗口可以看到相应的 SELECT-SQL 命令。

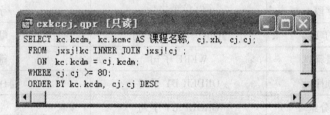

图 4-17　查询 cxkccj 的 SQL 命令

此外,可以在命令窗口中使用下列命令打开和编辑该 SELECT-SQL(也可以直接用该命令创建查询文件):

　　MODIFY COMMAND cxkccj. qpr

因此,查询设计器实质上是系统提供的一个帮助用户编写 SELECT-SQL 命令的可视化的工具。SELECT-SQL 命令的基本语法如下:

　　SELECT [ALL ǀ DISTINCT] [TOP *nExpr*[PERCENT]]

　　　　　[*Alias.*]*Select_Item*[AS *Column_Name*]

　　　　　[,[*Alias.*]*Select_Item*[AS *Column_Name*]···]

　　　FROM [FORCE][*DatabaseName* !]*TableName*[*Local_Alias*]

[[INNER | LEFT [OUTER] | RIGHT [OUTER] | FULL [OUTER] JOIN
DatabaseName!] *TableName*[*Local_Alias*]

[ON JoinCondition…]

[[INTO *Destination*]

| [TO FILE *FileName*[ADDITIVE] | TO PRINTER [PROMPT]

| TO SCREEN]]

[NOCONSOLE]

[NOWAIT]

[ON *JoinCondition*[AND *JoinCondition*…]

[WHERE *FilterCondition*[AND | OR *FilterCondition*…]]]

[GROUP BY *GroupColumn*[, *GroupColumn*…]]

[HAVING *FilterCondition*]

[UNION [ALL] *SELECTCommand*]

[ORDER BY *Order_Item*[ASC | DESC] [, *Order_Item*[ASC | DESC]…]]

对于这样一个较复杂的命令，如果把它"分解"成几个部分（称为"子句"）加以理解，将会简单得多。对照查询设计器，可以把它分为如表 4-4 所示的几个主要组成部分。通过对照可以看出，利用查询设计器所实现的功能，均可利用 SELECT-SQL 命令实现，但反之不然，即 SELECT-SQL 命令可实现的功能更强。

表 4-4　SELECT-SQL 语句主要组成部分

功　　能	查 询 子 句	查询设计器
指定数据源表	FROM 子句	添加表或视图
指定输出字段	SELECT 子句	字段
确定源表间的联接	JOIN… ON …子句	联接
数据源的记录筛选	WERE 子句	筛选
指定结果顺序	ORDER BY 子句	排序依据
定义记录的分组	GROUP BY 子句	分组依据及满足条件
筛选结果记录	HAVING 子句	
指定输出类型	INTO 子句	TO 子句	查询去向
指定有无重复记录	ALL	DISTINCT	杂项
指定结果的范围	TOP nExpr [PERCENT]	

下面就该命令的主要参数加以说明：

● [Alias.] *Select_Item*[AS *Column_Name*] [,]——指定要包含在查询结果中的字段，即查询输出字段。其中，*Select_Item* 可以是常量、数据源中的字段、函数或构造的表达式，也可用星号（＊）指代数据源中的所有字段；若数据源中包含的表或视图有同名字段，则在使用这些字段时必须加别名 Alias 进行区别；AS *Column_Name* 用于指定输出字段的字段名（可使用表达式），缺省时系统采用下列方式生成输出字段（对于后 4 种情况，一般需要使用 AS

Column_Name 指定字段名）：

◇ 如果 [Alias.] Select_Item 是具有唯一名称的字段，则用字段名作为输出列名。

◇ 如果多个 [Alias.] Select_Item 具有相同名称。例如，如果名为 xs 的表有一个 xh 字段，而名为 cj 的表也有一个 xh 字段，则输出列命名为 xh_a 和 xh_b。

◇ 如果名称有 10 个字符长，可以将名称截短后再加下划线和字母。例如，DEPARTMENT 变为 departme_a。

◇ 如果选择项是表达式，它的输出列命名为 exp_a。其他表达式分别命名为 exp_b、exp_c，依此类推。

◇ 如果选择项包含诸如 COUNT( )这样的字段函数，则输出列命名为 cnt_a。如果另一个选择项包含 SUM( )，它的输出列命名为 sum_b。

● FROM [DatabaseName!] TableName [Local_Alias] [, …]——列出所有从中检索数据的数据库名和表（或视图）。其中，Local_Alias 为表指定一个本地别名。如果指定了本地别名，那么在整个 SELECT 语句中必须都用这个别名代替表名。

● [[INNER | LEFT [OUTER] | RIGHT [OUTER] | FULL [OUTER] JOIN DatabaseName!] TableName [Local_Alias] [ON JoinCondition …]——指定多表查询时的联接类型和联接条件。

● INTO Destination——指定查询结果保存在何处。如果在同一个查询中同时包括了 INTO 子句和 TO 子句，则 TO 子句不起作用。Destination 可以是下列子句之一：

◇ ARRAY ArrayName 将查询结果保存到内存变量数组中。如果查询结果中不包含任何记录，则不创建这个数组。

◇ CURSOR CursorName 将查询结果保存到临时表（作为一个临时文件存在）。如果指定了一个已打开表，则产生错误信息。执行完 SELECT 语句后，临时表仍然保持打开，一旦关闭，临时表将被自动删除。

◇ DBF TableName | TABLE TableName，将查询结果保存到一个表中。

● TO FILE FileName [ADDITIVE] | TO PRINTER [PROMPT] | TO SCREEN——如果命令中包括了 TO 子句，但没有包括 INTO 子句，则查询结果定向输出到名为 FileName 的 ASCII 码文件、打印机或 Visual FoxPro 主窗口。ADDITIVE 使查询结果追加到 TO FILE FileName 所指定的文本文件中。

● WHERE FilterCondition [AND | OR FilterCondition …]]——指定筛选条件。需要说明的是：SELECT 不遵守用 SET FILTER 指定的筛选条件。此外，FilterCondition 筛选条件可以包含"子查询"（Subquery）。子查询是指 SELECT 内的 SELECT 语句，它必须用括号括起来。在 WHERE 子句中可以有最多两个同级（不是嵌套的）子查询。例如，查询哪些专业在学生表 xs 中尚未有学生，可以使用下列命令：

SELECT * FROM yxzy WHERE yxzy. yxzydm NOT IN (SELECT xs. yxzydm FROM xs)

● GROUP BY GroupColumn [, GroupColumn …]——对查询结果进行分组。其中，Group-Column 可以是数据源中除备注型和通用型以外字段的字段名，或一个数值表达式（其值指定查询输出字段的顺序号）。

● HAVING FilterCondition——指定查询结果必须满足的筛选条件。该子句通常同 GROUP BY 子句一起使用，如果无 GROUP BY 子句，则其作用与 WHERE 子句相同。通常在 HAVING 子句中使用字段函数,若未使用字段函数,则应使用 WHERE 子句以获得较快的处理速度。

● [UNION [ALL] *SELECTCommand*]——将一个 SELECT 命令的运行结果同另一个 SELECT 命令的运行结果组合起来。默认情况下,UNION 检查组合的结果并排除重复的记录,使用 ALL 将不排除组合结果中重复的记录。使用 UNION 子句时应遵循下列规则:

◇ 不能使用 UNION 来组合子查询。

◇ 两个 SELECT 命令的输出字段数必须相同,且对应的输出字段必须有相同的数据类型和宽度。

◇ 只有最后的 SELECT 中可以包含 ORDER BY 子句,而且必须使用序号指出排序字段。如果包含了一个 ORDER BY 子句,它将影响整个结果。

● ORDER BY *Order_Item* [ASC|DESC] [, *Order_Item* [ASC|DESC]…]——指定查询结果排序的依据。*Order_Item* 必须是查询输出字段或分组字段,若为输出字段,也可用一个数值表达式表示其序号。ASC 指定查询结果以升序排列(为默认选项),DESC 指定查询结果以降序排列。

4.3.3　SELECT-SQL 应用举例

SELECT-SQL 命令的语法比较复杂,因此要学会在不同的场合灵活、合理地运用。以下举几个具体例子。

1. 基于单个表的查询示例

例4.4 基于教师表 js,查询所有教师的工号和姓名。

　　　SELECT js. gh, js. xm FROM jxsj! js

例4.5 基于学生表 xs,查询学号以"04"开头的学生情况。

　　　SELECT * FROM jxsj! xs WHERE like("04 *", xh)

例4.6 查询成绩表 cj 中课程代号为"60001"的学生的学号和成绩,且要求查询结果按成绩降序排列。

　　　SELECT cj. xh, cj. cj FROM jxsj! cj WHERE cj. kcdh = "60001" ORDER BY cj DESC

2. 基于多个表的查询示例

例4.7 基于学生表 xs 和院系专业表 yxzy,查询学生的学号、姓名和专业名称。

　　　SELECT xs. xh, xs. xm, yxzy. zymc;

　　　　　FROM jxsj! xs INNER JOIN jxsj! yxzy;

　　　　　ON xs. yxzydm = yxzy. yxzydm

例4.8 基于成绩表 cj 和学生表 xs,查询有不及格课程成绩的学生的学号和姓名,且有多门课程不及格的学生只显示一次。

　　　SELECT DISTINCT cj. xh, xs. xm;

　　　　　FROM jxsj! xs INNER JOIN jxsj! cj ON xs. xh = cj. xh WHERE cj. cj < 60

3. 含有合计字段的查询

例4.9 基于成绩表 cj,查询各门课程的最高分,要求输出课程代码及最高分。

```
SELECT cj.kcdm AS 课程代码, MAX(cj) AS 最高分;
    FROM jxsj! cj GROUP BY cj.kcdm
```

例4.10 基于成绩表 cj 和课程表 kc,查询每门课程的课程代码、课程名称、人数、平均分、最高分和最低分,并把查询结果保存到 kc_maxcj 表文件中。

```
SELECT cj.kcdm AS 课程代码, kc.kcmc AS 课程名称, COUNT( * ) AS 人数,;
    AVG(cj) AS 平均分, MAX(cj) AS 最高分, MIN(cj) AS 最低分;
    FROM jxsj! cj INNER JOIN jxsj! kc ON cj.kcdm = kc.kcdm;
    GROUP BY cj.kcdm INTO TABLE kc_maxcj
```

4. 子查询示例

例4.11 基于教师表 js 和任课表 rk,查询已担任课程的教师的姓名和系名。

```
SELECT xim.ximing,js.xm FROM jxsj! js INNER JOIN jxsj! xim ON js.xdh = xim.xdh;
    WHERE js.gh IN (SELECT rk.gh FROM jxsj.rk)
```

5. 组合查询示例

例4.12 基于教师表 js 和学生表 xs,查询全校师生名单,要求输出字段为:系名、类别(是教师还是学生)、姓名和性别,并按系名排序。

```
SELECT xim.ximing AS 系名,'教师'AS 类别, js.xm AS 姓名,js.xb AS 性别 FROM
    jxsj! js ;
UNION;
SELECT xs.ximing AS 系名,'学生' AS 类别, xs.xm AS 姓名,xs.xb AS 性别 FROM
    jxsj! xs ;
    ORDER BY 1
```

例4.13 基于成绩表 cj,查询各个分数段的学生得分人数。要求结果中包含两个字段:分数段类型和人数,并按分数段类型降序排序。

```
SELECT "90~100" AS 分数段类型 ,COUNT( * ) AS 人数;
    FROM jxsj! cj;
    WHERE cj >=90;
UNION;
    SELECT "80~89" AS 分数段类型 ,COUNT( * ) AS 人数;
    FROM jxsj! cj;
    WHERE cj >=80. AND cj <90;
UNION;
SELECT "70~79" AS 分数段类型 ,COUNT( * ) AS 人数;
    FROM jxsj! cj;
    WHERE cj >= 70. AND cj  <80;
```

```
    UNION;
SELECT "60 ~ 69" AS 分数段类型 ,COUNT( * ) AS 人数;
    FROM jxsj! cj;
    WHERE cj > = 60. AND cj < 70;
    UNION;
SELECT "60 以下" AS 分数段类型 ,COUNT( * ) AS 人数;
    FROM jxsj! cj;
    WHERE   cj < 60;
    ORDER BY 1 DESC
```

4.4 视图的创建和使用

视图是数据库的一个组成部分,是基于表且可更新的数据集合。视图兼有表和查询的特点:与查询类似之处是可以用来从一个或多个相关联的表中提取数据;与表相类似的地方是,可以更新其数据,并将更新结果反映到源数据表中。视图中的源数据表也称为"基表"(Base Table)。

视图分两种类型:本地视图和远程视图。本地视图使用 Visual FoxPro SQL 语法选择储存在本地计算机上表或视图中的数据,远程视图使用远程 SQL 语法从远程 ODBC 数据源表中选择数据(ODBC 是一种用于数据库服务器的标准协议,通过 ODBC 可以访问多种数据库中的数据)。本节仅介绍本地视图的创建和使用,其创建方法及步骤与创建查询基本类似。

4.4.1 创建本地视图

可以使用视图设计器或使用 CREATE SQL VIEW 命令创建本地视图。

1. 使用视图设计器

在"项目管理器"中选择某数据库中的"本地视图",然后选择"新建"按钮,打开"视图设计器"。

使用视图设计器设计视图的过程和方法基本上与使用查询设计器一样,但视图设计器多一个"更新条件"页面,它可以控制更新(后面介绍)。

2. 使用 CREATE SQL VIEW 命令

使用带有 AS 子句的 CREATE SQL VIEW 命令,可以直接创建视图。该命令格式如下:

    CREATE SQL VIEW *ViewName* AS SQLSELECTStatement

其中,*ViewName* 指定了视图名,SQLSELECTStatement 为 SELECT-SQL 语句。

例如,下面的命令创建了视图 js_view,该视图选择了 jxsj 数据库中 js 表的所有记录:

    CREATE SQL VIEW js_view AS SELECT * FROM jxsj! js

4.4.2 用视图更新源表数据

在视图中更新数据与在表中更新数据类似。此外,使用视图还可以对其基表进行更新。

利用视图设计器中的"更新条件"页面(图 4-18)可以设置将对视图数据的修改"回送"到数据源中的方式。

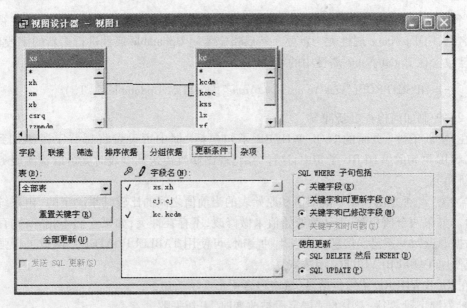

图 4-18 视图设计器中的"更新条件"页面

1. 使表可更新

在"表"下拉列表中指定受设置影响的表;在"字段名"列表中列出选定表中的字段,至少应设置一个字段作为"主关键字"和"可更新字段"。

"发送 SQL 更新"复选框可以设置是否允许对基表的更新,它是更新的主开关。相应地,可以使用如下命令进行设置:

$$= DBSETPROP("视图名","View","SendUpdates",.T.)$$

2. 设置关键字段

Visual FoxPro 用关键字段来唯一标识那些已在视图中修改过的源表的更新记录。设置"关键字段"可用来检验更新冲突。

在"更新条件"页面中,单击字段名旁的"关键"列(钥匙形),可以设置为关键字段或取消设置。若要把对关键字段的设置恢复到源表中的初始状态,可单击"重置关键字"按钮。也可以使用如下命令设置一个字段为关键字段:

$$= DBSETPROP("ViewName. FieldName","Field","KeyFiled",.T.)$$

(1)指定可更新字段

如果要设置给定表中部分或全部字段允许更新,必须在该表的所有字段中设置一个关键字段。

单击字段名旁的"更新"列(笔形),可以设置一个字段为可更新的。单击"全部更新"按钮,可以将一个已有关键字段的表除该关键字段外的其他字段设置为可更新。

如果要使用命令来设置一个字段为可更新,可以利用 UpdateName 属性,在视图字段与基表(由 *TableName* 指定)字段之间建立映射关系:

= DBSETPROP ("*ViewName. FieldName*","*Field*","*UpdateName*","*TableName. Field-Name*")

当视图是根据具有共同字段名的两个表之间的联接建立起来时,或者当字段在视图中有别名时,UpdateName 属性尤为重要。然后指定要用 Updatable 属性进行更新的字段(只能指定已包含在 UpdateName 属性中的字段):

= DBSETPROP("*ViewName. FieldName*","*Field*"," Updatable ",. T.)

（2）控制如何检查更新冲突

在"更新条件"页面的"SQL WHERE 子句包括"框中可设置将哪些字段添加到 UPDATE-SQL 语句的 WHERE 子句中,这样,在将视图修改传送到基表时就可以检测服务器上的更新冲突。

"冲突"与否是由视图中的旧值和原始表的当前值之间的比较结果决定的(由系统进行比较)。如果两个值相等,则认为原始值未做修改,不存在冲突;如果它们不相等,则存在冲突,数据源返回一条错误信息。当发生冲突时,可使用 TABLEUPDATE( ) 函数进行强制更新,或使用 TABLEREVERT( )函数恢复。

在"SQL WHERE 子句包括"区域中包含 4 个选项按钮:

● 关键字段:当源表中的关键字段被改变时,更新失败。

● 关键字和可更新字段:当远程表中任何标记为可更新的字段被改变时,更新失败。

● 关键字和已修改字段:当在本地改变的任一字段在源表中已被改变时,更新失败。

● 关键字段和时间戳:当远程表上记录的时间戳在首次检索之后被改变时,更新失败(仅当远程表有时间戳列时有效)。

在使用 DBSETPROP( )函数设置时,这 4 个选项按钮对应于将 WhereType 属性设置为:

● 关键字段:DB_KEY。

● 关键字和可更新字段:DB_KEYANDUPDATABLE。

● 关键字和已修改字段:DB_KEYANDMODIFIED (默认)。

● 关键字段和时间戳:DB_KEYANDTIMESTAMP。

可以使用"视图设计器"的"更新条件"页面来选择需要的设置,或者使用 DBSETPROP( )函数设置一个视图定义的 WhereType 属性。

4.4.3 创建参数化视图

使用参数化视图,可以避免每次"下载"一部分记录就需要单独创建一个视图的情况。参数化视图实际上是在视图的 SQL SELECT 语句中加一条 WHERE 子句,从而仅下载那些符合 WHERE 子句条件的记录,其中子句是根据所提供的参数值建立的,参数值可以在运行时传递,也可以编程方式传递。

例 4.14 基于成绩表 cj,创建一个参数化视图,根据提供的课程代号下载该课程的成绩。

若要创建参数化视图,可以使用"视图设计器",或者使用 CREATE SQL VIEW 命令。使用"视图设计器"的创建方法是:在"视图设计器"的"筛选"页面中插入一行(图 4-19),选择字段为"cj. kcdm",在"实例"框中输入问号及参数名"? 课程代号";然后从"查询"菜单中选择"视图参数"项,在出现的"视图参数"对话框中定义一个参数名和选择其数据类型(图4-20)。

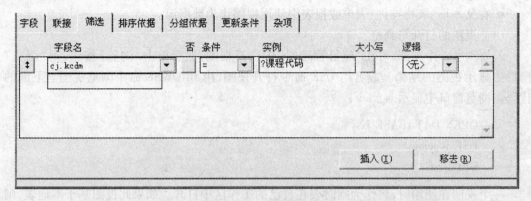

图4-19　定义视图参数1

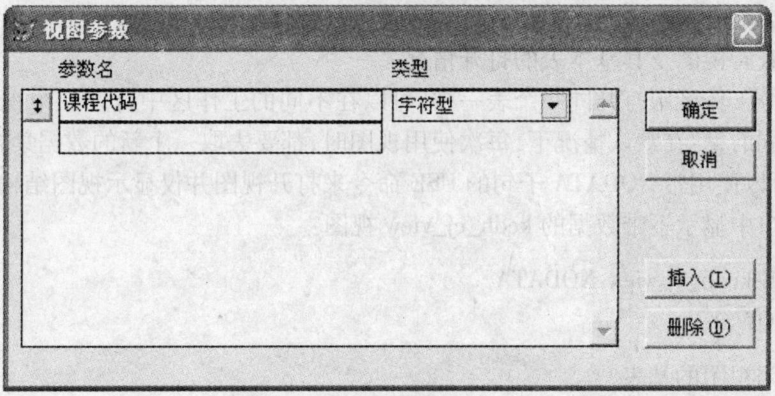

图4-20　定义视图参数2

或者使用 CREATE SQL VIEW 命令:

> OPEN DATABASE jxsj
>
> CREATE SQL VIEW kcdh_cj_view AS SELECT * FROM cj　WHERE cj. kcdh =? 课
>
> 程代码

这个视图将对成绩表 cj 的记录进行筛选,如果成绩的课程代码与提供给"? 课程代码"的参数值相匹配,则该成绩记录在视图的返回结果中出现,否则不出现。

视图的参数可以是一个表达式,计算出来的值将作为视图 SQL 语句的组成部分。若计算无效,Visual FoxPro 将提示输入该参数值。

4.4.4　视图的使用

1. 访问视图

视图建立之后,不但可以用它来显示和更新数据,而且还可以通过调整它的属性来提高性能。处理视图类似于处理表,可以:

● 使用 USE 命令并指定视图名来打开一个视图。

● 使用 USE 命令关闭视图。

● 在"浏览"窗口中,显示视图记录。

● 在"数据工作期"窗口中显示打开的视图。

● 在文本框、表格控件、表单或报表中使用视图作为数据源。

(1) 视图的打开与浏览

若要浏览一个视图,可在"项目管理器"中选择视图,然后单击"浏览"按钮,则"浏览"窗口中显示视图的结果。或者用 USE 命令打开视图,用 BROWSE 命令浏览视图。下面的代码在浏览窗口中显示 js_view:

```
OPEN DATABASE jxsj
USE js_view
BROWSE
```

一个视图在使用时,将作为临时表在自己的工作区中打开。如果此视图基于本地表,则在其他工作区中同时打开基表。在前面的示例中,使用 js_view 视图的同时,js 表也自动打开。单击"常用"工具栏上的"数据工作期窗口"按钮可打开/关闭"数据工作期"窗口,在该窗口中可以查看视图及其基本表的打开情况。

与在多个工作区中打开同一个表一样,可以在不同的工作区中打开一个视图的多个实例。与表不同的是:在默认情况下,每次使用视图时,都要去取一个新的数据集合。

此外,可以使用带 NODATA 子句的 USE 命令来打开视图并仅显示视图结构。下面的代码在浏览窗口中显示不带数据的 kcdh_cj_view 视图:

```
USE kcdh_cj_view NODATA
BROWSE
```

(2) 关闭视图的基表

在使用视图时,自动打开的本地基表并不随视图的关闭自动关闭,必须单独关闭它们(这与 SELECT-SQL 命令保持一致)。

2. 视图的修改、重命名与删除

对于已建立的视图,可以利用项目管理器或 MODIFY VIEW 命令打开"视图设计器"来修改视图,或者使用 DBSETPROP( )函数来修改视图。

可利用项目管理器,或 RENAME VIEW 与 DELETE VIEW 命令,对视图进行重命名和删除。

3. 用数据字典定制视图

因为视图存于数据库中,所以可以为视图创建标题、视图注释及视图的字段注释、视图字段的默认值、字段级和记录级有效性规则以及规则信息。视图的数据字典在功能上与数据库表中的相应部分非常相似,可以利用 DBSETPROP( )函数或直接在视图设计器中为视图设置属性,区别在于后一种方式只能设置字段属性。

例如,若要给视图字段设置默认值属性,可在"视图设计器"的"字段"页面中选定一个字段,然后选择"属性",以打开"视图字段属性"窗口进行设置。

4. 集成视图

集成视图是指在其他视图的基础上再创建视图。这样做的理由是:有时需要从多个其他视图中获取一部分信息,或者将本地和远程数据集成到单个视图中。一个基于视图的视图,或集成了本地表、本地视图或远程视图的视图,被称为多级视图。集成了其他视图的视图为顶层视图。在顶层视图与本地基表或远程基表之间,可以有多个层次的视图。在使用多级视图时,顶层视图所基于的视图和各级视图使用的基表将出现在"数据工作期"窗口中,远程表不会出现在"数据工作期"窗口中。

习　题

一、选择题

1. 下列有关 SQL 命令的叙述中错误的是_____。
   A. 利用 ALTER TABLE-SQL 命令可以修改数据库表和自由表的结构
   B. 利用 DELETE-SQL 命令可以直接物理删除(彻底删除)表中的记录
   C. 利用一条 UPDATE-SQL 命令可以更新一个表中的多个字段的内容
   D. 利用查询设计器设计的查询,其功能均可以利用一条 SELECT-SQL 命令实现

2. 利用查询设计器设计查询时,下列叙述中错误的是_____。
   A. 在设计多表查询时必须设置两个表之间的联接类型,默认的联接类型是内联接
   B. 在选择一个排序字段时,系统默认的排序方式为升序
   C. 在"杂项"中设置查询结果的记录范围时,可以选择前 n 条记录或最后 n 条记录
   D. 所选的分组字段可以不是查询输出字段

3. 下列有关查询命令(SELECT-SQL)的叙述中错误的是_____。
   A. 用于分组的字段必须是已选定输出的字段
   B. WHERE 子句用于对查询数据源的筛选
   C. HAVING 子句用于对查询结果的筛选
   D. 查询命令中的查询去向可以为屏幕、图形或数组

4. 使用 SELECT-SQL 命令来建立各种查询时,下列叙述中正确的是_____。
   A. 基于两个表创建查询时,必须预先在两个表之间创建永久性关系
   B. 基于两个表创建查询时,查询结果的记录数不会大于任一表中的记录数
   C. 基于两个表创建查询时,两个表之间可以无同名字段
   D. 用 ORDER BY 子句可以控制查询结果按某个字段进行升序或降序排列

5. 下列有关查询与视图的叙述中错误的是_____。
   A. 查询文件不仅可在查询设计器中修改,而且可利用 Windows 的"记事本"修改
   B. 视图分为本地视图和远程视图两种类型,且可以创建参数化视图
   C. 查询结果在屏幕上直接浏览时,其数据是只读的,而视图的结果是可以修改的
   D. 查询与视图的数据源可以是自由表、数据库表、查询和视图

6. 要在浏览窗口中显示表 js.dbf 中职称(zcc(10))为"教授"和"副教授"的记录(该字段的内容无前导空格),下列命令中不能实现此功能的是_____。
   A. SELECT * FROM　js WHERE js.zc ="教授"　OR　js.zc ="副教授"
   B. SELECT * FROM　js WHERE"教授" $ js.zc
   C. SELECT * FROM　js WHERE js.zc IN("教授","副教授")
   D. SELECT * FROM　js WHERE RIGHT(js.zc,4) ="教授"

7. 设有一自由表 xx.dbf,下列 SELECT-SQL 命令中语法错误的是_____。
   A. SELECT * FROM xx
   B. SELECT * FROM xx INTO CURSOR temp

C. SELECT * FROM xx INTO TABLE temp

D. SELECT * FROM xx INTO temp

二、填空题

1. 在 VFP 中创建多表查询时,表之间的四种联接类型分别为内部联接、左联接、右联接和_____。

2. 在使用 SELECT-SQL 命令进行查询时,若要保证在查询结果中无重复记录,可以在查询命令中使用_____关键字(或称为"短语"或"子句")。

3. SELECT 查询命令中的_____子句,可以把一个 SELECT 语句的查询结果同另一个 SELECT 语句的查询结果组合起来。

4. 设有一职工档案表(zgda. dbf),含有姓名(xm)、部门(bm)和性别(xb)等字段。使用下列 SELECT-SQL 命令,可以将查询结果保存在文本文件 temp. txt 中:

   SELECT xm, bm FROM zgda ORDER BY bm _____ temp

5. 某考试管理系统中有两个表:考试语种表(tyz. dbf)和考生报名表(bm. dbf)。考试语种表含有语种代号(yzdh,C,2)和语种名称(yzmc,C,15)字段,考生报名表含有准考证号(zkz,C,10)等字段,它们的数据如下表所示:

yzdh	yzmc
43	一级
52	Visual FoxPro
53	Visual Basic
24	C
54	Visual C++
55	Java
56	Fortran 90
38	三级偏硬
39	三级偏软

zkz	……
0114300101	……
0114300102	……
0114300103	……
……	……
0215201601	……
0215201602	……
……	……
0443802101	……

设准考证号(zkz)的第 4、5 位字符表示该考生所报的考试语种代号,则下列 SELECT-SQL 命令可用于统计和显示各语种报名考试的人数:

```
SELECT tyz. yzdh, tyz. yzmc, COUNT( * )   AS 人数;
    FROM   tyz INNER JOIN   bm ;
      ON   tyz. yzdh = _____;
          _____
```

6. 某数据库 sjk 中包含 xs(学生)表,其基本结构如下:

xs. dbf		
字段名	含义	字段类型及宽度
xh	学号	C(10)
xm	姓名	C(8)
xb	性别	C(2)
csrq	出生日期	D

若规定每位学生的生日补贴为 100 元,可用下列 SELECT-SQL 命令查询并显示各个月份出生学生的人数和各月份的补贴总额,要求输出月份、人数、补贴总额,且结果按补贴总额降序排序。

    SELECT _____ AS 月份, COUNT(*) AS 人数,;

    _____ AS 补贴总额 ;

    FROM sjk! xs;

    GROUP BY 1;

    ORDER BY 3 _____

7. 设有一个会议代表签到信息的表文件 bd.dbf,包括 xh(序号)、xm(姓名)、dw(单位)等字段。如果每个单位可以有多个代表参加,则可以利用命令:

    SELECT _____ dw FROM bd INTO TABLE dwb

生成一个仅含有单位字段且记录值不重复的表文件 dwb.dbf。如果要统计各单位参加会议的人数并根据人数由多到少排序,则可以利用命令:

    SELECT dw AS 单位,_____ AS 人数;

    FROM bd;

    GROUP BY _____;

    ORDER BY 2 DESC

8. 已知学生(xs)表中含学号(xh)、姓名(xm)、性别(xb)、专业(zy)字段。下列 SQL 命令用来查询每个专业男、女生人数。

    SELECT zy, SUM(IIF(xb = '男', 1, _____)) AS 男生人数,;

    SUM(IIF(xb = "女", 1, (9))) AS 女生人数;

    FROM xs;

    GROUP BY 1

9. 设 user 表含有工号(gh,C,4)和奖金(jj,N,4)等字段,其数据如下:

gh	jj
1101	300
1102	200
1103	. NULL.
1104	100
1105	. NULL.

针对该 USER 表,执行下列查询命令:

    SELECT COUNT(*) AS 人数, SUM(jj) AS 奖金总和,;

    AVG(jj) AS 平均奖金 FROM user

则查询得到的记录数为_____。

10. 设某考试管理系统中有两个表:学校代码表(txx. dbf)和考生表(ks. dbf)。学校代码表含有学校代号(xxdh,C,3)和学校名称(xxmc,C,40)字段,考生表含有准考证号(zkz,C,10)和考试成绩(cj,N,3)等字段,其数据如下表所示:

zkz	…	cj
0114300101	…	74
0114300102	…	62
0114300103	…	55
…	…	…
0215201601	…	81
0215201602	…	70
…	…	…
0413802101	…	66
…	…	…

xxdh	xxmc
011	南京大学
…	…
021	南京师范大学
…	…
041	扬州大学
…	…

其中,准考证号的第 1~3 位表示该考生所在学校的学校代号。下列 SELECT-SQL 命令可用于统计各学校的报名人数和考试通过人数(设考试成绩大于 59 分为考试通过),并按考试通过人数降序显示:

```
SELECT txx.xxdh, txx.xxmc, COUNT( * ) AS 报名人数, ;
    SUM(_____) AS 通过人数;
    FROM txx INNER JOIN ks;
    ON txx.xxdh = LEFT(ks.zkz,3);
    GROUP BY 1;
    ORDER BY _____
```

第 5 章

程序设计基础

Visual FoxPro 不仅是一个功能很强的数据库管理系统,而且还内含一个使用方便、功能强大的应用程序开发工具。本章主要介绍程序设计的基础知识,包括结构化程序设计的基本方法和面向对象程序设计中的基本概念。

5.1   程序设计概述

任何设计活动都是在若干约束条件和相互矛盾的需求之间寻求一种平衡。在计算机技术的发展初期,由于硬件资源比较昂贵,程序的时间和空间代价往往是设计程序时关注的主要因素,随着硬件技术的飞速发展和软件规模的日益庞大,程序的结构、可维护性、可重用性、可扩展性等因素日益重要。随之,作为软件主体的程序,其设计方法和技术也在不断地发展。

程序设计(Programming)是利用系统所提供的设计工具,按照程序设计语言的规范描述解决问题的算法并进行程序编写的过程。这个过程应当包括分析、设计、编码、测试和排错等不同阶段。程序设计的方法主要有两类:结构化程序设计(Structured Programming,SP)和面向对象的程序设计(Object-oriented Programming,OOP)。

在程序设计的早期,编程过程中往往使用大量的转移语句,使程序的控制流程强制地、"很随意"地转向程序的任一处,程序结构杂乱无章,执行流程交错复杂,造成程序可读性差、可维护性差且容易出错。因此,在 20 世纪 60 年代人们提出了结构化程序设计方法,其主要思想是程序的设计应遵循四条原则:自顶向下、逐步求精、模块化和限制使用转移语句,程序流程应使用三种基本结构来控制:顺序、分支和循环(这三种结构在 Visual FoxPro 中的实现将在后面介绍)。在采用结构化程序设计方法时,程序被划分成多个模块,这些模块被组织成一个树型结构。这棵树的根就是主模块,分层的支干和叶子为各层的子模块。这种树型结构,既反映了程序功能的分解,也反映了模块之间的调用关系。

结构化程序设计的本质是功能设计,即以功能为主进行设计,其方法是自顶向下、功能分解,它从外部功能上模拟客观世界,其开发过程通常是从"做什么"到"如何做"。其优点是系统结构性强、便于设计和理解。但由于用户所提需求不可能一次提得完备、精确,软件在使用过程中也需要不断完善,以致一旦需求更动,后续的程序修改与功能实现必然要作相应的更动,导致先前的程序结构不能适合后续的功能修改。这样的功能分解模型较难与现实世界中的实际系统相吻合。

面向对象的程序设计概念实际上也是起源于 20 世纪 60 年代,但限于当时硬件、软件的限制而发展缓慢。到了 20 世纪 90 年代,面向对象的程序设计方法风靡整个软件行业,出现了大量支持面向对象程序设计的语言和开发工具。

面向对象的基本思想与结构化设计思想完全不同,面向对象的方法学认为世界由各种对象组成,任何事物都是对象,是某个对象类的实例,复杂的对象可由较简单的对象组合而成。OOP 的基石是对象和类。对象是数据及作用于这些数据之上的操作结合在一起所构成的独立实体的总称;类是一组具有相同数据结构和相同操作的对象的描述。面向对象的基本机制是方法和消息,消息是要求某个对象执行类中某个操作的规格说明;方法是对象所能执行的操作,它是类中所定义的函数,描述对象执行某个操作的算法,每一个类都定义了一组方法。OOP 有三个重要特性:封装性、继承性和多态性。

封装性是指对象是数据和处理该数据的方法所构成的整体,外界只能看到其外部特性(消息模式、处理能力等),其内部特性(私有数据、处理方法等)对外不可见。对象的封装性使得信息具有隐蔽性,它减少了程序成份间的相互依赖,降低了程序的复杂性,提高了程序的可靠性和数据的安全性。

继承性反映的是类与类之间不同的抽象级别,根据继承与被继承的关系,类可分为基类和衍生类,基类也称为父类,衍生类也称为子类。正如"继承"这个词的字面给出的提示一样,子类从父类那里获得所有的属性和方法,并且可以对这些获得的属性和方法加以改造,使之具有自己的特点。继承性使得相似的对象可以共享程序代码和数据,继承性是程序可重用性的关键。

多态性在形式上表现为一个方法根据传递给它的参数的不同,可以调用不同的方法体,实现不同的操作。将多态性映射到现实世界中,则表现为同一个事物随着环境的不同,可以有不同的表现形态及不同的和其他事物通信的方式。

OOP 方法以"对象"为中心进行分析和设计,这些对象形成了解决目标问题的基本构件,即解决从"用什么做"到"要做什么"的问题。其解决过程从总体上说是采用自底向上方法,先将问题空间划分为一系列对象的集合,再将对象集合进行分类抽象,一些具有相同属性行为的对象被抽象为一个类,类还可抽象分为子类。其间采用继承来建立这些类之间的联系,形成结构层次。同时对于每个具体类的内部结构,又可采用自顶向下逐步细化的方法由粗到细精化之。因此,OOP 总体来说主要是不断设计新的类和创建对象的过程。

与传统的 SP 相比,OOP 方法具有许多优点,如采用"对象"为中心的设计方式,再现了人类认识事物的思维方式和解决问题的工作方式;OOP 方法以对象为唯一的语义模型,整个软件任务是通过各对象(类)之间相互传递消息的手段协同完成,因此能尽量逼真地模拟客观世界及其事物;由于对象和类实现了模块化,以及任一对象的内部状态和功能的实现的细节对外都是不可见的,因此很好地实现了信息隐藏,由此建立在类及其继承性基础上的重用能力可应付复杂的大型软件开发。目前,OOP 方法和技术得到了最广泛的应用,但它也有一定的局限性。目前人们也在传统的 OOP 三要素(封装性,继承性,多态性)的基础上发展了更多的新技术,借以弥补 OOP 的缺陷,使 OOP 方法和技术能够更好地解决软件开发中的问题。

从程序设计的方法来看,Visual FoxPro 既支持结构化程序设计,也支持面向对象程序设计,并提供了许多相关的可视化开发工具。

5.2 结构化程序设计

结构化程序设计是指根据不同的情况和条件,控制程序去执行相应操作的语句序列。Visual FoxPro 中有一类特殊的命令,在这些命令的控制下,可以使其他的一组命令或函数重复执行多次,或者根据一定的条件控制程序执行某一组命令而不执行另一组命令。程序结构主要分为:顺序结构、分支结构、循环结构,以及过程/函数调用,且这些结构可以相互嵌套,即一种程序结构中可包含任何的程序结构。一个程序从总体上来说是一个顺序结构,其中的某个(些)"子部分"则可能是各种结构的组合和嵌套。

5.2.1 创建、修改和运行程序

1. 创建和修改程序文件

Visual FoxPro 程序是包含一系列命令的文本文件,其文件扩展名为 PRG。创建程序文件的操作分三个步骤:打开程序编辑窗口、在编辑窗口中输入命令(也称语句)和保存程序文件。打开程序编辑窗口的方法很多,可以选择以下任何一种:

● 使用主菜单命令"文件"→"新建",然后在"新建"对话框中选择"程序"选项,单击"新建文件"按钮。

● 使用"常用"工具栏中的"新建"按钮,然后在"新建"对话框中选择"程序"选项,单击"新建文件"按钮。

● 在项目管理器的"文档"选项卡中选择"程序"项,然后单击"新建"按钮。

● 在命令窗口中执行如下命令:

MODIFY COMMAND[*FileName*|?]

对于已存在的程序,可以在程序编辑窗口中对其进行编辑和修改,打开窗口的方法有:使用菜单命令"文件"→"打开",或"常用"工具栏中的"打开"按钮,或利用项目管理器(首先选中被修改的程序文件,然后单击"修改"按钮),或在命令窗口中利用 MODIFY COMMAND 命令。对于已存在的程序文件,修改并保存后系统会将"上一版本"的程序文件以 .BAK 文件(备份文件)保存。

此外,可以使用任何文本编辑器(如 Windows 的"记事本"程序)来创建和编辑程序。

2. 运行程序

运行程序文件有下列三种方法:

● 当程序文件处于编辑窗口时,单击"常用"工具栏上的"!"按钮运行程序。

● 在项目管理器窗口中选择程序文件,然后单击窗口中的"运行"命令按钮。

● 在命令窗口中使用 DO 命令。DO 命令的语法格式如下:

DO *ProgramName*[WITH *ParameterList*]

其中,*ProgramName* 为程序文件名,WITH 子句用于指定参数(在后续的过程与自定义函数部分介绍)。

在 Visual FoxPro 中,一旦运行程序文件,系统会自动地对程序文件(.PRG)进行编译(包括对程序的词法检查、语法检查),生成"伪编译"程序(.FXP)。执行程序时,系统实质上是执行.FXP 文件。

5.2.2　顺序结构

所谓顺序结构,是指程序运行时按照语句排列的先后顺序,一条接一条地依次执行,程序的执行流程如图5-1 所示,先执行语句 A,然后执行语句 B。它是程序中最基本的结构,也是任一程序的主体结构。

例5.1　下列程序的功能是计算圆的面积,其半径为4.12。

```
STORE   4.12 TO P
S = P * P * 3.14
?'圆面积为:',S
```

例5.2　下列程序的功能是显示一个字符串在另一个字符串中的位置。

```
C = "Visual FoxPro"
CC = "Fox"
? AT(CC,C)          && 显示结果为 8
```

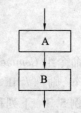

图 5-1　顺序结构

5.2.3　分支结构

所谓分支结构,是指程序在运行过程中,根据条件执行不同的操作。在 Visual FoxPro 中,有两种实现分支结构的语句:IF…ELSE…ENDIF 语句和 DO CASE…ENDCASE 语句。

1. IF…ELSE…ENDIF 语句

IF…ELSE…ENDIF 语句(简称"IF 语句")是根据逻辑表达式的值,有选择地执行一组语句。IF 语句的语法格式为:

```
IF lExpression
    Commands1
[ELSE
    Commands2]
ENDIF
```

该语句根据条件表达式 *lExpression* 的计算结果(.T. 或.F.)决定程序执行语句的顺序。若含有 ELSE 子句,则 *lExpression* 结果为.T. 时,执行语句组 *Commands*1,否则执行语句组 *Commands*2;若无 ELSE 子句,则 *lExpression* 结果为.T. 时,执行 *Commands*1,否则执行 ENDIF 后面的语句。该语句的执行流程如图5-2 所示(图中 Lexp 表示为条件表达式)。

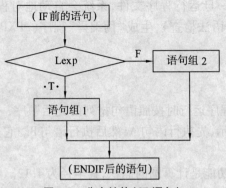

图 5-2　分支结构(IF 语句)

命令组 *Commands*1 或命令组 *Commands*2 中还可以包含 IF 语句。如果命令组中还包含 IF 语句,则称为 IF 语句结构的嵌套。

例 5.3　下列程序的功能是根据变量 x 的值决定变量 y 的值(为 1 或 −1)。

```
IF  x > 0
      y = 1
ELSE
      y = −1
ENDIF
```

例 5.4　下面程序的功能是解一元二次方程。其中,PARAMETERS 语句用于接收程序的参数(三个参数 a、b、c 分别对应于一元二次方程的系数)。

```
PARAMETERS    a, b, c
IF a = 0
      = MESSAGEBOX("二次项目系数不能为零!",48,"错误显示对话框")
      RETURN                    && 该语句的作用是结束当前程序的执行并返回
ENDIF
delta = b * b − 4 * a * c          && 方程根的判别式
IF    delta > 0
      ?"方程有两个不等的实数根:"
      ?? ( −b + SQRT(delta))/(2 * a)
      ?? ( −b − SQRT(delta))/(2 * a)
ELSE
      IF delta = 0
            ?"方程有两个相等的实数根:"
            ?? −b/(2 * a)
      ELSE
            ?"方程有两个复根:"
            real_part = −b/(2 * a)&& 实部
            img_part = sqrt( −delta)/(2 * a)&& 虚部
```

$$? \text{ALLTRIM}(\text{STR}(\text{real\_part})) + '' + '' + \text{ALLTRIM}(\text{str}(\text{img\_part})) + ''\text{i}''$$

$$? \text{ALLTRIM}(\text{STR}(\text{real\_part})) + '' - '' + \text{ALLTRIM}(\text{str}(\text{img\_part})) + ''\text{i}''$$

    ENDIF

  ENDIF

上述程序在运行时,必须使用具有 WITH 子句的 DO 命令,WITH 子句中给出与 a、b、c 参数对应的值。例如,执行下列命令(假设上述程序保存的文件名为 abc),可求出方程 $x^2 + 2x - 8 = 0$ 的根:

  DO abc WITH 1,2,-8

2. DO CASE…ENDCASE 语句

IF 语句只能判断最多两种情况,即"二分支"。若要判断多于两种可能的情况,有两种方法可以实现:一是在 IF 语句中嵌套 IF 语句(如例 5.4 所示),这种方法虽然可行,但当情况较多时结构不是很清晰。第二种方法就是使用 DO CASE…ENDCASE 语句(简称 DO CASE 语句)。其语法格式为:

  DO CASE

    CASE *lExpression*1

      *Commands*1

    [CASE *lExpression*2

      *Commands*2

    …

    CASE *lExpressionN*

      CommandsN]

    [OTHERWISE

      Commands]

  ENDCASE

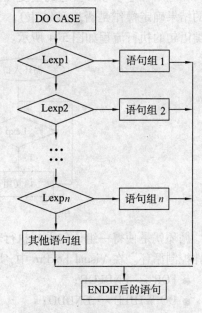

图 5-3　分支结构(DO CASE 语句)

  DO CASE 语句的执行流程如图 5-3 所示。该语句执行时,首先从第一个 CASE 开始,判断其后的条件表达式的值是否为.T.。当遇到第一个结果为.T. 的 CASE 表达式时,就执行其后面的命令组,然后跳过下一个 CASE 到 ENDCASE 之间的所有语句。如果包含了 OTHERWISE 子句,则当所有 CASE 表达式的值都为.F. 时,执行 OTHERWISE 后的命令组。在 DO CASE 与第一个 CASE 之间不能有其他的语句。

  例 5.5　用 DO CASE 语句实现例 5.4 中程序的功能。

  PARAMETERS　　a,b,c

  IF a = 0

```
      = MESSAGEBOX("二次项目系数不能为零!",48,"错误显示对话框")
      RETURN
ENDIF
delta = b * b - 4 * a * c                              && 根的判别式
DO CASE
    CASE delta > 0
        ?"方程有两个不等的实数根:"
        ??  ( - b + SQRT(delta))/(2 * a)
        ??  ( - b - SQRT(delta))/(2 * a)
    CASE delta = 0
        ?"方程有两个相等的实数根:"
        ??  - b/(2 * a)
    CASE delta < 0
        ?"方程有两个复根:"
        real_part = - b/(2 * a)                         && 实部
        img_part = SQRT( - delta)/(2 * a)               && 虚部
        ? ALLTRIM(STR(real_part)) + " + " + ALLTRIM(STR(img_part)) + "i"
        ? ALLTRIM(STR(real_part)) + " - " + ALLTRIM(STR(img_part)) + "i"
ENDCASE
```

5.2.4 循环结构

在应用程序中经常会遇到重复性操作,重复的次数有时可知、有时不可知(只能根据操作的结果确定操作是否应该结束)。为适应这样的要求,程序设计语言提供了循环语句。这类语句的执行流程如图 5-4 所示。

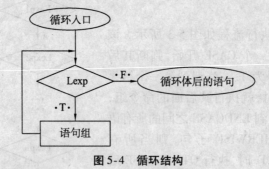

图 5-4 循环结构

循环就是使得一组语句重复执行若干次,可以预先指定要循环的次数,也可以根据某个条件控制循环。在 Visual FoxPro 中,实现循环结构的语句有三种:

● FOR … ENDFOR;
● DO WHILE … ENDDO;
● SCAN … ENDSCAN。

其中,循环开始的语句称为循环的入口语句,如 SCAN、FOR 和 DO WHILE 语句;循环结束的语句称为循环的出口语句,如 ENDSCAN、ENDFOR、ENDDO 语句。在入口语句和出口语句之间的一组语句常称为循环体。

1. FOR…ENDFOR 循环结构

若预先知道循环的次数,可以使用 FOR 语句实现循环。FOR 语句的语法格式为:

FOR *nVar*　= *nInitialValue* TO *nFinalValue*[STEP *nIncrement*]
　　　Commands
ENDFOR | NEXT

其中,循环变量 *nVar* 是作为计数器使用的变量;初值 *nInitialValue* 是计数器的初始值;终值 *nFinalValue* 是计数器的终值;步长 *nIncrement* 是为计数器增加(大于 0 时)或减少(小于 0 时)的步长,缺省时步长为 1。

在循环体 *Commands* 中,可以包含 LOOP 和 EXIT 语句。LOOP 用于将控制直接返回给 FOR 语句,即忽略此后的循环体语句,以进入新的一次循环;EXIT 语句将控制传递给 END-FOR 后的第一条语句,即"跳出"循环。

FOR 循环的执行过程如下:

(a) 将初值赋给循环变量;

(b) 判断循环变量的值是否超出终值,若超出终值,则结束循环,否则执行循环体;

(c) 计算循环变量的值:循环变量 = 循环变量 + 步长;

(d) 转到(b)步骤执行。

例 5.6　下列程序的功能是计算 100 以内的奇数之和(S = 1 + 3 + 5 + … + 99),以及 100 的阶乘(P = 1 × 2 × 3 × … × 100)。

```
n = 100
* * * 以下循环计算 n 以内的奇数和
s = 0                              && 变量 S 作为累加器,初始化为 0
FOR i = 1 TO n STEP 2
    s = s + i
ENDFOR
? ALLT(STR(n)) + "以内的奇数和 S =", s
* * * 以下循环计算 n 的阶乘
p = 1                              && 变量 p 作为累乘器,初始化为 1
FOR i = 1 TO n
    p = p * i
ENDFOR
? ALLT(STR(n)) + "的阶乘 P =", p
```

例 5.7　下列程序的功能是求 1 ~ 100 之间所有奇数(且这些奇数不能被 3 整除)之和。

```
s = 0
FOR i = 1 TO 100 STEP 2
    IF MOD(i, 3) = 0      && 判断 i 是否是 3 的倍数
```

```
        LOOP            && 跳过剩下的语句,立即转到 FOR 语句进行下一轮
                        循环
    ENDIF
s = s + i
ENDFOR
? s
```

例5.8 下列程序的功能是显示如图 5-5 所示的文字。

```
CLEAR
c = "金字大宝塔"
n = LEN( c)/2
FOR i = 1 TO n
    ? SPACE( 70 – i)
    FOR j = 1 TO i
        ?? SUBS( c,2 * i – 1,2)
        = INKEY( 0.5)
    ENDFOR
ENDFOR
```

金
字字
大大大
宝宝宝宝
塔塔塔塔塔

图 5-5　程序(例 5.8)运行结果

例5.9 下列程序的功能是将由英文字母组成的字符串加密。加密的算法是:如果是大写字母,用原字母后面第 4 个字母代替原字母,否则用原字母后面第 2 个字母代替原字母。例如,明文"China"的密文是"Gjkpc"。

```
m = SPACE( 0)
c = "China"
FOR i = 1 TO LEN( c)
    nc = ASC( SUBSTR( c,i,1) )
    IF nc > 64 AND nc < 91
        m = m + CHR( nc + 4)
    ELSE
        m = m + CHR( nc + 2)
    ENDIF
ENDFOR
WAIT WINDOW c + "字符加密后为" + m
```

2. DO WHILE…ENDDO 循环结构

如果预先不能确定循环的次数,而要根据某一条件决定是否结束循环,可以使用 DO WHILE…ENDDO 语句。该语句的语法结构为:

```
DO WHILE lExpression
    Commands
ENDDO
```

其中条件表达式 *lExpression* 用于确定是否执行 DO WHILE 和 ENDDO 之间的语句组 *Commands*——若条件表达式的值为.T.,则语句组将持续被执行。同样,语句组 *Commands* 中可以包含 LOOP 语句和 EXIT 语句。

例 5.10　下列程序的功能是将由 ASCII 码字符组成的字符串进行反序显示(即字符串 "ABCD"显示为"DCBA"):

```
STORE 'abcdef'  TO c,cc          && 字符串变量赋值
p = SPACE(0)
DO WHILE   LEN(c) > 0
    p = LEFT(c,1) + p
    c = SUBSTR(c,2)
ENDDO
? cc +"的返序为" + p
```

例 5.11　下列程序的功能是将由任意字符(包括汉字)组成的字符串进行反序显示:

```
STORE  'abcdef'  TO c,cc          && 字符串变量赋值
p = SPACE(0)
DO WHILE LEN(c) > 0
    x = ASC(LEFT(c,1))
    IF x > 127                    &&ASCII 码值大于 127 的字符为汉字
        i = 2
    ELSE
        i = 1
    ENDIF
    p = LEFT(c,i) + p
    c = SUBSTR(c,i + 1)
ENDDO
? cc +"的返序为" + p
```

例 5.12　下列程序的功能是统计字符串中大、小写英文字母的个数。

```
CLEAR
C = "Visual   FoxPro"
cc = c
Nmax = 0                          && 大写字符计数
Nmin = 0                          && 小写字符计数
DO WHILE "" < > C
    DO CASE
        CASE ASC(LEFT(C,1)) > 64 AND ASC(LEFT(C,1)) < 91
            Nmax = Nmax + 1
        CASE ASC(LEFT(C,1)) > 96 AND ASC(LEFT(C,1)) < 123
```

```
                    Nmin = Nmin  + 1
            ENDCASE
            C = SUBS( C,2)
    ENDDO
    WAIT WIND "大写字符的个数:" + STR( Nmax,2) + " 小写的个数:" + STR( Nmin,2)
```

例 5.13　下列程序的功能是对表达式 $1/(1 \times 2 \times 3) + 1/(2 \times 3 \times 4) + \cdots + 1/[n \times (n+1) \times (n+2)]$ 进行求和,并且要求计算结果精度小于 0.0000001。

```
    CLEAR
    nS = 0
    i = 1
    DO WHILE .T.                              && 无条件地进入循环
        nS =  nS + 1/(i * (i+1) * (i+2))
        IF 1/(i * (i+1) * (i+2)) < 0.0000001    && 计算结果是否达到精度
            EXIT                              && 退出循环
        ENDIF
        i = i + 1
    ENDDO
```

需要注意的是:在 DO WHILE 循环结构中,必须确保循环体执行有限次后,条件表达式的值为.F. ,或在循环体中有 EXIT 语句并且在循环过程中能被执行,否则会造成"死循环"(即无限数地执行循环体语句)。若出现"死循环"现象,可通过按 < Esc > 键中止程序的执行。

3. SCAN…ENDSCAN 循环结构

SCAN…ENDSCAN 语句构建的循环仅用于处理表的记录。若对表中所有记录执行某一操作,可以使用该语句。随着记录指针的移动,SCAN 循环对每条记录执行相同的命令组。该语句的基本格式为:

```
    SCAN [ Scope ] [ FOR lExpression1 ]
        [ Commands ]
    ENDSCAN
```

例 5.14　下列程序的功能是显示所有籍贯为"江苏"的学生姓名和籍贯。

```
    CLEAR
    USE xs
    SCAN FOR   '江苏' $ jg
        ? xm,jg
    ENDSCAN
```

5.2.5　过程与用户自定义函数

用户可以将经常执行的具有某种功能的一段程序代码独立出来,将其作为一个过程

（Procedure）或用户自定义函数（User Defined Function，UDF），在需要该功能的时候调用这个过程或函数。这样，既减少了程序的代码量，也使程序更易读、更易维护。这正是结构化程序设计方法的精髓所在。

过程通常用于实现某一处理功能，而函数用于实现某一处理功能且有返回值。但在Visual FoxPro 中，过程与用户自定义函数除了定义方式上的差别，在可以实现的功能和调用方法上没有区别。

1. 过程与自定义函数的定义

创建过程或用户自定义函数，需要使用 PROCEDURE 或 FUNCTION 语句进行定义。过程定义的基本语法格式如下：

> PROCEDURE *ProcedureName*
> 　　[PARAMETERS *ParameterList*]
> 　　*Commands*
> 　　[RETURN[*eExpression*]]
> ENDPROC

函数定义的基本语法格式如下：

> FUNCTION *FunctionName*
> 　　[PARAMETERS *ParameterList*]
> 　　*Commands*
> 　　[RETURN[*eExpression*]]
> ENDFUNC

其中，PARAMETERS 语句可以为过程（或自定义函数）进行参数定义。定义参数的目的是使过程（或自定义函数）可以根据不同的参数进行不同的处理。参数列表 *ParameterList* 中如果有多个参数（最多可有 27 个），各参数之间应用逗号分隔。RETURN 语句用于指定过程（或自定义函数）的返回值，*eExpression* 缺省时返回值为.T. 。

例5.15 下列自定义函数 ntoc( ) 的功能是将一个 0~9 之间的阿拉伯数字转换为一个"零~九"之间的中文字符。例如，ntoc(7) 的返回值为"七"。

> FUNCTION ntoc
> 　　PARAMETERS pDigit
> 　　LOCAL cString
> 　　cString ="零一二三四五六七八九"
> 　　RETURN SUBSTR(cString, pDigit * 2 + 1,2)
> ENDFUNC

用户创建的过程（或自定义函数）可以存储在数据库的存储过程中，或以一个程序文件保存（一个程序文件可保存一个或多个过程/自定义函数），或位于一个程序的最后。如果过程/自定义函数存在于单独的程序文件中，则该程序文件称为过程文件。

2. 过程与自定义函数的调用

在调用过程或自定义函数时，可以使用 DO 命令，也可以使用函数的调用方式（与Visual

FoxPro 中系统函数的调用完全相同），区别在于以函数方式调用时有返回值。DO 命令调用过程或自定义函数的语法格式如下：

DO *ProcedureName* [IN *ProgramName*] [WITH *ParameterList*]

其中，IN 子句用于指定过程或自定义函数所在的过程文件，WITH 子句用于指定传递给过程或自定义函数的参数。需要注意的是，参数的个数及数据类型必须与过程或自定义函数中所定义的参数一致。

如果调用某过程文件中的过程或自定义函数，也可以在调用之前通过 SET PROCE-DURE TO 命令打开该过程文件。例如，过程文件的文件名为 procs. prg，则在调用前可使用如下命令：

SET PROCEDURE TO procs. prg

当在 DO 命令后使用函数名或过程名时，Visual FoxPro 将按照如下的顺序查找：

● 在包含 DO 命令的文件中查找。
● 在已打开的过程文件（利用 SET PROCEDURE 命令打开）中查找。
● 在运行链中查找，即查找从最近运行的程序到首次运行的程序。
● 在独立程序中查找。

例 5.16   下列程序可用于计算 S = 1! + 2! + 3! + 4! + 5!。

```
s = 0
FOR i = 1 TO 5
    s = s + fjc(i)   && 这里不能使用 DO 命令来调用函数,因为 DO 命令不返回值
ENDFOR
? s
FUNCTION fcj        && 自定义函数 fcj
    PARAMETERS x
    p = 1
    FOR n = 1 TO x
        p = p * x
    ENDFOR
    RETURN p
ENDFUNC
```

5.3   面向对象的程序设计基础

Visual FoxPro 不但仍然支持标准的结构化程序设计，而且在语言上还进行了扩展，提供了面向对象程序设计的强大功能和更大的灵活性。面向对象程序设计的方法与编程技术不同于标准的结构化程序设计。设计人员在进行面向对象的程序设计时，不再是单纯地从代码的第一行一直编到最后一行，而是考虑如何创建对象，利用对象来简化程序设计，提供代

码的可重用性。对象可以是应用程序的一个自包含组件,一方面具有私有的功能,供自己使用;另一方面又提供公用的功能,供其他用户使用。

本节介绍 Visual FoxPro 中面向对象程序设计的一些基础知识,具体的设计与应用等内容将在第 6 ~ 8 章中进一步介绍。

5.3.1　类和对象概述

面向对象程序设计是通过对类、子类和对象等的设计来体现的。类(Class)是面向对象程序设计的核心。人们将具有相同结构、操作并遵守相同规则的对象(Object)聚合在一起,这组对象称为类。类是一个具有相同行为的对象的抽象,所有对象的属性、事件和方法都在类中定义,对象仅仅是类的一个实例。

类和对象的关系密切,但并不相同。类包含了有关对象的特征和行为信息,它是对象的蓝图和框架。对象是基于某种类所创建的实例,包括了数据和过程。在采用面向对象程序设计方法设计的程序中,程序由一个或多个类组成,在程序运行时用户视需要创建该类的各个对象(实例)。因此,类是静态概念,而对象是动态概念。

每个对象都具有属性以及与之相关的事件和方法,通过对象的属性、事件和方法来处理对象。

属性(Property)定义对象的特征或某一方面的行为。例如,汽车对象有一定的颜色、载重量等属性,有停与行等状态。对象的属性由对象所基于的类决定,但也可以为对象定义新的属性以扩展其处理能力。对象的某些属性值既能在设计阶段设置,也能在运行阶段进行设置;某些属性则能在设计阶段设置,但不能在运行阶段进行设置;而有些属性则不能进行设置(它们由类继承而来,是只读的)。

事件(Event)是由对象识别的一个动作,可以编写相应的代码对此动作进行响应。通常事件是由一个用户动作产生(例如,单击鼠标、移动鼠标或在键盘上按键等),也可以由程序或系统产生(如计时器等)。不同的对象可能有一些不同的事件(由类继承而来),但对象的事件集合是固定的,用户不能创建新的事件。

方法(Method)通常也称为方法程序,它是对象能够执行的一种操作,是与对象相关联的过程(完成某种操作的处理代码)。例如,用于处理数据的对象一般均有 Refresh(刷新)方法,以反映隐含数据源的数据变化。

事件可以具有与之相关联的方法程序。例如,为某命令按钮的 Click(单击鼠标)事件编写的方法程序将在单击该命令按钮(Click 事件发生)时执行。方法程序也可以独立于事件而单独存在,它在系统中被显式地调用。方法也可以由用户自己创建,因此其集合是可以无限制地扩展的。

在 Visual FoxPro 中,面向对象程序设计主要体现在作为用户界面的表单(集)及其控件的设计中。Windows 环境下的一切窗口和对话框都是表单(Form)或表单集(FormSet),表单对象上又包含了许多对象。例如,图 5-6 是大家熟悉的 Windows "显示属性"对话框,它即为一个表单对象,其上包含了一些其他对象(图 5-6 中标出了部分对象),且所有的对象均是基于某个类创建的。

图 5-6　Windows"显示属性"对话框

5.3.2　基类

在 Visual FoxPro 中,类可以分为三大类:基类、子类和用户自定义类。基类(BaseClass)是 Visual FoxPro 内部定义的类,可用作其他用户自定义类的基础,即可以在此基础上创建新类,增添自己需要的功能。子类(Subclass)是以其他类定义为起点,为某一对象所建立的新类。子类将继承任何对父类所做的修改。用户自定义类是基于一个或多个 Visual FoxPro 基类,由用户创建的类,可以对一个现有的 Visual FoxPro 类或任何自定义类添加功能。与 Visual FoxPro 基类相似,可用来派生子类。有关子类与用户自定义类的创建等内容,见第 7 章介绍。

基类是系统提供的类,用户可直接使用基类创建对象或创建子类。根据基类是否能包容其他类,基类也分为两种:容器类和控件类(也称为非容器类)。

容器类(Container Classes)是可以包容其他类的基类,基于容器类创建的对象通常称为容器型对象(例如,表单、表格等)。对于容器型对象来说,无论在设计时还是在运行时,均可以将容器型对象作为一个整体进行操作,也可以分别对其包容的对象进行处理。

控件类(Control Classes)是可以包含在容器类中的基类(例如,命令按钮和文本框就属于控件类)。

此外,根据是否可视(即基于其所创建的对象在运行时是否可见),基类又可分为可视类和非可视类。系统提供的常用基类见表 5-1,表 5-2 列出了容器类及其可以包含的控件,表 5-1 中列出的基类减去表 5-2 中列出的容器类即为控件类。

表 5-1　Visual FoxPro 中的常用基类

CheckBox 复选框	Column 列 *	ComboBox 组合框	CommandButton 命令按钮
CommandGroup 命令按钮组	Container 容器	Control 控件	EditBox 编辑框
Form 表单	*FormSet* 表单集	Grid 表格	Header 列标头 *
Hyperlink 超级链接	Image 图像	Label 标签	Line 线条
ListBox 列表框	OLE 绑定型控件	OLE 容器控件	OptionButton 选项按钮
OptionGroup 项按钮组	Page 页	*PageFrame* 页框	Separator 分隔符
Shape 形状	Spinner 微调器	TextBox 文本框	*Timer* 计时器
ToolBar 工具栏			

注：* 表示该类是容器类的组成部分,不能基于它们创建子类;斜体字表示该类是非可视类。

表 5-2　Visual FoxPro 的容器类

容器类	能 包 含 的 对 象
容器	任意控件
工具栏	任意控件、页框、容器
表单集	表单、工具栏
表单	页框、任意控件、容器或自定义对象
表格	表格列
表格列	列标头以及除表单、表单集、工具栏、计时器和其他列以外的任意对象
页框	页面
页面	任意控件、容器和自定义对象
命令按钮组	命令按钮
选项按钮组	选项按钮

　　Visual FoxPro 中的对象根据其所基于的类的性质,也可以分为容器对象和控件对象。容器对象可以作为其他对象的父对象,控件可以包含在容器中,但不能作为其他对象的父对象。

　　在 Visual FoxPro 中,所有的基类都有如表 5-3 所示的最小属性集和表 5-4 所示的最小事件集。

表 5-3　基类的最小属性集

属 性	说 明
Class	该类属于何种类型
BaseClass	该类由何种基类派生而来
ClassLibrary	该类从属于哪种类库
ParentClass	对象所基于的类。若该类直接由 Visual FoxPro 基类派生而来,则其属性值与 BaseClass 属性值相同

表 5-4　基类的最小事件集

事件	说　　　明
Init	当对象创建时激活
Destroy	当对象从内存中释放时激活
Error	当类中的事件或方法程序中发生错误时激活

5.3.3　处理对象

用户可以利用基类、子类或自定义类创建对象。一旦创建了对象,便可以通过对对象属性的修改、方法程序的调用来处理对象。

1. 引用对象

在引用对象时,首先要弄清该对象相对于容器层次的关系,犹如在引用某个文件时首先要弄清该文件在哪个磁盘的哪个文件夹中(即文件的存取路径)一样。对象引用分为绝对引用和相对引用两种(如文件引用的绝对路径与相对路径),容器中各个对象之间(以及对象与属性之间)用"点"符号进行分隔。例如,对于图 5-7 所示的容器的嵌套(有关"表单设计器"等内容将在第 6 章介绍)。

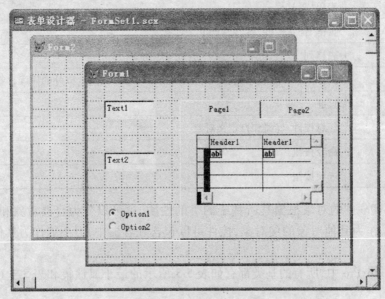

图 5-7　容器的嵌套示例

● 表单集 FormSet1("FormSet1"为对象名,即 Name 属性,后续说明相同)中包含两个表单 Form1 和 Form2;

● 表单 Form1 中包含两个文本框 Text1 和 Text2、一个选项按钮组 OptionGroup1、一个页框 PageFrame1;

● 页框 PageFrame1 中包含两个(选项卡式)页面 Page1 和 Page2;

● 页面 Page1 中包含一个表格 Grid1;

● 表格中包含两列 Column1 和 Column2。

（1）绝对引用

绝对引用是指从容器的最高层次引用对象,给出对象的绝对地址。例如,图 5-7 中的表单 Form1 对象、表格的第一列中的列标头对象的绝对引用,可以分别表示为:

　　FormSet1. Form1

　　FormSet1. Form1. PageFrame1. Page1. Column1. Header1

需要说明的是,如果被引用的对象所在的表单 Name 属性为"Form1",存储在磁盘上的文件名为 abc. scx,且表单不属于表单集,则绝对引用该表单上某个对象时,不能使用 Form1,而是使用其外部文件名(即"abc")。

（2）相对引用

相对引用是指在容器层次中相对于某个容器层次的引用。相对引用通常运用于某个对象的事件处理代码或方法程序代码中。表 5-5 列出了在相对引用对象时所涉及到的一些关键字,其中 This、ThisForm、ThisFormSet 只能在方法程序或事件处理代码中使用。

表 5-5　Visual FoxPro 中相对引用对象时所用的关键字

ActiveForm	当前活动表单
ActivePage	当前活动表单中的活动页面
ActiveControl	当前活动表单中具有焦点的控件
PARENT	该对象的直接容器
This	该对象
ThisForm	包含该对象的表单
ThisFormSet	包含该对象的表单集

例如,对于图 5-7 所示的容器嵌套,若要在选项按钮组 OptionGroup1 的某事件代码中引用文本框 Text1,则可以使用如下的相对引用之一:

　　This. PARENT. Text1

　　ThisForm. Text1

　　ThisFormSet. Form1. Text1

此外,可以使用系统变量 _SCREEN 表示屏幕对象(对系统主窗口),与 ActiveForm 等组合可以在不知道表单名的情况下处理活动表单。下列分别是对当前活动表单和当前活动控件的引用:

　　_SCREEN. ActiveForm

　　_SCREEN. ActiveForm. ActiveControl

2. 设置对象属性

每个对象都有许多属性。通过设置对象属性,可以定义对象的特征或某一方面的行为。对象的大多数属性既可以在设计时设置也可以在运行时设计,但也有一些属性是只读的。

在采用可视化方法(即在使用"表单设计器")进行对象的设计时,可以在"属性"窗口中设置对象属性,有关内容将在第 6 章介绍。在事件代码或方法程序中,可以使用如下的语法进行对象属性的设置：

引用对象. 属性 = 值

例如，下列语句可以分别设置图 5-7 中 Text1 文本框的 Value（指定当前值）、ForeColor（前景色）、BackColor（背景色）、FontName（字体）属性：

FormSet1. Form1. Text1. Value = DATE( )
FormSet1. Form1. Text1. ForeColor = RGB(0,0,0)
FormSet1. Form1. Text1. BackColor = RGB(192,192,192)
FormSet1. Form1. Text1. FontName = "黑体"

在以上的属性设置中，对象引用均采用了绝对引用法。此外，还可以利用 WITH…END-WITH 语句简化对同一对象多个属性的设置。例如，上述文本框的多个属性设置可以用下列语句：

WITH FormSet1. Form1. Text1
. Value = DATE( )
. ForeColor = RGB(0,0,0)
. BackColor = RGB(192,192,192)
. FontName = "黑体"
ENDWITH

3. 调用对象的方法程序

方法程序是对象能够执行的一个操作，是和对象相联系的过程。基于 Visual FoxPro 基类创建的对象都有多个相关的方法程序，用户也可以创建新的方法程序（在第 6 章介绍）。

如果对象已经创建，便可以在应用程序的任何地方调用这个对象的方法程序。调用方法程序的语法如下：

引用对象. 方法程序

例如，对于图 5-7 所示的表单集来说，下列语句通过调用方法程序，可以将焦点设置在文本框 Text2 上（即将光标定位在文本框 Text2 中），并刷新表单 Form1。

FormSet1. Form1. Text2. SetFocus　　　&& 调用方法程序 SetFocus（设置焦点）
FormSet1. Form1. Refresh　　　　　　　&& 调用方法程序 Refresh（刷新表单）

对于有返回值的方法程序必须以一对圆括号结尾（类似于函数调用），如果有参数传递给方法程序，该参数也必须放在括号中。

用户可以为对象的方法和事件编写代码，还可以在子类中扩展方法集（可在类定义或控件的设计过程中通过创建过程或函数向类中添加方法）。

4. 对事件的响应

当对象的某个事件发生时，该事件的处理程序代码将被执行。如果事件没有与之相关联的处理程序，则事件发生时不会发生任何操作。例如，用户单击某命令按钮时，该命令按钮的 Click 事件的程序代码将被执行（若未设置 Click 事件代码，则单击该按钮毫无反映）。需要说明的是：

● 若新建的方法与某个事件重名,则当该事件发生时,同名方法被执行。

● 事件通常是由用户的操作产生的,或由系统激发产生,用户通常不能通过编程的方式激发事件的产生,但可以在需要时调用任一事件的处理代码。例如,下面的语句可调用并执行表单 Form1 的 Activate 事件代码,但并不发生 Activate 事件(在激活表单时该事件发生)。

FormSet1. Form1. Activate

5.3.4　事件模型

每个对象都有与之相关的事件。对于已创建的多个对象,用户根据需要可以为某个或某些事件配置相应的事件处理代码,使得应用程序在运行过程中根据所发生的事件作出相应的处理。

1. 核心事件

对于 Visual FoxPro 基类来说,每个基类的事件集是固定的,不能进行扩充,它们的最小事件集包括 Init、Destroy 和 Error 事件。表 5-6 列出了 Visual FoxPro 中的核心事件集,这些事件适用于大多数的对象(控件)。

表 5-6　核心事件集

事　　件	事件被激发的动作
Load	表单或表单集被加载到内存中
Unload	从内存中释放表单或表单集
Init	创建对象
Destroy	从内存中释放对象
Click	用户使用鼠标单击对象
DblClick	用户使用鼠标双击对象
RightClick	用户使用鼠标右键单击对象
GotFocus	对象得到焦点。由用户动作引起(如按 < Tab > 键或单击),或调用 SetFocus 方法
LostFocus	对象失去焦点,由用户动作引起(如按 < Tab > 键或单击)或者在代码中使用 SetFocus 方法程序使焦点移到新的对象上
KeyPress	用户按下或释放键
MouseDown	当鼠标指针停在一个对象上时,用户按下鼠标按钮
MouseMove	用户在对象上移动鼠标
MouseUp	当鼠标指针停在一个对象上时,用户释放鼠标按钮
InteractiveChange	以交互方式改变对象值
ProgrammaticChange	以编程方式改变对象值

2. 容器层次与类层次中的事件

为对象(控件)编写事件的处理代码时,应注意以下两条一般性的原则:

● 容器不处理与所包含的控件相关联的事件;

● 如果没有与控件相关联的事件代码,Visual FoxPro 将在类层次的更高层上检查是否有与此事件相关联的控件代码。

当用户以任意一种方式(例如,使用 < Tab > 键、单击或移动鼠标等方式)与对象交互时,每个对象独立地接收自己的事件。例如,在图 5-8 所示的表单中有一个命令按钮,表单设置了 Click 事件的处理代码而命令按钮仅设置了 DblClick 事件的处理代码,那么当用户单

155

击命令按钮时,不会触发表单的 Click 事件(即单击命令按钮时不进行任何处理)。

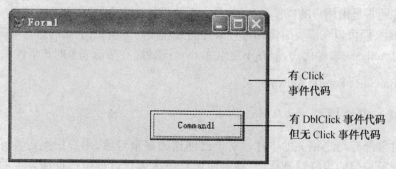

有 Click
事件代码

有 DblClick 事件代码
但无 Click 事件代码

图 5-8　单击命令按钮不会触发表单的 Click 事件

在容器层次中,总的原则是:当事件发生时,只有与事件相关联的最里层对象识别该事件,更高层的容器不识别该事件。在 Visual FoxPro 中,这种原则只有一个例外:对于选项按钮组与命令按钮组来说,组中个别按钮如果没有编写事件处理代码,则当事件发生时将执行选项按钮组的事件处理代码。例如,某表单上有一个选项按钮组(设置了 Click 事件处理代码),该选项按钮组中有两个选项按钮(选项按钮 Option1 有 Click 事件处理代码,选项按钮 Option2 无 Click 事件处理代码),则当用户单击 Option1 时执行与之相关联的事件代码,不执行按钮组的 Click 事件处理代码;当用户单击 Option2 时执行按钮组的 Click 事件处理代码(因为选项按钮 Option2 无 Click 事件处理代码)。

此外,需要注意的是:当连续发生一系列事件时,若起始事件与某个控件相关联,那么整个事件"队列"可能都属于该控件,这取决于起始事件。例如,在一个命令按钮上按下鼠标左键(不释放)并拖动鼠标离开该命令按钮,尽管鼠标指针可能已在表单上,但产生的 Click 事件、一系列的 MouseMove 事件以及 MouseUp 事件均与命令按钮相关联。

3. 事件激发的顺序

在 Visual FoxPro 中,有些事件以及事件激发的顺序是固定的(如表单在创建或释放时发生的事件序列),有些事件是独立发生的(如 Timer 事件等),但大多数事件是在用户进行交互操作时发生的。

可以利用调试器中的事件跟踪来查看 Visual FoxPro 事件的激发顺序(事件序列)。当与表单和控件相关联的事件发生时,事件跟踪都将把发生的事件记录下来,以便当前或过后查看,帮助用户确定事件处理代码应加入哪个事件中。

表 5-7 列出了当数据环境的 AutoOpenTables 属性为.T. 时,Visual FoxPro 中事件的一般触发顺序,其他未列的事件的发生是基于用户的交互行为和系统响应的。

表 5-7　Visual FoxPro 中的事件顺序

对　象	事　件	备　　　注
数据环境	BeforeOpenTables	仅发生在与表单集、表单或报表的数据环境相关联的表和视图打开之前
表单集	Load	在创建表单集对象前发生
表单	Load	在创建表单对象前发生
数据环境临时表	Init	在创建数据环境临时表对象时发生

续表

对　象	事　件	备　　注
数据环境	Init	在创建数据环境对象时发生
对　象/表　单/表单集	Init	对于每个对象从最内层的对象到最外层的容器,在创建对象时发生
表单集	Activate	当激活表单集对象时发生
表单	Activate	当激活表单对象时发生
对象	When	对于每个对象从最内层的对象到最外层的容器,从 Tab 键次序中的第一个对象开始,在控件接收焦点之前此事件发生
表单	GotFocus	当通过用户操作或执行程序代码使对象接收到焦点时此事件发生
对象	GotFocus	对于每个对象从最内层的对象到最外层的容器,当通过用户操作或执行程序代码使对象接收到焦点时此事件发生
对象	Message	对于每个对象从最内层的对象到最外层的容器,控件得到焦点后发生
对象	Valid	对于每个对象从最内层的对象到最外层的容器,当对象失去焦点前发生
对象	LostFocus	当对象失去焦点时发生
对象	When	从 Tab 键次序中的第一个对象开始,在下一个获得焦点的对象接收焦点之前此事件发生
对象	GotFocus	Tab 键次序中的第一个对象接收到焦点时发生
对象	Message	Tab 键次序中的第一个对象得到焦点后发生
对象	Valid	Tab 键次序中的第一个对象开始,当对象失去焦点时发生
对象	LostFocus	对象失去焦点时发生
表单	QueryUnload	在卸载一个表单之前发生此事件
对　象/表　单/表单集	Destroy	对于每个对象从最外层的容器到最内层的对象,当释放一个对象的实例时发生
表单	Unload	在表单被释放时发生
表单集	Unload	在表单集被释放时发生
数据环境	AfterCloseTables	在表单、表单集或报表的数据环境中,释放指定表或视图后,将发生此事件
数据环境	Destroy	当释放一个数据环境对象的实例时发生
数据环境临时表	Destroy	当释放一个数据环境临时表对象的实例时发生

4. 常用的事件

在表 5-6 和表 5-7 中,已对一些主要事件也是常用事件进行了简要说明。下面对其中的一些事件作进一步的说明。

在 Visual FoxPro 中,常用的事件可以归类于鼠标事件、键盘事件、表单事件、控件焦点事件、数据环境事件等类型。这里对最常用的一些事件加以说明,其他事件可参见系统帮助中的说明。

（1）鼠标事件

在 Windows 环境下,用户通常是利用鼠标进行界面操作,因而鼠标事件是最常见的事件。鼠标事件主要有 Click 事件、RightClick 事件、DblClick 事件等。

● 当用户进行如下操作时发生 Click 事件:用鼠标左键单击复选框、命令按钮、列表框或选项按钮控件;使用箭头键或按鼠标键在组合框或列表框中选择一项;在命令按钮、选项按钮或复选框有焦点时按空格键;表单中有 Default 属性设置为.T. 的命令按钮并且按回车键;按一个控件的访问键;单击表单空白区(当指针位于标题栏、控件菜单框或窗口边界上时不发生表单的 Click 事件);单击微调控件的文本输入区;单击废止的控件时,废止控件所在的表单发生 Click 事件。Click 事件也可能由于包含下列内容的代码而发生:设置命令按钮控件的 Value 属性为.T.;设置选项按钮控件的 Value 属性为.T.;更改复选框控件的 Value 属性设置。

● 当用户在控件上按下并释放鼠标右键时发生 RightClick 事件。

● 当连续两次快速按下鼠标左按钮并释放时发生 DblClick 事件;当从列表框或组合框中选择一个选项并按回车键时也发生 DblClick 事件。如果在系统指定的双击时间间隔内不发生 DblClick 事件,那么对象认为这种操作是一个 Click 事件。因此,当向这些相关事件中添加过程时,必须确认这些事件不冲突。此外,不响应 DblClick 事件的控件可能会将一个双击事件确认为两个单击事件。

(2) 键盘事件

与键盘操作相关的事件主要是 KeyPress 事件。当用户按下并释放某个键时发生此事件。KeyPress 事件常用于截取输入到控件中的键击,使用户可以立即检验键击的有效性或对键入的字符进行格式编排(使用 KeyPreview 属性可以创建全局键盘处理程序)。事件处理程序的基本语法为:

```
PROCEDURE Object. KeyPress
LPARAMETERS nKeyCode , nShiftAltCtrl
```

其中,*nKeyCode* 包含一个数值,该数值标识被按下的键(有关特殊键和组合键的编码,请参阅 Inkey 函数)。*nShiftAltCtrl* 参数值是以下三位的值之和: < Shift > 键(0 位,相应值为 1)、< Ctrl > 键(1 位,相应值为 2)和 < Alt > 键(2 位,相应值为 4)。例如,未按这三个键,则 *nShiftAltCtrl* 的值为 0;按 < Shift > 键,*nShiftAltCtrl* 的值为 1;同时按 < Ctrl > 键和 < Shift > 键,*nShiftAltCtrl* 的值为 3 等。

通常具有焦点的对象接收该事件。此外,在两种特殊情况下表单可以接收 KeyPress 事件:表单中不包含控件,或表单的控件都不可见或未激活;表单的 KeyPreview 属性设置为.T. 时,表单首先接收 KeyPress 事件,然后具有焦点的控件才接收此事件。

(3) 改变控件内容的事件

改变控件内容时发生的事件主要有 InteractiveChange 事件和 ProgrammaticChange 事件。

● 在使用键盘或鼠标更改控件的值时发生 InteractiveChange 事件。在每次交互地更改时,都要发生此事件。例如,当用户在文本框中键入字符时,每一次击键都会触发。

● 在程序代码中更改一个控件值时发生 ProgrammaticChange 事件。该事件的应用范围及其处理程序的语法与 InteractiveChange 事件相同。

(4) 焦点事件

焦点(Focus)用以指出当前被操作的对象。与焦点相关的事件主要有 GotFocus 事件、

LostFocus 事件、When 事件和 Valid 事件。

● 当通过用户操作或执行程序代码使对象接收到焦点时发生 GotFocus 事件。需要说明的是,当表单没有控件,或者它的所有控件已废止或不可见时,此表单才能接收焦点;当对象的 Enabled 属性和 Visible 属性均设置为.T. 时,对象才能接收焦点。对象接收到焦点时,通常通过 GotFocus 事件处理代码来执行某种操作或设置。例如,通过为表单中的控件设置 GotFocus 事件代码以显示简要的说明或状态栏信息以指导用户。

● 当某个对象失去焦点时发生 LostFocus 事件。LostFocus 事件发生的时间取决于对象的类型:控件由于用户的操作而失去焦点,这类操作包括选中另一个控件或在另一个控件上单击,或在代码中用 SetFocus 方法更改焦点;用户按 < Ctrl > + < Tab > 键退出表格时,表格失去焦点;只有当表单不包含任何控件,或者所有控件的 Enabled 和 Visible 属性的设置均为.F. 时,表单才可能失去集点。

● When 事件在控件接收焦点之前发生。对于列表框控件,每当用户单击列表中的项或用箭头键移动,使焦点在项之间移动时,发生 When 事件;对所有其他控件,当试图把焦点移动到控件上时,发生 When 事件。如果 When 事件返回.T. ,默认控件接收到焦点;如果返回.F. ,默认控件未接收到焦点。

● Valid 事件在控件失去焦点之前发生。若 Valid 事件返回.T. ,表明控件失去了焦点;若返回.F. ,则说明控件没有失去焦点。此外,Valid 事件也可以返回数值:若返回 0,则控件没有失去焦点;若返回正值,则该值指定焦点向前移动的控件数;若返回负值,则该值指定焦点向后移动的控件数。

(5) 表单(集)事件

表单(集)事件是指操作表单(集)发生的事件。表单(集)事件常用的有 Load 事件、Activate 事件、Unload 事件、Paint 事件和 Resize 事件等。

● 在创建对象(表单、表单集、控件等)前发生 Load 事件。需要注意的是,Load 事件发生在 Activate 和 GotFocus 事件之前。在 Load 事件发生时还没有创建任何表单中的控件对象,因此在 Load 事件的处理程序中不能对控件进行处理。

● 当激活表单、表单集或页对象,或者显示工具栏对象时,将发生 Activate 事件。此事件的触发取决于对象的类型:当表单集中的一个表单获得焦点,或调用表单集的 Show 方法时,激活表单集对象;当用户单击一个表单或单击一个控件,或者调用表单对象的 Show 方法时,激活表单对象;当用户单击页面的选项卡,单击页面上的控件,或者将包含页对象的页框的 ActivePage 属性设置为此页对象对应页码时,激活页对象;当调用工具栏的 Show 方法时,激活工具栏。Activate 事件触发后,首先激活表单集,然后是表单,最后是页面。

● 在对象被释放时发生 Unload 事件。Unload 事件是在释放表单集或表单之前发生的最后一个事件。Unload 事件发生在 Destroy 事件和所有包含的对象被释放之后。

(6) 数据环境事件

数据环境包括了与表单(集)或报表相关的表和视图,以及它们之间的关系。与数据环境有关的事件主要有 BeforeOpenTables 事件和 AfterCloseTables 事件。

● BeforeOpenTables 事件仅发生在与表单集、表单或报表的数据环境相关联的表和视图打开之前。对于表单集或表单,BeforeOpenTables 事件发生在表单集或表单的 Load 事件之前。

● 在表单(集)的数据环境中,释放指定表或视图后,将发生 AfterCloseTables 事件。对于表单或表单集来说,AfterCloseTable 事件发生在表单集或表单的 Unload 事件之后,也发生在由数据环境打开的表或视图关闭之后。对于报表来说,AfterCloseTable 事件发生在由数据环境打开的任意表和视图关闭之后。此外,在任何时候调用 CloseTables 方法,都会发生 AfterCloseTables 事件。AfterCloseTables 事件发生后,将发生数据环境和其相关对象的 Destroy 事件。

(7) 其他常用事件

除了前面介绍的各种事件以外,还有以下的常见事件。

● 在创建对象时发生 Init 事件。对于容器对象来说,容器中对象的 Init 事件在容器的 Init 事件之前触发,因此容器的 Init 事件可以访问容器中的对象。例如,在表单的 Init 事件处理代码中可以处理表单上的任意一个控件对象。容器中对象的 Init 事件的发生顺序与它们添加到容器中的顺序相同。

● 当释放一个对象的实例时发生 Destroy 事件。容器对象的 Destroy 事件在它所包含的任何一个对象的 Destroy 事件之前触发,因此,在容器中的对象释放之前,在容器的 Destroy 事件处理代码中可以引用它所包含的各个对象。

● 当某方法在运行出错时发生 Error 事件。其处理程序的基本语法为:

PROCEDURE Object. Error

LPARAMETERS *nError* , *cMethod* , *nLine*

其中参数 *nError* 是 Visual FoxPro 的错误编号;*cMethod* 为造成此错误的方法,但如果方法调用了用户自定义函数,并且正是在此函数中发生了错误,则 *cMethod* 包含的是这个用户自定义函数名,而不是调用此函数的方法名;*nLine* 存放方法中或自定义函数中造成此错误的程序行号。

Error 事件使得对象可以对错误进行处理。此事件忽略当前的 ON ERROR 例程,并允许各个对象在内部俘获并处理错误。如果正在处理错误时,Error 事件过程中又发生了第二个错误,Visual FoxPro 将调用 ON ERROR 例程。如果 ON ERROR 例程不存在,Visual FoxPro 将挂起程序并报告错误。

Timer 事件是计时器控件特有的事件,当经过 Interval 属性中指定的毫秒数时发生该事件。

5.3.5　事件驱动和事件循环

在 OOP 中,程序代码大多数是为对象或对象的某个(某些)事件而编写的事件处理代码,程序代码的执行总是由某个事件的发生而引起的。OOP 方法设计的应用程序,其功能的实现是由事件驱动的。

传统的程序设计即结构化程序设计中,采用顺序过程的驱动方法并按顺序进行工作,程序设计人员总要关心什么时候将要发生什么事,程序员的精力集中于完成任务的过程而不是用户与该过程的交互方式,在程序中有明显的开始、中间和结束部分,并且若程序的某处出现错误,则整个程序无法继续执行或得不到正确的结果。在事件驱动程序设计中,程序设计人员不必设计程序执行的精确顺序,程序的执行是靠事件的发生来控制的。对于由事件驱动的应用程序来说,用户可以通过引发不同的事件而安排程序执行的顺序。

　　事件驱动程序设计(Event-Driven Programming)是一种强调事件代码的程序设计模型,程序的执行是由事件驱动的,一旦程序启动后就根据发生的事件执行相应的程序,如果无事件发生,则程序就空闲着以等待事件的发生。利用 Visual FoxPro 进行应用程序设计时,必须创建事件循环(Event Loop)。

　　在 Visual FoxPro 中,事件循环是由 READ EVENTS 命令建立、CLEAR EVENTS 命令终止的交互式的运行时刻环境。当发出 READ EVENTS 命令时,Visual FoxPro 启动事件处理;发出 CLEAR EVENTS 命令时,停止事件处理。若 CLEAR EVENTS 命令是位于某程序代码中,且该命令后还有其他命令,则执行 CLEAR EVENTS 命令后,程序还将继续执行紧跟在 READ EVENTS 后面的那条语句。

　　在设计应用程序时,设置环境并且显示初始用户界面之后就可以着手建立事件循环,以等待用户操作并进行响应。READ EVENTS 命令通常出现在应用程序的主程序中,或主菜单的清理代码中,或主表单的某事件处理程序中。在启动事件循环之前需要建立一种退出事件循环的方法,而且必须确保界面有这种发出 CLEAR EVENTS 命令的机制(例如,表单的"退出"按钮或菜单命令)。如果没有这样做,则会陷于死循环,这时就需要按 < Esc > 键强制中断程序的执行,或者重新启动计算机。有关事件循环的应用,见第 10 章中的有关内容。

习　题

一、选择题

1. 下列有关程序设计的叙述中错误的是_____。
    A. 程序设计是指对数据结构和算法进行设计
    B. 对于结构化程序设计来说,其主要思想之一是程序的模块化
    C. 面向对象的程序设计的核心是类的设计,对象是类的实例
    D. 面向对象的程序设计较好地解决了程序的可重用性问题

2. 下列四种文件类型中,与程序文件无关的是_____。
    A. .PRG　　　　B. .BAK　　　　C. .FXP　　　　D. .QPR

3. 在 Visual FoxPro 集成环境下,用户利用 DO 命令执行一个程序文件时,系统实质上是执行扩展名为_____的文件。
    A. .PRG　　　　B. .BAK　　　　C. .FXP　　　　D. .QPR

4. 下列有关条件语句的叙述中错误的是_____。
    A. 所有的 IF 语句均可以改用 DO CASE 语句来实现
    B. 所有的 DO CASE 语句均可以改用 IF 语句来实现
    C. 所有的 IF 语句均可以改用 IIF( ) 函数来实现
    D. IF 语句和 DO CASE 语句均可以嵌套使用

5. 对于循环结构的程序来说,循环体部分可以由一条或多条语句组成。Visual FoxPro 中也有一些语句只能用在循环体中。下列语句中只能用于循环体中的语句是_____。
    A. RETURN　　　B. QUIT　　　C. CLEAR　　　D. EXIT

6. 下列有关 Visual FoxPro 对象(控件)的属性、事件和方法的叙述中错误的是_____。
    A. 所有的对象都有一些相同的属性和不同的属性
    B. 用户可以为表单创建新的属性,但不能为表单中的对象(控件)创建新的属性
    C. 任何对象(控件)的事件集总是固定的,用户不可能添加新的事件
    D. 方法和事件总是一一对应的,即一个方法程序总对应着一个事件

7. 下列 Visual FoxPro 基类中,不能基于它创建子类(派生类)的是_____。
    A. 线条(Line)　　　　　　　　B. 页框(PageFrame)
    C. 标头(Header)　　　　　　　D. 形状(Shape)

8. 下列 Visual FoxPro 基类中属于非可视类的是_____。
    A. 计时器(Timer)　　　　　　　B. 页框(PageFrame)
    C. 标头(Header)　　　　　　　D. 形状(Shape)

9. 下列 Visual FoxPro 基类中不属于容器类的是_____。
    A. 表格(Grid)　　　　　　　　B. 页框(PageFrame)
    C. 列(Column)　　　　　　　　D. 形状(Shape)

10. 对于一个对象来说,下列事件中最后发生的事件是_____。

    A. Load   B. Init   C. Destroy   D. GotFocus

二、填空题

1. 在运行程序文件(.PRG)时,系统会自动地对程序文件进行"伪编译",包括对程序的词法检查和语法检查等。系统生成的"伪编译"程序的文件扩展名为_____。

2. 在 Visual FoxPro 集成环境下调试程序的过程中,如果程序运行时出现"死循环"现象,通常可以通过按键盘上的_____键强制中断程序的运行。

3. 完善下列程序,使其产生 10 个随机的大写英文字母:

```
CLEAR
i = 1
DO WHILE _____
    k = INT( RAND( ) * 100) + 1
    IF k > = 65 AND k < = 90          && k 的值为某大写英文字母的 ASCII 值
        _____
        i = i + 1
    ENDIF
ENDDO
```

4. 执行以下程序,屏幕显示为:_____。

```
x = 8
DO WHILE .T.
x = x + 1
IF x = INT( x/4) * 5
    ?? x
ELSE
    LOOP
ENDIF
IF x > 10
    EXIT
ENDIF
ENDDO
```

5. 完善下列程序,使其实现计算数列 1! /2!,2! /3!,3! /4!,…的前 20 项之和的功能。

```
nSum = 0
FOR  n = 1   TO   20
    nSum = _____
ENDFOR
FUNCTION  jc
PARAMETER  x
    s = 1
```

```
    FOR   m = 1   _____
          s = s * m
    ENDFOR
RETURN   s
```

6. 完善下列程序,使其具有如下功能:将任意输入的十进制正整数转换为十六进制数形式并显示。(提示:字母 A 的 ASCII 码为 65;INPUT 语句用于从键盘上输入一个数据)

```
SET   TALK   OFF
CLEAR
INPUT   "请输入任一正整数"   TO num   && 输入一个数,并赋予变量 num
num1 = num
xnum = SPACE(0)
y = "IIF(MOD(num, 16) > 9, CHR(_____), STR(MOD(num,16),1))"
DO WHILE num > 15
      xnum = &y + xnum
      num = INT(num/16)
ENDDO
xnum = &y + xnum
WAIT WINDOW   STR(_____) + "转换为十六进制后为" + xnum
```

7. 类(Class)是面向对象程序设计的核心。类具有许多特点,其中_____是指包含和隐藏对象信息(如内部数据结构和代码)的能力,使操作对象的内部复杂性与应用程序隔离开来。

8. 在 VFP 中,每个对象都具有属性以及与之相关的事件和方法,其中_____是定义对象的特征或某一方面的行为。

9. 在 Visual FoxPro 中,基类的事件集合是固定的,不能进行扩充。基类的最小事件集包括 Init 事件、Destroy 事件和_____事件。

10. 在 Visual FoxPro 中,对象根据所基于的类的性质,可以分为_____和控件对象,其中,前者可以作为其他对象的父对象。

11. Visual FoxPro 主窗口同表单对象一样,可以设置各种属性。要将 Visual FoxPro 主窗口的标题更改为"教学管理系统",可以使用命令:_____ = "教学管理系统"。

12. 引用当前表单集的关键字是_____。

第 6 章

······························· >

表单及其控件的创建与使用

在 Visual FoxPro 系统环境下,各种操作可以直接利用系统提供的界面功能完成(如菜单命令、工具栏等),也可以用字符命令实施。例如,可以在浏览窗口中查看、编辑或删除数据等。但这样的操作命令复杂、操作繁琐,作为应用系统来说,让用户直接基于 VFP 系统界面进行操作显然是不合适的,而应该提供用户熟悉的"窗口"和"对话框"形式作为应用程序与用户间的操作界面。

表单、控件、菜单和工具栏等是 Visual FoxPro 为开发图形化用户界面提供的工具集。本章介绍表单及其控件的创建及其使用。

6.1　表　单　概　述

表单(Form)类似于 Windows 中的各种标准窗口与对话框,它是一种容器类,可以包含多个控件对象,用于处理各种数据,或响应用户/系统事件以完成信息的处理。利用表单可以很好地对数据进行直观、快速、方便的操作。因此,设计表单的过程就是设计应用程序界面的过程。

在设计表单时,一般应考虑以下的原则:

① 从用户的角度设计表单,即使用用户熟悉的控件、术语和处理方法来设计表单。

② 表单的外观、操作与 Windows 中常见的窗口/对话框应尽可能地一致,使表单尽可能地简单、易操作。例如,使用命令按钮来响应用户的单击动作,而不是响应用户的双击动作等。

③ 应用程序中的表单界面应尽可能保持一致。例如,对于输入数据的不同表单,在处理同类型数据时控件相同,表单中的控件布局相近。

④ 根据任务的不同,设计不同的表单及表单中的控件,以便于用户的使用。例如,处理某表中"性别"数据时,用于输入数据的控件可使用选项按钮组等控件,而用于显示数据的控件可使用文本框控件。

⑤ 根据表单中控件的数量、所表达的数据性质等,设计表单中控件的布局或表单所包含的页面数。

⑥ 对用户操作表单不要有过多的限制,应允许用户的一些错误操作,并能作出相应的处理,即具有一定的容错能力。例如,利用表单修改数据时,允许用户对所作的修改进行"撤消"。

表单的创建可以通过可视化的界面操作创建,也可以编程的方法创建(在第 8 章介绍)。其中,通过可视化的界面操作创建表单又主要有以下两种方法:

● 利用表单向导(Form Wizard)创建表单。
● 利用表单设计器(Form Designer)创建与修改表单。

6.2　使用向导创建表单

利用 Visual FoxPro 系统提供的表单向导,可以很方便地创建基于一个表(或视图)的表单,也可以创建基于具有一对多关系的二个表(或视图)的表单。这类表单主要用于查看、编辑、修改或打印表(或视图)中的数据。

6.2.1　利用向导创建基于一个表(视图)的表单

如果利用"表单向导"为一个表(视图)创建操作数据的表单,其操作步骤为:

① 在项目管理器的"文档"选项卡中选择"表单",然后单击项目管理器中的"新建"命令按钮。

② 在出现的"新建表单"对话框中单击"表单向导"命令按钮。

③ 在出现的"向导选取"对话框(图 6-1)中选择"表单向导"后单击"确定"命令按钮,然后执行表单向导的相关步骤。

④ 步骤 1—字段选取:首先选择表单所基于的表(或视图),然后选定字段。如果当前有数据库文件打开,则系统自动显示该数据库中的表与视图,否则利用"..."按钮启动"打开"对话框以选择表。结束时单击"下一步"命令按钮。

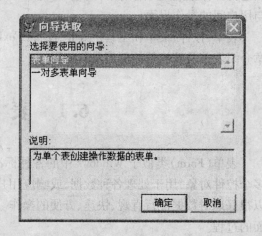

图 6-1　表单的向导选取

⑤ 步骤 2—选择表单样式:可选择表单的样式和表单中命令按钮组的类型。样式是指创建的表单的样式,单击"样式"框中的任何样式时,向导在"放大镜"中显示一个图片作为这种样式的示例;按钮类型是指表单中用于操作数据的命令按钮组的类型。结束时单击"下一步"命令按钮。

⑥ 步骤 3—排序次序:可以选择三个字段或一个索引作为表单上显示记录的顺序。如果不选择,则以表中原始顺序显示记录。结束时单击"下一步"命令按钮。

⑦ 步骤 4—完成:可以先为表单设置(输入)一个标题,然后选择"预览"以查看表单的效果(预览时表单中的按钮不起作用)。如果查看后认为需要修改,则单击"上一步"进行回退,以对前面的操作进行修改。结束时,可以先设置保存该表单后的后续工作,然后单击"完成"命令按钮。这时系统会打开"另存为"对话框,要求用户输入表单的文件名(不需要输入扩展名)及选择存储位置。

表单保存后,在磁盘上产生两个文件,即表单文件和表单的备注文件,扩展名分别为

SCX 和 SCT。图 6-2 所示的表单是利用表单向导创建的基于表 js 的表单。

用表单向导创建的表单含有一个命令按钮组（这是系统提供的一组标准的命令按钮，且是动态的），用以在表单中进行显示、编辑及查找记录等操作。

可以用表单设计器打开并修改利用向导创建的表单。在项目管理器中选择该表单后选择"运行"快捷菜单项或"运行"按钮即可运行表单，也可以用 DO FORM 命令运行表单。需要说明的是，使用向导创建的表单一经保存，则无法再启用向导对其进行修改，修改只能在"表单设计器"（下一节介绍）中进行。

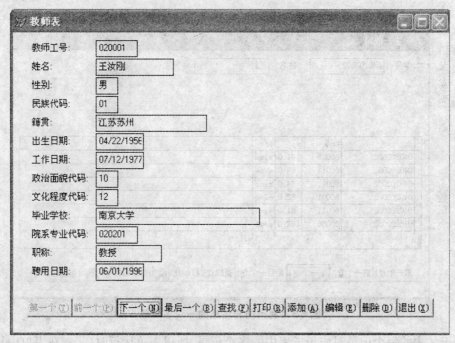

图 6-2　利用表单向导创建的表单

6.2.2　利用向导创建一对多表单

在利用向导创建表单时，若在如图 6-1 所示的"向导选取"对话框中选择"一对多表单向导"，则可以创建一个基于两个相关表（或视图）的表单。这两个表（或视图）应该存在一对多关系（如 xs 表与 cj 表），其中"一"方（如 xs 表）称为"父表"，"多"方（如 cj 表）称为"子表"。

利用"一对多表单向导"创建表单的操作步骤为：

① 在项目管理器的"文档"选项卡中选择"表单"，然后单击项目管理器中的"新建"命令按钮。

② 在出现的"新建表单"对话框中单击"表单向导"命令按钮。

③ 在出现的"向导选取"对话框（图 6-1）中，选择"一对多表单向导"后单击"确定"命令按钮，然后执行表单向导的相关步骤。

④ 步骤 1—从父表中选定字段：先选择父表（如 xs 表），然后从父表中选定字段。

⑤ 步骤 2—从子表中选定字段：先选择子表（如 cj 表），然后从子表中选定字段。

⑥ 步骤3—建立表之间的关系：从两个表中选择相关的字段(如 xh 字段)，即选取建立关系的匹配字段。如果两个表为数据库表且具有永久性关系，系统会自动地作为默认的关系，否则系统找同名字段或"相近"字段。

⑦ 步骤4—选择表单样式。

⑧ 步骤5—排序次序。

⑨ 步骤6—完成。

图 6-3 所示的表单是利用一对多表单向导，基于表 js(父表)和表 kc(子表)，创建的一对多表单。

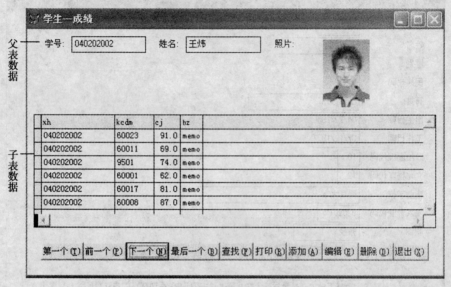

图 6-3　利用向导创建的一对多表单

由于父表的每个记录对应于子表中的多个记录，所以表单运行时，父表在表单中每次显示一条记录(部分字段)的数据，子表的相关数据在表单中利用表格控件以"浏览窗口"的形式显示。在一对多表单中，用于记录定位的按钮只对父表产生作用，子表记录可通过子表窗口的窗口操作控制。

6.3　表单设计器

利用向导创建的两种表单，其外观、形式、功能等基本固定，通常不能满足实际工作的需要。利用 Visual FoxPro 系统提供的表单设计器，可根据用户的需求，可视化地修改或创建表单。

6.3.1　表单设计器概述

在项目管理器的"文档"选项卡中选择"表单"项，然后单击项目管理器中的"新建"命令按钮，再在出现的"新建表单"对话框中单击"新表单"，即可启动表单设计器以创建新的表单；在项目管理器中的"文档"选项卡中选择需要修改的表单，然后单击项目管理器中的

"修改"命令按钮,即可启动表单设计器以修改表单。

此外,可以利用命令打开表单设计器以创建新表单或修改表单。例如,在命令窗口中输入并执行下列命令,则可以创建新表单 FrmJs:

　　　　CREATE　FORM　FrmJs　　&& FrmJs 为表单文件的文件名

若表单 FrmJs 原本存在,则可在命令窗口中输入并执行下列命令以修改表单:

　　　　MODIFY　FORM　FrmJs　　&& FrmJs 为表单文件的文件名

当"表单设计器"窗口活动时,Visual FoxPro 显示表单菜单、表单控件工具栏、表单设计器工具栏和属性等窗口,如图 6-4 所示。

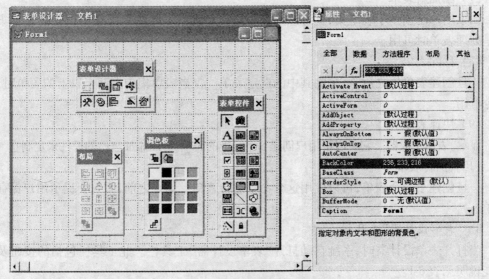

图 6-4　表单设计器及其设计工具

"表单设计器"窗口包含单个表单(默认)或多个表单(创建表单集时),可在其上添加和修改控件。

1. 表单设计环境的设置

在"选项"对话框(利用系统菜单命令"工具"→"选项"命令打开)的"表单"选项卡和"控件"选项卡中,可以设置表单设计器的工作环境。例如,设置"最大设计区"为"800 × 600",则设计表单时,表单最大分辨率为 800 × 600。

2. "表单"菜单

打开表单设计器后,VFP 系统会显示"表单"菜单,它包含创建、修改表单及表单集的相关命令。"表单"菜单有如下菜单命令:

(1) 新建属性

显示"新建属性"对话框,通过它可以向表单或表单集添加新属性。

(2) 新方法

显示"新建方法程序"对话框,通过它可以向表单或表单集添加新方法程序。

(3) 编辑属性/方法程序

显示"编辑属性/方法程序"对话框,通过它可以编辑现有的属性或方法程序。该属性或方法程序局限于独立的表单或表单集,也就是仅可用于该表单或表单集。

(4) 包含文件

显示"包含文件"对话框,通过它可以指定一个包含预定义编译常量的头文件。当编译表单代码时,会使用该文件。

(5) 创建表单集

创建一个新表单集,该表单集为一个或多个表单的父容器。

(6) 移除表单集

删除一个现有的表单集。如果表单集中只有一个表单,并且只需要该表单工作,可能希望删除表单集。仅当创建了一个表单集,并且其中只有一个表单时,该命令可用。

(7) 添加新表单

如果用户已创建了表单集,就可以向其中添加新表单。此命令仅在用户处理表单集而不是处理表单时可用。

(8) 移除表单

一旦创建表单集之后,可删除其中的选定表单。仅当表单集中有两个以上的表单时,该命令可用。

(9) 快速表单

显示"表单生成器",它可以帮用户创建一个简单的表单,可以添加自己的控件来定制它。

(10) 执行表单

一旦创建了一个表单,可以使用这个命令运行表单。运行之前,系统会提示用户保存该表单。

3. "表单设计器"工具栏

当打开表单设计器时,系统自动打开"表单设计器"工具栏。此工具栏包括的按钮及其功能说明见表 6-1。

表 6-1 "表单设计器"工具栏

按钮	功 能	说 明
	设置〈Tab〉键次序	在设计模式和〈Tab〉键次序方式之间切换,当表单含有一个或多个对象时可用
	数据环境	显示"数据环境设计器"
	属性窗口	显示一个反映当前对象设置值的窗口
	代码窗口	显示当前对象的"代码"窗口,以便查看和编辑代码
	"表单控件"工具栏	显示或隐藏"表单控件"工具栏
	"调色板"工具栏	显示或隐藏"调色板"工具栏
	"布局"工具栏	显示或隐藏"布局"工具栏
	表单生成器	运行"表单生成器",它提供一种简单、交互的方法把字段作为控件添加到表单上,并可以定义表单的样式和布局
	自动格式	运行"自动格式生成器",它提供一种简单、交互的方法为选定控件应用格式化样式。要使用此按钮,应先选定一个或多个控件

从表 6-1 所述的各个按钮的功能可以看出,该工具栏的作用是打开或隐藏(即关闭)在

表单设计过程中可能用到的各种工具(工具栏或窗口)。

4."表单控件"工具栏

使用"表单控件"工具栏可以在表单上添加(创建)各种控件,其方法是:在该工具栏上单击需要的控件按钮,然后在表单上的适当位置(即控件应在的位置)单击。控件的位置和大小可以通过鼠标的拖放操作完成(如同窗口的拖放操作一样)。"表单控件"工具栏包括的按钮及其功能说明见表6-2。

表 6-2　"表单控件"工具栏

按钮	功　能	说　　明
	选定对象	移动和改变控件的大小。在创建了一个控件之后,"选择对象"按钮被自动选定,除非按下了"按钮锁定"按钮
	查看类	使可以选择显示一个已注册的类库。在选择一个类后,工具栏只显示选定类库中类的按钮
A	标签	创建一个标签控件,用于保存不希望用户改动的文本,如复选框上面或图形下面的标题
	文本框	创建一个文本框控件,用于保存单行文本,用户可以在其中输入或更改文本。有关的详细内容,请参阅"文本框生成器"
	编辑框	创建一个编辑框控件,用于保存多行文本,用户可以在其中输入或更改文本。有关的详细内容,请参阅"编辑框生成器"
	命令按钮	创建一个命令按钮控件,用于执行命令
	命令组	创建一个命令组控件,用于把相关的命令编成组。有关的详细内容,请参阅"命令组生成器"
	选项组	创建一个选项组控件,用于显示多个选项,用户只能从中选择一项。有关的详细内容,请参阅"选项组生成器"
	复选框	创建一个复选框控件,允许用户选择开关状态,或显示多个选项,用户可从中选择多于一项
	组合框	创建一个组合框控件,用于创建一个下拉式组合框或下拉式列表框,用户可以从列表项中选择一项或人工输入一个值。有关的详细内容,请参阅"组合框生成器"
	列表框	创建一个列表框控件,用于显示供用户选择的列表项。当列表项很多,不能同时显示时,列表可以滚动。有关的详细内容,请参阅"列表框生成器"
	微调控件	创建一个微调控件,用于接受给定范围之内的数值输入
	表格	创建一个表格控件,用于在表格中显示和处理数据。有关的详细内容,请参阅"表格生成器"
	图像	在表单上创建图像控件
	计时器	创建计时器控件,可以在指定时间或按照设定间隔运行进程。此控件在运行时不可见
	页框	显示控件的多个页面
	OLE 容器控件	向应用程序中添加 OLE 对象
	OLE 绑定型控件	与 OLE 容器控件一样,可用于向应用程序中添加 OLE 对象。与 OLE 容器控件不同的是,OLE 绑定型控件绑定在一个通用字段上

按钮	功 能	说 明
	线条	设计时用于在表单上画各种类型的线条
	形状	设计时用于在表单上画各种类型的形状。可以画矩形、圆角矩形、正方形、圆角正方形、椭圆或圆
	容器	将容器控件置于当前的表单上
	分隔符	在工具栏的控件间加上空格
	超级链接	创建一个超级链接对象
	生成器锁定	为任何添加到表单上的控件打开一个生成器
	按钮锁定	使可以添加同种类型的多个控件,而不需多次按此控件的按钮

"表单设计器"打开时,"表单控件"工具栏会自动显示。除了 Windows 环境下各种应用程序中工具栏打开与关闭的通常操作方法外,任何时候都可以利用"表单设计器"工具栏上的按钮来打开或关闭"表单控件"工具栏。需要说明的是,除非打开表单设计器,否则工具栏上的所有按钮均不可用。

5. "布局"工具栏

使用"布局"工具栏,可以在表单上对齐和调整控件的位置、控件的大小以及控件的叠放层次。此工具栏包括的按钮及其功能说明见表 6-3。

表 6-3 "布局"工具栏

按钮	功 能	说 明
	左边对齐	按最左边界对齐选定控件
	右边对齐	按最右边界对齐选定控件
	顶边对齐	按最上边界对齐选定控件
	底边对齐	按最下边界对齐选定控件
	垂直居中对齐	按照一垂直轴线对齐选定控件的中心
	水平居中对齐	按照一水平轴线对齐选定控件的中心
	相同宽度	把选定控件的宽度调整到与最宽控件的宽度相同
	相同高度	把选定控件的高度调整到与最高控件的高度相同
	相同大小	把选定控件的尺寸调整到最大控件的尺寸
	水平居中	按照通过表单中心的垂直轴线对齐选定控件的中心
	垂直居中	按照通过表单中心的水平轴线对齐选定控件的中心
	置前	把选定控件放置到所有其他控件的前面
	置后	把选定控件放置到所有其他控件的后面

需要说明的是,当用户未选定控件时,所有按钮均不可用;当选定一个控件时,后 4 个按钮可用;当选定两个或两个以上控件时,所有按钮可用。

6. "调色板"工具栏

可使用"调色板"工具栏设定表单或表单上各控件的颜色。此工具栏包括的按钮及其功能说明见表 6-4。

表 6-4　"调色板"工具栏

按钮	功　能	说　　明
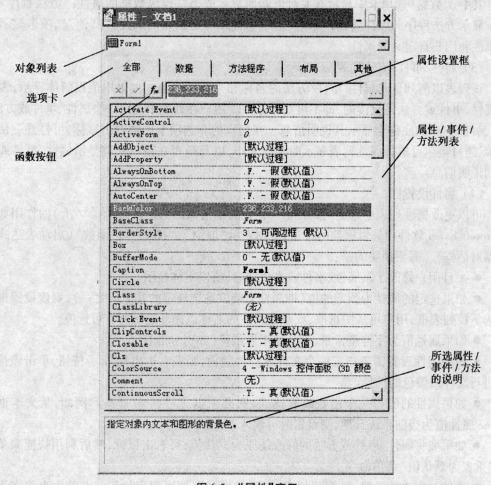	前景色	设置控件的默认前景色
	背景色	设置控件的默认背景色
	其他颜色	显示"Windows 颜色"对话框,用于定制用户颜色

7. "属性"窗口

表单及其中的控件都是一个个的对象,它们有各自的属性、事件和方法。不同类型的对象,其属性、事件和方法有些是相同的,有些是不同的。

利用向导、生成器创建的表单及其控件,系统均自动地设置了相应的(默认的)属性、事件和方法,以表现为一定的外观或实现一定的功能;对于直接利用"表单控件"工具栏添加到表单上的控件,用户必须设置该控件的一些属性以及事件和方法,以实现所需的功能。

在表单设计器中设计与修改表单时,选择任意一个对象(表单或某个控件)后,都可以在"属性"窗口中查看、修改或设置该对象的属性、事件和方法。"属性"窗口如图 6-5 所示。

图 6-5　"属性"窗口

"属性"窗口包含选定的表单、数据环境或控件的属性、事件和方法列表,可在设计或编程时对这些属性值进行设置或更改。

当打开表单设计器时,"属性"窗口自动显示。如果"属性"窗口被关闭了,可以从"查看"菜单中选择"属性"窗口,或在表单设计器或数据环境设计器中单击右键,从快捷菜单中选择"属性",或选择"表单设计器"工具栏上的"属性窗口"按钮。

(1) 对象列表

标识当前选定的对象(表单或控件)。在该下拉列表框中,列出了当前表单集、表单和全部控件的名称。对象的名称由 Name 属性给定,在采用可视化的方法设计表单时,表单及表单上控件的对象名由系统自动生成,用户可以通过修改 Name 属性值对其重命名。如果打开数据环境设计器,则该下拉列表框中列出了数据环境及数据环境中的全部临时表和关系。从该下拉列表框中可选择要更改其属性的对象(也可直接从表单设计器中选择相应的对象)。

(2) 选项卡

选项卡的功能与项目管理器窗口中选项卡的功能类似,用于分类显示属性、事件和方法。其中,"数据"选项卡中显示有关对象如何显示或怎样操纵数据的属性;"方法程序"选项卡显示方法程序和事件属性;"布局"选项卡显示所有的布局属性;"其他"选项卡显示其他属性和用户自定义的属性。

(3) 属性/事件/方法列表

该列表以两列显示属性/事件/方法的名称和当前的取值。如果取值以斜体显示,表示该属性、事件或方法是只读的,即不可对其修改。用户在列表中选定一个属性、事件或方法,在"属性"窗口的底部会显示其说明信息。在窗口的非选项卡区域右击鼠标,可打开一快捷菜单,通过菜单可选择属性列表显示时字的大小,以及是否在窗口底部显示属性、事件或方法的说明信息。

(4) 属性设置框

可以更改属性列表中选定的属性值。该设置框前面的 3 个按钮(× 、√ 、f_x)的作用如同 Microsoft Excel 软件中编辑框前的按钮,分别表示"取消"、"接受"和"函数"(启动表达式生成器对话框)。需要说明的是:

● 一旦用户修改了某属性、事件或方法,则其值以粗体显示。

● 如果选定的属性为预定的值(即属性只能取系统规定的几个值之一),则该设置框表现为下拉列表框,用户可从中选取,或双击属性的名称以循环遍历所有可选值。

● 如果属性值为字符型常量,不必使用界限符(如引号等)。

● 如果属性设置需要指定一个文件或一种颜色,则在右边出现"…"按钮,单击该按钮可进行文件或颜色的选择。

● 如果属性的值为一个函数或表达式,则必须以等号(=)开头。例如,某文本框的 Value 属性值为当前系统日期,则设置时可输入: = DATE( )。

● 如果要将属性、事件或方法的修改还原为默认值,可右击鼠标,然后利用快捷菜单中的"重置为默认值"菜单命令。

● 事件与方法的设置,是编写相应的处理过程,即编写程序代码。有关内容将在下一小节介绍。

8. 新建属性和方法

利用系统菜单命令"表单"→"新建属性"和"表单"→"新建方法",可以为表单集或不属于表单集的表单添加任意多个新的属性或方法。属性包含一个值,而方法程序包含了一个过程代码,调用方法程序,即运行方法程序中的代码。新建的属性和方法程序的作用域是表单,可以如同引用其他属性或方法程序那样引用它们。

在表单设计器环境下,如果要向表单(集)中添加新属性,可执行系统菜单命令"表单"→"新建属性",打开"新建属性"对话框。在"新建属性"对话框中输入新属性的名称、说明信息,然后单击"添加"按钮,新属性就创建了,且系统自动地将该新属性添加到"属性"窗口中。新建属性的默认属性值为逻辑值"假"(.F.),但属性可以设置为任何类型的值。

在"新建属性"对话框中,若选择"Access"复选框,则可以为该属性创建一个 Access 方法程序;若选择"Assign"复选框,则可以为该属性创建一个"Assign"方法程序。

● Access 方法程序是指在查询属性值时执行的代码。查询的方式一般是使用对象引用中的属性,将属性值存储到变量中,或用问号(?)命令显示属性值。

● Assign 方法程序是指当更改属性值时执行的代码。更改属性值一般是使用"STORE"或"="命令为属性赋新值。

在查询属性值或试图更改属性值时,可使用这些用户自定义的方法程序来执行代码。需要说明的是,只有在运行时刻查询或更改属性值时才执行 Access 和 Assign 方法程序。在设计时刻查询或更改属性值时不会执行 Access 和 Assign 方法程序。

在表单设计器环境下,如果要向表单(集)中添加新方法,可执行系统菜单命令"表单"→"新建方法程序",打开"新建方法程序"对话框。在"新建方法程序"对话框中,输入新方法程序的名称、说明信息,然后单击"添加"按钮,则新方法自动地添加到属性窗口中,系统提示该新方法程序为"默认过程"。在属性窗口中双击该方法,则系统打开其方法程序代码的编辑窗口。

对表单中添加的新属性和新方法程序可以进行编辑。编辑操作包括"移去"新的方法,或修改其说明等。如果要编辑自定义属性或方法程序,从"表单"菜单中选择"编辑属性"→"方法程序"项,在出现的"编辑属性"→"方法程序"对话框中进行编辑操作。

6.3.2　事件与方法的代码设置

表单(集)及其所包含的所有对象都有与之相关的事件和方法程序。事件可以是用户行为触发的(如单击鼠标或鼠标的移动等),也可以是系统行为触发的(如系统时钟的进程等)。方法程序是和对象相联系的过程,只能通过程序以特定的方式激活。例如,某表单上有一个命令按钮,则在表单运行时若单击该命令按钮,则触发了该命令按钮的 Click Event(单击事件),系统将运行其事件代码,该事件代码中又可能调用(激活)了某个(些)方法程序。

若要编辑事件处理代码或方法程序代码,可以采用下列方法之一打开如图 6-6 所示的代码编辑窗口:

① 执行系统菜单命令"显示"→"代码";

② 在"属性"窗口中双击某事件或方法;

③ 在"表单设计器"窗口中双击表单或某控件。

"对象"下拉列表框中列出了当前所有对象的名称(由对象的 Name 属性给定),且这些对象的层次关系也有所反映;"过程"下拉列表框中列出了所选对象的所有事件和方法。无论是事件处理代码,还是方法程序,系统均将其作为一个过程程序。

在编辑事件或方法程序代码时,首先需要确定是为哪个对象编辑事件或方法程序代码,即首先要选择对象。若采用上述的第一种方法打开编辑窗口,则默认对象为表单,其他两种方法打开编辑窗口时默认对象为所选对象(在表单设计器中或在属性窗口中选定的对象)。如果为多个事件/方法编写了过程,可以按〈PgDn〉或〈PgUp〉键查看不同的过程。

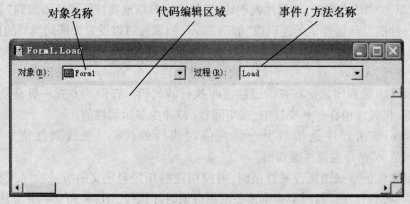

图 6-6   事件/方法程序代码编辑窗口

事件处理代码和方法程序代码的设计是根据任务需求(所要实现的功能)进行的,其程序结构是顺序结构、分支结构、循环结构及它们的组合。在程序代码中,往往需要对表单及表单上的控件进行操作(如设置属性、调用方法等),即在运行时设置属性和调用方法。

在操作一个对象时,需要确定它和容器层次的关系。在容器层次的最高级(表单集或表单)需要引用对象变量,默认情况下对象变量和表单(集)的文件名相同,也可以在利用 DO FORM 运行表单(集)时用 Name 参数给出对象变量。

在运行时使用表达式设置属性,可使用如下语法:

Objectvariable. [Form.] Control. Property = Setting

例如,根据一个变量的不同值,可以将一个命令按钮的标题设置为"Edit"或"Save"。首先在表单的调用程序中声明这个变量:

PUBLIC glEditing
glEditing = . F.

然后在 Caption 设置中使用一个 IIF 表达式:

frsSet1. frmForm1. cmdButton1. Caption = IIF(glEditing = . F. , ″Edit″, ″Save″)

在对象层次上引用对象,可以使用表达式设置属性,还可以一次设置多个属性。如果指定一个对象的多个属性,可以使用 WITH…ENDWITH 结构,其基本语法为:

WITH ObjectName
 [. cStatements]
ENDWITH

例如,要设置表单中表格的列对象的多个属性,可以在表单的任何事件或方法程序代码中包含下面的语句:

```
WITH ThisForm. grdGrid1. grcColumn1
    . Width = 5
    . Resizable = . F.
    . ForeColor = RGB(0,0,0)
    . BackColor = RGB(255,255,255)
    . SelectOnEntry = . T.
ENDWITH
```

此外,还可以调用 SetAll 方法为容器对象中的所有控件或某类控件指定一个属性设置。该方法的对象有列、命令组、容器对象、表单、表单集、表格、选项组、页面、页框、_SCREEN、工具栏,其使用语法为:

```
Container. SetAll( cProperty, Value [ ,cClass])
```

其中,参数 cProperty 指要设置的属性,Value 为属性的新值,cClass 指定类名(对象的基类)。使用 SetAll 方法可为容器中的所有控件或某类控件设置一个属性。例如,为了把表格控件中列对象的 BackColor 属性设置为红色,可以使用下列命令:

```
Form1. Grid1. SetAll('BackColor',RGB(255,0,0),'Column')
```

也可以设置容器中其他对象包含的对象属性。要把表格控件中每个列对象包含的标头的 ForeColor 属性设置为绿色,可以使用下列命令:

```
Form1. Grid1. SetAll('ForeColor',RGB(0,255,0),'Header')
```

调用对象方法的语法是:

```
Parent. Object. Method
```

如果创建了对象,可以在应用程序的任何地方调用这个对象的方法。下面的命令调用方法显示了表单并将焦点设置到一个命令按钮:

```
myf_set. frmForm1. Show        && 保存在 myf_set. scx 中的表单集
myf_set. frmForm1. cmdButton1. SetFocus
```

若要隐藏表单,使用如下命令:

```
myf_set. frmForm1. Hide
```

6.3.3　表单的数据环境

表单(集)的数据环境包括了与表单交互作用的表和视图,以及表之间的关系。在表单中引入数据环境的目的在于:打开或运行表单时,数据环境中的表和视图将自动地被打开,关闭或释放表单时将自动关闭表和视图;在属性窗口中设置一些对象的 Control Source(控件的数据源)等属性时,设置框与数据环境中的所有字段相连,即系统将"数据环境"中所有的表和视图或全部字段列在属性设置下拉列表框中。

1. 数据环境的设置

在创建表单时,如果该表单处理或使用某个(些)表和视图,则首先要设置表单的数据环境,以确定表单所用到的表和视图。在使用向导创建表单时,"字段选取"阶段的操作隐含了数据环境的设置。

利用"数据环境设计器"可以可视化地创建和修改表单的数据环境。打开数据环境设计器的方法是:打开表单设计器,利用系统菜单命令"查看"→"数据环境",或从表单(集)的快捷菜单中选择"数据环境"项,或从"表单设计器"工具栏中选择"数据环境"按钮。图6-7是利用一对多表单向导创建表单时建立的数据环境。

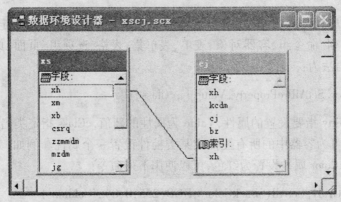

图6-7 "数据环境设计器"窗口

当"数据环境设计器"窗口活动时,系统显示用以处理数据环境对象的数据环境菜单和属性窗口等。

若要向数据环境中添加表或视图,可从系统菜单"数据环境"项中选择"添加"项,或从快捷菜单中选择"添加"项,然后在"添加表或视图"对话框中的列表中选择一个表或视图。在"数据环境设计器"中添加表或视图后,可以看到属于表或视图的字段和索引,以及多个表或视图之间的永久性关系。向数据环境中添加一个表或视图的同时也创建了一个临时表(Cursor)对象。打开"数据环境设计器"后,可在属性窗口中设置临时表对象的属性。例如,通过设置临时表对象的 Exclusive 属性,以决定是以独占方式还是共享方式打开一个表(视图总是以独占方式打开)。

如果添加的表具有在数据库中设置的永久性关系,这些关系将自动地继承到数据环境中;如果表中没有永久性关系,可以在"数据环境设计器"中设置这些关系。在"数据环境设计器"中,将字段从主表拖动到相关表中的相匹配的索引标识上,或将字段从主表拖动到相关表中的字段上,即可完成关系的设置。如果和主表中的字段对应的相关表中没有索引标识,系统将提示用户是否创建索引标识。在"数据环境设计器"中,在表之间将有一条连线指出这个关系。

若要从数据环境中移去表或视图,可在数据环境设计器中选择要移去的表或视图,然后从"数据环境"系统菜单中选择"移去"菜单命令,或利用快捷菜单中的"移去"命令,或直接按〈Del〉键。将表或视图从数据环境中移去时,与该表或视图有关的所有关系也随之移去。

设置了数据环境后,系统将产生与数据环境相关的对象,且所有对象均有相关的属性、事件和方法。例如,对于图 6-7 所示的数据环境,有 DataEnvironment、Cursor1(指 xs 表)、Cursor2(指 cj 表)和 Relation1(指两个表之间的关系)这四个对象。

2. 控件与数据的关系

根据控件与数据环境中数据的关系,控件可以分为两类:数据绑定型控件和非数据绑定型控件。

与表或视图等数据源中数据绑定的控件称为数据绑定型控件。可以与数据绑定的控件主要有复选框、组合框、编辑框、列表框、选项按钮、选项组、微调、文本框、表格和表格的列控件等,这些控件(除表格控件外)都是通过将 ControlSource 属性设置为表或视图的某个字段(或内存变量)来实现数据绑定的。如果要将表格(控件)和数据绑定,则要设置表格的 RecordSourceType 属性和 RecordSource 属性。控件数据绑定后,控件中显示的数据来源于数据源(即绑定字段或变量的值),控件中输入、选择或编辑的结果可以保存到数据源中。如果没有设置控件的 ControlSource 属性(即未与数据绑定),则在控件中输入、选择或编辑的结果只作为 Value 属性值设置保存,在控件生存期结束后(如表单关闭),这个值既不保存在外存中,也不保存到内存变量中。

不可以与数据绑定的控件称为非数据绑定型控件。非数据绑定型控件主要有线条、标签和命令按钮(组)等。对于命令按钮控件(组)来说,主要是要设置响应 Click 事件的处理代码。

6.3.4　使用表单设计器修改表单

利用表单设计器可以对已建立的表单进行修改。例如,修改表单的布局,添加或删除表单中的控件,设置表单及其中各个控件的属性、方法、事件处理代码,以及修改〈Tab〉键次序等。

利用表单设计器修改一个已经创建的表单的方法是:在项目管理器中选择该表单,然后选择快捷菜单中的"修改"选项(或项目管理器中的"修改"按钮),这时表单会在表单设计器中打开,供用户对表单进行修改。

此外,可以用下列格式的命令将表单在设计器中打开:

　　MODIFY FORM　〈文件名〉

1. 修改表单布局

表单及其中的每一个控件都是一个对象,可以根据需要对其进行修改。相关的基本操作有:

● 选择控件:用鼠标单击控件选中该控件;通过鼠标的拖放操作在想选定的控件周围画一个"框"选中相邻的控件;按住〈Shift〉键后单击需要选择的控件(若某控件被选定后再次被单击,则取消该控件的选定)。所有被选中控件的边框上均有 8 个"点",称为"尺寸柄"。

● 移动控件:可以利用鼠标的拖放操作将选定控件拖放到新的位置,或使用键盘上的光标移动键来移动控件的位置。如果选择了多个控件,可以利用"布局"工具栏来调整控件(使这些控件对齐)。此外,可通过控件的 Left 属性和 Top 属性的设置,对其精确定位。

● 缩放控件:选定某控件后,拖动一个尺寸柄(边框上的点)来调整控件的长度、宽度或整体尺寸。如果选择了多个控件，可以"利用"布局工具栏来调整控件（使这些控件大小√高度/宽度一致）。此外，可通过控件的 Height 属性和 Width 属性的设置，精确设定其大小。

● 复制控件：选中控件后，可以利用 Windows 系统提供的剪贴板操作（复制/粘贴）来复制控件。复制控件后，一般需要移动控件在表单上的位置。

● 删除控件：选中控件后，可以按〈Delete〉键将其删除。

● 添加控件：有关内容在下一小节介绍。

2. 修改表单的外观

这里所说的"表单外观"，主要是指表单的样式、表单及其中控件的颜色，以及显示文本时的字体和大小等。这些外观的修改，主要是通过设置表单及其中控件的一些属性来实现的。

（1）表单的样式

表单标题栏中显示的标题由表单的 Caption 属性值决定。在设计表单时可以在"属性"窗口中设置该属性的值，在表单运行时可以通过程序代码对该属性值进行修改。需要注意的是：虽然 Caption 属性值为字符型，但若在"属性"窗口中设置该属性值为常量，则不需要字符界限符（即不需要引号）。

标题前面的表单控制菜单图标由 Icon 属性决定，将 Icon 属性设置为某图标文件，可以更改控制菜单图标。

作为应用程序的主要操作界面，表单可表现为"窗口"形式或"对话框"形式。从外观上看，表单的默认样式为"窗口"，因为"对话框"通常具有无最大化/最小化按钮、不可调整大小、运行时自动居中等特征。如果要将表单设置为"对话框"形式，可以通过设置以下几个表单属性来实现：

● MaxButton 属性与 MinButton 属性：分别决定表单有无最大化按钮和最小化按钮。

● BorderStyle 属性：决定表单边框样式，当该属性值为 1 或 2 时，表单的边框不可调整（即表单的大小不可调整）。

● AutoCenter 属性：决定表单运行时是否自动居中。

此外，若将表单的 TitleBar 属性设置为. F. ，则表单无标题栏；若将表单的 ControlBox 属性设置为. F. ，则表单无控制按钮（包括最大化、最小化和关闭按钮，以及标题前的控制菜单图标）。除非表单设置了其他关闭方式（如通过表单上的命令按钮关闭表单），否则最好不要将这两个属性同时设置为. F. ，以免不能正常关闭表单。

（2）颜色与背景

通过对表单的 Picture 属性的设置，可以为表单选择一个背景图片。若图片尺寸小于表单尺寸，图片将以"平铺"方法填充表单。

对表单和许多控件均可以设置前景色和背景色，这两种颜色分别由 ForeColor 属性和 BackColor 属性的取值决定，默认采用的颜色空间为 RGB。

需要注意的是：当某控件的 Enabled 属性（该属性用于决定表单或控件能否响应用户引发的事件）设置为. F. ，则该控件的前景色和背景色分别由 DisableForeColor 属性和 DisableBackColor 属性控制。

（3）改变文本的字体和大小

许多控件可以显示文本数据，其字体、字号、效果等主要由以下一些属性决定：

● FontName 属性：用于指定字体，其默认值为宋体。

● FontSize 属性：用于指定字号，其值以"磅"为单位，默认值为 9 磅。

● FontBold、FontItalic、FontStrikethru 和 FontUnderline 属性：用于指定文本是否具有粗体、斜体、删除线或下划线等特殊效果。

（4）控件的可用与可见

通过以下两个属性的设置，可以控制表单与控件在运行时是否可以响应用户的操作，是否显示（可见）。

● Enabled 属性：指定表单（控件）是否可以响应用户引发的事件，默认值为.T.。当该属性值为.F.时，表单（控件）不响应用户触发的事件（通常称为"不可用"），即用户无法用鼠标、键盘等对其进行操作。对于非容器控件来说，当该属性值为.F.时，有相应的颜色属性：DisableBackColor 属性（背景色）和 DisableForeColor 属性（前景色）。Enabled 属性与 ReadOnly 属性之间的区别在于，后者用于指定控件中的数据是否只读，但可以响应用户引发的事件。

● Visible 属性：指定表单（控件）在运行时是可见还是隐藏，默认值为.T.。需要说明的是：即使控件隐藏，仍然可以在代码中访问它。

3. 控件生成器

系统提供的生成器有自动格式生成器和控件生成器。其中，控件生成器包括组合框生成器、命令按钮组生成器、编辑框生成器、表单生成器、表格生成器、列表框生成器、选项按钮组生成器、文本框生成器等。利用生成器可以简便、快速地为一些控件设置与格式、样式等相关的属性。

若已选中一个或多个控件，可以单击"表单设计器"工具栏上的"自动格式"按钮，打开"自动格式生成器"对话框，对其格式（包括边框、字体、颜色、布局、三维效果等）进行选择。

在表单上选中一个控件后右击鼠标，利用快捷菜单中的"生成器"命令，可以打开相应的控件生成器。通过在生成器中的设置，可以修改控件的格式、样式和值等多方面的属性。图 6-8 为"文本框生成器"的操作界面。

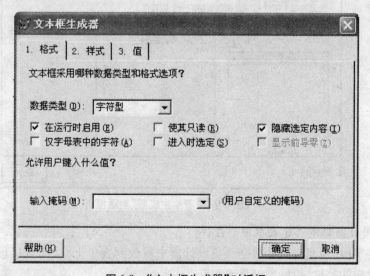

图 6-8　"文本框生成器"对话框

6.3.5 使用表单设计器创建表单

在项目管理器中选择"表单"项,然后选择快捷菜单中的"新建"选项(或项目管理器中的"新建"按钮),系统将会在表单设计器中打开一个空表单,供用户进行表单设计。此外,可以用下列格式的命令新建表单:

CREATE FORM [〈文件名〉]

利用表单设计器可以创建新表单,表单上的控件可根据需要进行添加。可以采用以下几种方法向表单中添加各种控件。

1. 利用表单生成器创建表单

在启动"表单设计器"后,利用系统菜单命令"表单"→"快捷表单"(或"表单设计器"工具栏中的"表单生成器"按钮,或快捷菜单中的"生成器"选项,或表单属性窗口中的"生成器"按钮),可打开如图 6-9 所示的"表单生成器"对话框,利用该生成器可向表单上添加用于操作表(或视图)数据的控件。

使用"表单生成器"向表单中添加基于表(或视图)字段的控件十分方便,其操作类似于表单向导中的操作方法。只要在以下两个选项卡中进行设置:

● "字段选取"选项卡: 指定要作为表单控件而添加的字段。

● "样式"选项卡: 为控件提供几种样式选项。在"表单生成器"对话框中选择的样式并不影响表单中已存在的控件。也可使用"自动格式生成器"(通过"表单设计器"工具栏上的按钮打开)对其格式化。

利用"表单生成器",可以快捷地产生基于表或视图的字段控件,但不会在表单中生成用于记录定位等操作的按钮控件(这点与表单向导不同)。

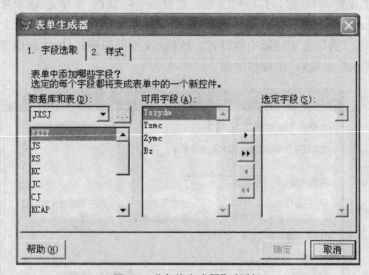

图6-9 "表单生成器"对话框

2. 利用数据环境创建表单中的控件

可以将字段、表或视图从数据环境设计器中拖放到表单上,从而直接创建与字段、表或视图数据对应的控件,控件类型见表6-5。

表 6-5　拖放对象与创建控件

拖放到表单上的对象	默认情况下创建的控件
表或视图	表格
逻辑型字段	标签与复选框
备注型字段	标签与编辑框
其他类型的字段	标签与文本框

将字段拖放到表单上总会创建两个控件：用于显示字段标题或字段名的标签控件和显示字段内容的控件。若要改变显示字段内容控件的类型，可在"表设计器窗口"中修改字段的"显示类"项。

3. 利用"表单控件"工具栏向表单中添加控件

利用表单向导只能创建基于表或视图的表单，且表单上总会有一组相对固定的用于记录定位等操作的按钮；利用表单生成器创建的表单，只能创建基于字段的控件；从数据环境中将表或视图或字段拖放到表单上所产生的控件，也只能创建显示与编辑数据的一些控件。因此，利用向导或生成器等创建的表单，通常要进一步修改，如修改部分控件的属性、向表单中再添加一些控件（也可能要删除一些控件）等。

打开"表单设计器"后，直接利用"表单控件"工具栏可以向表单上添加各种控件。其操作方法是：从"表单控件"工具栏上单击所需类型的控件按钮，然后在表单上单击要放置控件的位置，再根据需要调整其位置和大小等属性。对于利用"表单控件"工具栏添加的控件，用户必须为控件设置有关的属性及事件处理代码。

可以在"属性"窗口中或利用编程的方法为控件设置属性，对于部分控件（通常是与表中数据相关的控件，如文本框、列表框、表格等），可利用相应的生成器设置部分属性。各种控件的主要属性和使用控件的示例，在下一节介绍。

4. 表单的保存与运行

可通过菜单命令"文件"→"保存"或工具栏上的"保存"按钮来保存表单，每个表单保存后将在磁盘上生成两个文件（文件扩展名分别为 SCX 和 SCT）。此外，与其他设计器（如表设计器、查询设计器）一样，若在表单保存之前试图关闭"表单设计器"，或运行表单，系统将提示是否保存对表单所做的修改。

运行表单有多种方法。在利用"表单设计器"设计或修改表单时，可利用菜单命令"表单"→"运行表单"或工具栏上的"运行"按钮来运行表单，运行结束后返回到"表单设计器"；"表单设计器"未打开时，可在"项目管理器"窗口中选择表单后单击该窗口中的"运行"命令按钮，或使用 DO FORM 命令运行表单。DO FORM 命令的基本语法为：

DO FORM *FormName* ［NAME *MemVarName*［LINKED］］
　　　　［WITH *cParameterList*］　［TO *MemVarName*］

其中：
- *FormName* 是指定要运行的表单的名称；
- NAME *MemVarName*［LINKED］指定一个内存变量或数组元素，可通过它们引用表单。如果指定的内存变量不存在，系统将自动创建该变量。如果指定一个数组元素，在执行

DO FORM 前数组必须已定义。如果指定的内存变量或数组元素已经存在,系统将会改写它的内容。如果省略 NAME 子句,系统就创建一个与表单文件同名的对象类型的内存变量。包含 LINKED 可用来链接表单和相关联的内存变量,当变量超出作用域时就释放表单。

● WITH *cParameterList* 指定传递给表单的参数。运行表单时,参数传递给表单的 Init 方法。

● TO *MemVarName* 指定存放表单返回值的变量。如果变量不存在,则系统自动创建。可在表单的 Unload 事件过程中使用 RETURN 命令来指定返回值。如果不指定返回值,默认值为.T.。如果要使用 TO 子句,表单的 WindowType 属性必须设置为 1(模式)。

运行表单时,为设置属性值或者指定操作的默认值,有时需要将参数传递到表单。如果要将参数传递到在表单设计器中创建的表单,首先要创建容纳参数的表单属性(例如,ItemName 和 ItemQuantity),然后在表单的 Init 事件代码中,包含如下形式的 PARAMETERS 语句:

PARAMETERS cString, nNumber

再在表单的 Init 事件代码中,利用如下形式的语句将参数分配给属性:

This. ItemName = cString

This. ItemQuantity = nNumber

当运行表单时,在 DO FORM 命令中包括一个如下形式的 WITH 子句:

DO FORM myForm WITH "Bagel", 24

如果要将参数传递到用程序创建的表单中,应首先在表单的 Init 事件代码中包含一个 PARAMETERS 语句:

PROCEDURE Init

PARAMETERS cString, nNumber

ENDPROC

然后在 CREATEOBJECT() 函数中以下列形式包含参数:

frmTest = CREATEOBJECT("myForm","myString", 7)

6.3.6　用表单集扩展表单

通过将多个表单包含在一个表单集(FormSet)中,可以将多个表单作为一个组来操纵。使用表单集有以下优点:

● 可以同时显示或隐藏表单集中的所有表单。

● 能够可视化地排列多个表单,并控制表单之间的相对位置。

● 因为表单集中的所有表单都定义在同一个表单文件中,并且使用同一个数据环境,所以多个表单可以自动地同步记录指针。如果在一个表单中改变了父表的当前记录指针,则在另一个表单中的子表的相应记录将被刷新并显示。

在打开"表单设计器"时执行系统菜单命令"表单"→"创建表单集",即可创建一个表单集。如果创建了表单集,就可以向里面添加表单(利用系统菜单命令"表单"→"添加新表单"),也可从表单集中移去表单(利用系统菜单命令"表单"→"移去表单")。如果表单集中只有一个表单,可以将表单集移去,从而得到一个独立的表单(利用系统菜单命令"表单"→"移去表单集")。

表单集同样具有属性、事件和方法,可通过属性窗口设置,也可利用关键字"ThisForm-Set"指代当前表单集对象,使用事件处理代码或方法程序对表单集进行操作。使用 This-FormSet 时,其语法是:

$$\text{ThisFormSet. PropertyName} \mid \text{ObjectName}$$

其中,参数 PropertyName 指定表单集的属性,ObjectName 指定表单集中的对象。ThisFormSet 提供了在方法中对对象所在表单集或表单集属性的引用。

当运行表单集时,所有表单和表单上的对象被载入。若不想在一开始就将表单集中的所有表单全部显示出来,可将不想显示的表单的 Visible 属性设置为.F.。当要显示表单时,再将 Visible 属性设置为.T.。

表单集的 FormCount 属性中存放了表单集中的表单对象的数目,可利用这个属性循环遍历表单集中的所有表单,并执行某些操作。该属性设计时不可用,运行时只读。

6.3.7 控制表单的行为

当在"表单设计器"中设计表单时,表单是"活"的:对表单外观和行为修改的效果将立刻在表单上反映出来。如果将 WindowState 属性设置为"1—最小化"或"2—最大化",表单设计器中的表单会立即体现这一设置。如果将 Movable 属性设置为.F.,那么不但用户在运行时不能移动表单,而且在设计时也不能移动它。因此应该在设置那些决定表单行为的属性之前,先完成表单的功能设计,并添加所有需要的控制。表6-6列出了在设计时常用的表单属性,它们决定了表单的外观和行为。

表6-6 定义表单外观和行为的常用属性

属性	说 明	默认值
AlwaysOnTop	控制表单是否总是处在其他打开窗口之上	.F.
AutoCenter	控制表单初始化时是否让表单自动地在 Visual FoxPro 主窗口中居中	.F.
BackColor	决定表单窗口的颜色	255,255,255
BorderStyle	决定表单是没有边框,还是具有单线边框、双线边框或系统边框。如果 BorderStyle 为 3—系统,用户就能重新改变表单大小	3
Caption	决定表单标题栏显示的文本	Form1
Closable	控制用户是否能通过双击"关闭"框来关闭表单	.T.
DataSession	控制表单或表单集里的表是在全局都能访问的工作区中打开还是对表单或表单集私有	1
MaxButton	控制表单是否具有最大化按钮	.T.
MinButton	控制表单是否具有最小化按钮	.T.

续表

属性	说　　明	默认值
Movable	控制表单是否能移动到屏幕的新位置	.T.
ScaleMode	控制对象的尺寸和位置属性的度量单位是 foxels 还是像素（注：foxel 等于表单中当前字体字符的平均高度和宽度）	由"选项"对话框中的设置决定
WindowState	控制表单是最小化、最大化还是正常状态	0—正常
WindowType	控制表单是非模式表单（默认）还是模式表单。如果表单是模式表单，用户在访问应用程序用户界面中任何其他单元前必须关闭这个表单	0—非模式

此外，可以使用 LockScreen 属性，使控件布局属性在运行时的调整看起来更清晰。LockScreen 属性确定表单是否以批处理方式执行对表单及所包含对象的属性设置的更改。该属性应用于表单、_SCREEN，其使用语法为：

  Object. LockScreen[= lExpr]

lExpr 默认值为. F. 。当 lExpr 值为. T. 时，表单及其包含的对象以批处理方式反映对属性设置的更改，或者说在同一时刻反映，而不是在更改后立即反映；当 lExpr 值为. F. 时，表单及其包含的对象在对属性设置更改后立即反映出更改（即重画表单及其所有的控制）的效果。该属性设计和运行时均可用。

如果想在运行时更改 BackColor、FontName 等显示属性，应设置 LockScreen 为. T. 以减少屏幕刷新。

6.3.8　创建单文档界面与多文档界面

Visual FoxPro 中允许创建两种类型的应用程序：单文档界面和多文档界面。

对于多文档界面来说，各个应用程序由单一的主窗口组成，且应用程序的窗口包含在主窗口中或浮动在主窗口的顶端（Visual FoxPro 就是一个多文档界面的应用程序，主窗口中可包含命令窗口、编辑窗口、设计器窗口等）。

单文档界面是指应用程序由一个或多个独立窗口组成，这些窗口均在 Windows 桌面上单独显示（Microsoft Exchange 即是一个 SDI 应用程序的例子，在该软件中打开的每条消息均显示在自己独立的窗口中）。

由单个窗口组成的应用程序通常是一个 SDI 应用程序，但也有一些应用程序综合了SDI 和 MDI 的特性。例如，Visual FoxPro 将调试器显示为一个 SDI 应用程序，而它本身又包含了自己的 MDI 窗口。

为了支持这两种类型的文档界面，在 Visual FoxPro 中可以创建以下三种类型的表单：

● 子表单：包含在其他表单（称为父表单）中的表单，它不能移出父表单。当子表单最小化时，出现在父表单的底部。如果父表单最小化，则子表单一同最小化。子表单不出现在Windows 的任务栏中。例如，Visual FoxPro 窗口中的"命令"窗口、各种设计器窗口都属于子表单。

● 浮动表单：由子表单变化而来的表单。它与子表单一样可用于创建多文档界面，但又不同于子表单。该表单属于父表单的一部分，可以不位于父表单中（即可以在桌面上任意移动），但不能在父表单后台移动。当浮动表单最小化时，它显示在桌面的底部；当父表单最小化时，浮动表单也一同最小化。

● 顶层表单：独立的、无模式的、无父表单的表单。它通常用于创建单文档界面，或用作多文档界面中其他表单的父表单。顶层表单与其他 Windows 应用程序同级，可出现在前台或后台，并且显示在 Windows 的任务栏中。

利用 ShowWindow 属性和 Desktop 属性可以将表单设置为顶层表单、浮动表单或子表单。ShowWindow 属性值的含义为：

● 0——在屏幕中，为默认值，表单为子表单且其父表单为 Visual FoxPro 的主窗口。

● 1——在顶层表单中，表单为子表单且其父表单为活动的顶层表单。

● 2——作为顶层表单，表单是可包含子表单的顶层表单。使用 Desktop 属性可以指定表单是否放在 Visual FoxPro 主窗口中。属性为"真"（.T.），则表单可放在 Windows 桌面的任何位置；属性为"假"（.F.）（默认值），则表单包含在 Visual FoxPro 主窗口中。

由 ShowWindow 和 Desktop 属性值的含义可以看出：如果表单为顶层表单，则 ShowWindow 属性值为 2；如果表单为子表单，则 ShowWindow 属性值为 0 或 1，且 Desktop 属性值为.F.；如果表单为浮动表单，则 ShowWindow 属性值为 0 或 1，且 Desktop 属性值为.T.。

6.4　控件的创建与使用

控件是放在表单上用以显示数据、执行操作或使表单更易阅读的一种对象，如文本框、矩形或命令按钮等。Visual FoxPro 主要有标签、文本框、编辑框、微调框、复选框、选项按钮、列表框、组合框、表格、页框、命令按钮、命令按钮组、线条、图像、形状等控件，其中部分控件为容量型控件。

对于某个特定的功能，可以用多种控件来实现。例如，显示一个逻辑型的数据，既可以用文本框，也可用复选项；对于不同的任务，表单及表单上控件的属性设置等又可能有所不同。例如，用于数据输入的表单应该不同于显示数据的表单，因为后者应设置为数据只读。因此，各种控件有一定的应用指向，表单中的控件应根据所要实现的功能（或完成的任务）而进行选择：

● 利用选项按钮组、列表框、下拉列表框、复选框等控件，可以为用户提供一组预先设定的数据选项。

● 利用文本框、编辑框、组合框等控件可以让用户输入预先不能确定的数据。

● 利用微调框控件可以让用户输入给定范围的数值型数据。

● 利用命令按钮或命令按钮组可以让用户进行特定的操作。

● 利用计时器控件可以在给定时间间隔执行指定的操作。

● 利用表格控件可以操作多行数据。

● 利用标签、文本框、形状、线条、图形、图像等控件可以显示信息等。

6.4.1　标签

标签控件（Label）是用以显示文本的图形控件，在表单运行时其文本不能被用户直接更改,通常用于显示提示信息。但是,标签控件也具有与其他控件相似的一系列属性、事件和方法,在运行时也可以对事件作出响应,或者在运行时通过程序代码对其进行更改。

标签控件有 50 多个属性,除前面已介绍的有关外观(如字体、字号、颜色、样式等)的属性,其常用属性有:

● Caption 属性:用于指定标签对象的标题,即显示的文本。需要说明的是:标题最多为 256 个字符,若属性值为字符常量,则不需要加界限符。

● BackStyle 属性:指定标签的背景是否透明。若 BackStyle 属性为.T.,则标签的背景为透明,即标签的背景为表单背景。

● Alignment 属性:指定控件中文本的对齐方式(许多可显示数据的控件均有此属性)。

● Autosize 属性:用于决定是否自动地调整标签的大小。控件的大小既可以通过鼠标的拖放操作进行调整,也可以通过将 AutoSize 属性设置为.T.,让系统根据需要自动地调整(许多控件均有此属性)。

● WordWrap 属性:用于确定标签上显示的文本能否换行(即标题较长时是否换行显示)。需要说明的是:WordWrap 属性设置为.T. 时,通常也将 AutoSize 属性设置为.T.,通过鼠标的拖放操作调整标签控件的宽度可改变显示的行数;文本在换行时会进行断字处理,即不将一个单词显示在两行。

在图 6-10 所示的表单中仅有一个标签控件,其属性设置和控件调整是:首先设置 Caption 属性(其值为图中所示的文字),然后 BackStyle、WordWrap 和 AutoSize 的属性值均设置为.T.,再通过鼠标的拖放操作调整标签控件的宽度。

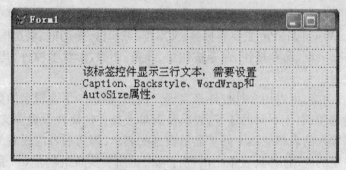

图 6-10　标签控件示例

6.4.2　文本框与编辑框

文本框(TextBox)是一种常用控件,通过文本框可以显示或编辑表中的非备注型字段的数据。

文本框控件有 80 多个属性,除有关外观的属性外,其常用属性有:

● ControlSource 属性:指定与文本框绑定的数据源。如果设置了文本框的 ControlSource 属性(通常为表或视图的字段),则文本框中显示的数据来源于 ControlSource 属性所指定的数据源,无论修改与否,其数据保存在文本框的 Value 属性中,保存在 ControlSource 属性指定的数据源中。

● Value 属性:指定文本框中的数据(若未设置 ControlSource 属性),保存文本框中的数据,默认值为空字符串。在程序代码中,若要引用或更改文本框中所显示的数据,可通过引用或设置 Value 属性来实现。

● PasswordChar 属性：指定作为占位符的字符。如果设置了该属性，例如，其值为星号（ * ），则运行时在文本中输入的字符均用该点位符星号显示。用于输入密码的文本框，通常需要设置该属性。需要说明的是：文本框的 Value 属性将保存用户的实际输入。

● InputMask 属性：指定文本框中数据的输入格式和显示方式。表 6-7 列出了该属性设置时可用的常用符号。需要说明的是：InputMask 属性值的长度与可输入的数据长度对应，每一位格式也要求对应。例如，其属性值为"X999.99"，则该文本框中输入和显示数据时，数据的格式为"第 1 个字符为任意字符、第 2 ~ 4 个字符为数字或正负符号、第 5 个字符为小数点、第 6 ~ 7 个字符为数字或正负符号"。

表 6-7　InputMask 属性设置说明

符号	说　明
X	可输入任何字符
9	可输入数字和正负符号，如负号(−)
#	可输入数字、空格和正负符号
$	在某一固定位置显示(由 SET CURRENCY 命令指定的)当前货币符号
$$	在微调控件或文本框中，货币符号显示时不与数字分开
*	在值的左侧显示星号
.	句点分隔符指定小数点的位置
,	逗号可以用来分隔小数点左边的整数部分

● Format 属性：指定控件的 Value 属性的输入和输出格式，即指定数据输入的限制条件和显示的格式。表 6-8 列出了该属性设置时可用的常用符号。需要说明的是：Format 属性指定了整个输入区域的特性，可以组合使用多个格式代码，且它们对输入区域的所有输入都有影响。假如其属性值为"!A"，则该文本框中只能输入字母，且输入的数据在显示和保存时均转换为大写字母。

表 6-8　Format 属性设置说明

符号	说　明
A	只允许字母字符(不允许空格或标点符号)
D	使用当前的 SET DATE 格式
E	以英国日期格式编辑日期型数据
K	当光标移动到文本框上时，选定整个文本框
L	在文本框中显示前导零，而不是空格。只对数值型数据使用
M	允许多个预设置的选择项。选项列表存储在 InputMask 属性中，列表中的各项用逗号分隔。如果文本框的 Value 属性并不包含此列表中的任何一项，则它被设置为列表中的第一项。此设置只用于字符型数据，且只用于文本框

续表

符号	说　明
R	显示文本框的格式掩码,掩码字符并不存储在控件源中。此设置只用于字符型或数值型数据,且只用于文本框
T	删除输入字段前导空格和结尾空格
!	把字母字符转换为大写字母。只用于字符型数据,且只用于文本框
^	使用科学记数法显示数值型数据,只用于数值型数据
$	显示货币符号,只用于数值型数据或货币型数据

● ReadOnly 属性:指定控件是否只读,即用户是否可以编辑控件中的数据。

虽然文本框控件主要用于处理数据,但也可以通过一些事件的代码设置来完成一定的功能。例如,对于图 6-11 所示的表单,若要求输入密码的文本框(Name 属性值为 Text2)中输入的字符个数为 6 个(不含首尾空格),则可以设置其 InputMask 属性值为"XXXXXX",以控制最多输入 6 个字符,并设置 Valid 事件代码如下:

IF LEN(ALLTRIM(This. Value)) < 6
　　= MESSAGEBOX("最少输入 6 个字符", 1)
　　RETURN . F.
ENDIF

Valid 事件代码通常用于检验文本框中数据的有效性,该有效性由用户自定义。若该事件代码执行后返回.F. ,则说明文本框中的数据无效,且文本框不会失去焦点。

若要在文本框获得焦点(非鼠标定位到该文本框)时选中所有文本,可为文本框的 GotFocus 事件设置如下代码(SelStart 属性和 SelLength 属性分别指明选取文本的开始位置和选取的文本长度,但这两个属性在设计时是只读的):

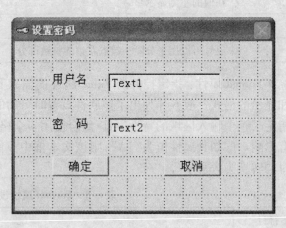

图 6-11　文本框控件示例

　　This. SelStart = 0

　　This. SelLength = LEN(ALLTRIM(This. Value))

编辑框(EditBox)的用途与文本框相似,但它可以输入或编辑长字段或备注字段,允许自动换行并能用光标移动键、操作滚动条来浏览文本。如果将编辑框的 ControlSource 属性设定为备注字段,就可以利用编辑框显示或编辑备注字段。编辑框控件的 ScrollBars 属性决定编辑框是否有垂直滚动条。

6.4.3　列表框

列表框(ListBox)主要用于显示一组预设的值,用户可以从列表中选择需要输入的数

据。该控件有 80 多个属性,除有关外观的属性,其常用属性有:

● ColumnCount 属性:指定列表框中列的个数,默认值为 0(等价于 1)。

● RowSourceType 属性和 RowSource 属性:指定列表框中列表的数据源,即数据来源。RowSourceType 属性决定了数据源的类型,RowSource 属性指定相应的数据源。RowSource-Type 属性的取值及其说明(RowSource 属性取值说明)见表 6-9。

表 6-9　RowSourceType 属性的取值及说明

设置	说　明
0	无(默认值)。在运行时可以使用 AddItem 或 AddListItem 方法填充条目(列表项)
1	值。由逗号分隔的值
2	别名。系统根据 ColumnCount 属性在表中选择一个或多个字段
3	SQL 语句。使用 SELECT-SQL 语句,要求带 INTO TABLE/CURSOR 子句
4	查询文件,有扩展名 QPR
5	数组。根据 ColumnCount 属性可以显示多维数组的多个列
6	字段。用逗号分隔的字段列表,字段的个数由 ColumnCount 属性决定。第一个字段名前可加上由表别名和小数点组成的前缀(如 js.gh)
7	文件。RowSource 属性中指定文件说明信息,如 *.DBF 或 *.TXT 等。系统搜索当前目录并用文件名作为条目进行填充
8	结构。RowSource 属性为表名,系统用表的字段名作为条目进行填充
9	弹出式菜单。包含此设置是为了提供向后兼容性

● ControlSource 属性:指定列表框所绑定的数据源。

● BoundColumn 属性:确定列表框中的哪个列绑定到控件的 Value 属性。当列表框中显示多列数据时,系统默认为选取数据中第一列的数据保存到 Value 属性中。

● ListCount 属性:显示列表中条目的数量。设计时不可用,运行时只读。

● Selected 属性:指定条目是否被选定。设计时不可用,运行时可读/写。

● Sorted 属性:指定列表中条目是否按字母顺序自动排序(RowSourceType 属性设置为 0 或 1 时)。

为在运行时对列表框中的数据进行操作(例如,添加或删除列表中的条目),常常需要使用该控件的以下方法程序:

● Clear 方法:清除列表中所有的条目。

● AddItem 方法:向列表中添加一个条目。

● RemoveItem:从列表框删除一个条目。

● Requery 方法:当 RowSourceType 属性设置为 3 或 4 时,可使用该方法重新运行查询以更新列表框中的条目。使用 Requery 方法可以确保控件包含最新

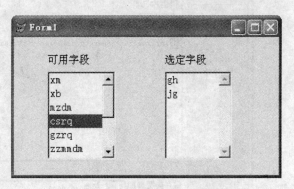

图 6-12　列表框控件示例

的数据。

例如,对于图 6-12 所示的表单,左侧的列表框(Name 属性为 List1)显示 js 表中所有字段的字段名(数据环境为 js 表;列表框 List1 的 RowSourceType 属性为"8—结构",RowSource 属性为"js")。如果要实现在列表框 List1 中双击某字段名后,该字段名添加到右侧的列表框(Name 属性为 List2)的同时从列表框 List1 中删除的功能,可为 DblClick 事件设置如下代码:

```
ThisForm. List2. AddItem(ThisForm. List1. Value)    && 向列表框 List2 中添加条目
FOR i = 1 TO ThisForm. List1. ListCount
    IF ThisForm. List1. Selected(i)
        ThisForm. List1. RemoveItem(i)              && 删除列表框 List1 中的条目
        ThisForm. List1. Selected(i) = . T.
        EXIT
    ENDIF
ENDFOR
```

6.4.4 组合框

根据 Style 属性的设置,组合框(ComboBox)可以分为:下拉组合框(Style 属性为 0 时)和下拉列表框(Style 属性为 2 时)。它们的区别在于:前者既可输入数据,也可在下拉列表中选择一个数据;而后者只能在下拉列表中选择一个数据。这两种形式的典型应用可以见 Microsoft Word 等软件中的"另存为"对话框(图 6-13):输入文件名部分采用下拉组合框(可以输入文件名,也可以在下拉列表中选择一个文件名),而文件类型部分采用下拉列表框(只能选择一种文件类型)。

组合框的列表功能与列表框完全相同,区别在于前者在表单上仅需占用较小的空间。除 Style 属性外,组合框的属性和方法等与列表框的几乎相同。

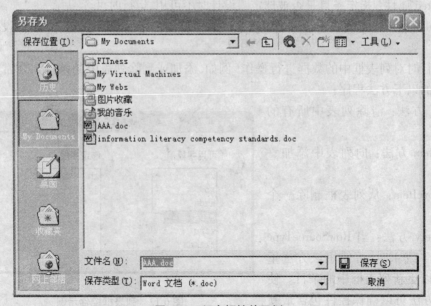

图 6-13　组合框控件示例

图 6-14 是组合框与列表框的一个应用示例,表单中含有一个下拉列表框 Combo1(显示职称)和一个列表框 List1(显示教师姓名),数据环境为 js 表。其实现的功能是:当用户在下拉列表框中选择一个职称后,列表框中显示该职称的所有教师姓名。据此,可以将 Combo1 控件的主要属性和事件代码设置如下:Style 属性设置为 2,RowSourceType 属性设置为 3,RowSource 属性设置为 SQL 语句"SELECT DISTINCT zc FROM js INTO CURSOR temp1", InteractiveChange 事件代码如下:

```
PUBLIC x
x = This. Value
ThisForm. List1. RowSourceType = 3
ThisForm. List1. RowSource = 'SELECT xm FROM js WHERE zc = x INTO CURSOR temp2'
ThisForm. Refresh
```

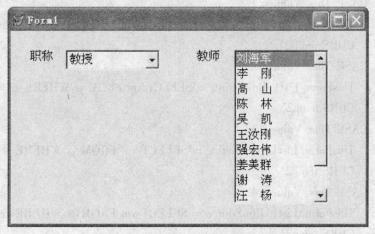

图 6-14　组合框与列表框控件示例

6.4.5　选项按钮组

选项按钮组(OptionGroup)是包含多个选项按钮的容器控件,运行时允许用户从中选择一个按钮。选定某个选项按钮将释放先前的选择,按钮旁边的圆点指示当前的选择。

选项按钮组属性有 40 多个,其中常用的属性有:

● ButtonCount 属性:决定选项按钮的个数。利用"表单控件"工具栏在表单中创建一个选项按钮组时,系统默认为包含两个选项按钮。

● BorderStyle 属性:指定边框样式。

● ControlSource 属性:指定所绑定的数据源。

● Value 属性:指定控件的当前状态。其值为数值,用于指明第几个按钮被选择了,默认值为 1(即第 1 个选项按钮默认选择)。当该属性值设置为 0 时,无按钮被选择。需要注意的是:如果在设计时将 Value 属性值设置为字符型数据,或通过代码将其值设置为字符型数据,或通过 ControlSource 属性将该控件绑定到一个字符型字段,则 Value 属性中保存的数据为字符型数据,选择某选项按钮时保存其 Caption 属性值。

对于容器型控件(包含后续介绍的表格、命令按钮组、页框、容器等)来说,可以分别对其中的每个"子控件"设置属性、事件处理代码和方法程序代码。可先右击鼠标后执行快捷菜单命令"编辑",进入容器型控件的编辑状态(这时在容器型控件周围将显示一个粗框),然后选择"子控件",也可以通过在"属性"窗口的对象列表中选择"子控件"项(同样会进入容器型控件的编辑状态)。

选项按钮组中的每个选项按钮都是一个"子控件",可以分别对其进行设置。对于每个选项按钮,通常分别设置其 Caption 属性,以及统一设置字体/字号/颜色等。图 6-15 所示的表单所实现的功能与图 6-14 所示的表单相似,根据所选择的职称显示教师姓名。主要设置为:选项按钮组的 BottonCount 属性为 4,Value 属性为 0,各选项按钮的 Caption 属性分别为"教授"、"副教授"、"讲师"和"助教",选项按钮组的 InteractiveChange 事件代码如下:

```
ThisForm. List1. RowSourceType = 3
DO CASE
  CASE This. Value = 1
    ThisForm. List1. RowSource = 'SELECT xm FROM js WHERE zc = "教授" INTO;
    CURS temp2'
  CASE This. Value = 2
    ThisForm. List1. RowSource = 'SELECT xm FROM js WHERE zc = "副教授" INTO;
    CURS temp2'
  CASE This. Value = 3
    ThisForm. List1. RowSource = 'SELECT xm FROM js WHERE zc = "讲师" INTO;
    CURS temp2'
  CASE This. Value = 4
    ThisForm. List1. RowSource = 'SELECT xm FROM js WHERE zc = "助教" INTO;
    CURS temp2'
ENDCASE
ThisForm. Refresh
```

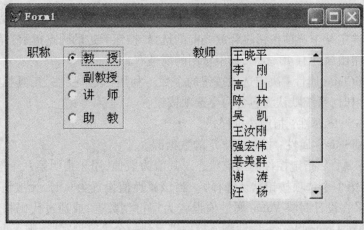

图 6-15　选项按钮组控件示例

6.4.6　复选框

可以利用复选框(CheckBox)指定或显示一个逻辑状态:真/假、开/关、是/否,它可以与逻辑型字段绑定。复选框的属性有 60 多个,其中常用的属性有:

- Caption 属性:指定标题中显示的文本。
- ControlSource 属性:指定所绑定的数据源。
- Value 属性:指定控件的当前状态。其取值可以为 0、1 或 2,分别表示"清除选择"(默认)、"选择"和混合值。图 6-16 所示表单上的三个复选框,其 Value 设置值分别为 0、1和 2(复选框表现为灰色)。需要说明的是:属性值为 2 只能在设计时设置,或通过代码设置,即在运行时用户通过鼠标或键盘无法将其属性值设置为 2。此外,Value 属性值也可设置为逻辑值.F. 或.T. 。

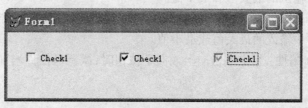

图 6-16　复选框的三种状态

通常情况下,用复选框处理逻辑型字段,但也常常用复选框来指定是否启动某个功能或条件等。例如,在图 6-17 所示的表单中,由复选框控制列表框中是显示教师工号,还是显示教师工号与姓名。其主要设置为:表单的数据环境为 js 表;列表框 List1 的 RowSourceType属性为"6—字段",RowSource 属性为"js. gh";复选框的 Caption 属性为"显示姓名",其 InteractiveChange 事件代码如下:

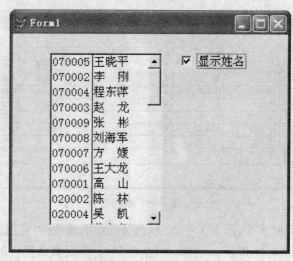

图 6-17　复选框示例

```
IF This. Value
    ThisForm. List1. ColumnCount = 2
    ThisForm. List1. RowSource = 'js. gh,xm'
```

```
        ELSE
            ThisForm. List1. ColumnCount = 1
            ThisForm. List1. RowSource = 'js. gh'
        ENDIF
        ThisForm. Refresh
```

6.4.7　微调框

在接受给定范围的数值输入时,可以使用微调框控件(Spinner)。微调框控件有 70 多个属性,除了与外观有关的属性,以及 ControlSourc、Value 属性等,常用属性主要有:

● KeyBoardHighValue 属性和 KeyBoardLowValue 属性:指定使用键盘可以在微调框控件的文本框部分输入的最大值和最小值。

● SpinnerHighValue 属性和 SpinnerLowValue 属性:指定通过点击向上和向下箭头,可以在微调框控件中输入的最大值或最小值。

● Increment 属性:指定点击向上或向下按钮时,微调框控件增加或减少的值。其默认值为 1.00。

6.4.8　表格

表格(Grid)是一个按行和列显示数据的容器对象,其外观与浏览窗口相似。表格控件包含列(Column)控件,而列控件又由标头(Header)控件和显示数据的控件(默认为文本框控件)组成,如图 6-18 所示。表格、列、标头和显示数据的控件均有自己的属性、事件和方法,从而提供了对表格单元的大量控制。

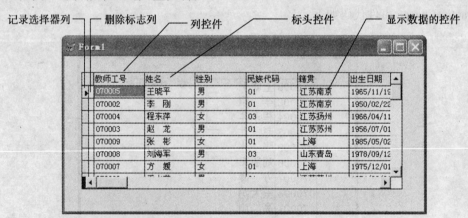

图 6-18　表格控件

表格的属性有 90 多个,除有关字体、颜色等外观的属性外,常用的属性有:

● RecordSource 属性和 RecordSourceType 属性:指定表格控件的数据源,即数据来源。RecordSourceType 属性决定了数据源的类型,RecordSource 属性指定相应的数据源。Record-SourceType 属性的取值及其说明(RecordSource 属性取值说明)见表 6-10。

表 6-10　RecordSourceType 属性的取值及说明

设置	说　明
0	表。自动打开 RecordSource 属性中指定的表
1	(默认值)别名。以指定方式处理记录源
2	提示。运行时提示用户选择记录源。如果有某个数据库打开,用户可以选择其中一张表,它的内容作为记录源
3	查询。用 RecordSource 属性指定一个. QPR 文件
4	SQL 语句。在 RecordSource 属性中指定的 SQL 语句

● DeleteMark 属性：指定是否显示删除标志列。

● RecordMark 属性：指定是否显示记录选择器列。

● ScrollBars 属性：指定所具有的滚动条类型。

● GridLines 属性、GridLineColor 属性和 GridLineWidth 属性：确定是否在表格控件中显示水平和垂直线,以及线的颜色和宽度。

● ColumnCount 属性：指定列控件(对象)的数目。默认值是 −1,指定表格控件将包含足够的列,以容纳表格记录源中所有的字段。

● ReadOnly 属性：指定表格中的数据是否只读。

● AllowAddNew 属性：指定是否可以将表格中的新记录添加到表中,默认值为. F. 。如果该属性设置为. T. ,且 ReadOnly 属性为. F. ,则可以将指针移动到表格的最后一条记录,并按向下箭头键,以输入新记录且添加到表中。如果表格是只读的(或 RecordSourceType 是一个查询、一个只读的表等),则表格中的新记录不会添加到表中。

表格控件的"子控件"是列控件,列的"子控件"是标头和显示数据的控件。通过执行快捷菜单中的"编辑"命令或在"属性"窗口的"对象"列表中选择某个"子控件",可以进入表格的编辑状态。在编辑状态下,可以选择某子控件,也可通过鼠标拖放操作调整列宽/列高等(其操作方法类似于 Microsoft Excel 中用鼠标调整行高和列宽)。

列控件有 50 多个属性,除一些常用的属性(如 ControlSource、ReadOnly、Format、BackColor、FontName 属性等)外,它还有一些以"Dynamic"开头的属性(如 DynamicAlignment、DynamicBackColor、DynamicForeColor、DynamicFontName、DynamicFontSize、DynamicInputMask 属性等),利用这些属性可以实现一些特殊的显示效果。

例如,将某一列控件的 DynamicBackColor 属性设置为"IIF(MOD(RECNO( ), 2) = 0, RGB(255,255,255), RGB(0,255,0))",则该列奇数行背景色为绿色、偶数行背景色为白色。若表格控件的 Init 事件处理代码中包含以下代码,则可以使表格的奇数行背景色为绿色、偶数行背景色为白色：

```
This. SetAll("DynamicBackColor", "IIF( MOD( RECNO( ), 2) = 0, ;
    RGB( 255,255,255), RGB( 0,255,0))", "Column")   && 白色和绿色交替
```

标头控件的许多属性与标签控件相同,其显示的文本由 Caption 属性决定。表格中用于显示数据的控件通常是文本框控件,但可以对此进行修改。其方法是：首先向列控件中添加打算用于显示数据的控件,然后设置有关属性。与此相关的属性主要有：

● CurrentControl 属性：指定列对象中包含的哪个控件用于显示活动单元格的值。

● Sparse 属性：指定 CurrentControl 属性是影响 Column 对象中的所有单元格，还是仅影响活动单元格。其默认值为.T.，这时只有列的活动单元格使用 CurrentControl 属性的设置来接收和显示数据。当属性为.F.时，列对象中所有单元格都使用 CurrentControl 属性的设置来显示和接收数据。

例如，对于图 6-18 所示的表单，若要使"民族"列（Column4）用下拉列表框显示数据（图 6-19），则可以按如下操作方法修改图 6-18 所示的表单：

● 使表格处于编辑状态：在表格控件上右击以显示快捷菜单，然后执行"编辑"菜单命令。

● 向"民族"列（Column4）中加组合框控件：单击"表单控件"工具栏上的"组合框"按钮，然后在表格控件的"民族"列（Column4）区域单击。这时从"属性"窗口的对象列表中看，Column4 对象下有三个子对象（Header1、Text1 和 Combo1）。

● 修改"民族"列（Column4）的属性：在"属性"窗口的"对象"列表中选择"Column4"对象，然后设置 CurrentControl 属性为"Combo1"。这时表单上"民族"列上显示的控件已发生了变化。

● 设置 Combo1 控件的属性：在"属性"窗口的"对象"列表中选择"Combo1"对象，然后设置 ColumnCount 属性为 2，RowSourceType 属性为 3，RowSource 属性为 SQL 语句"SELECT dm，mc FROM dmb WHERE lx = '民族' INTO CURSOR temp"。这时运行表单，结果如图 6-19所示。

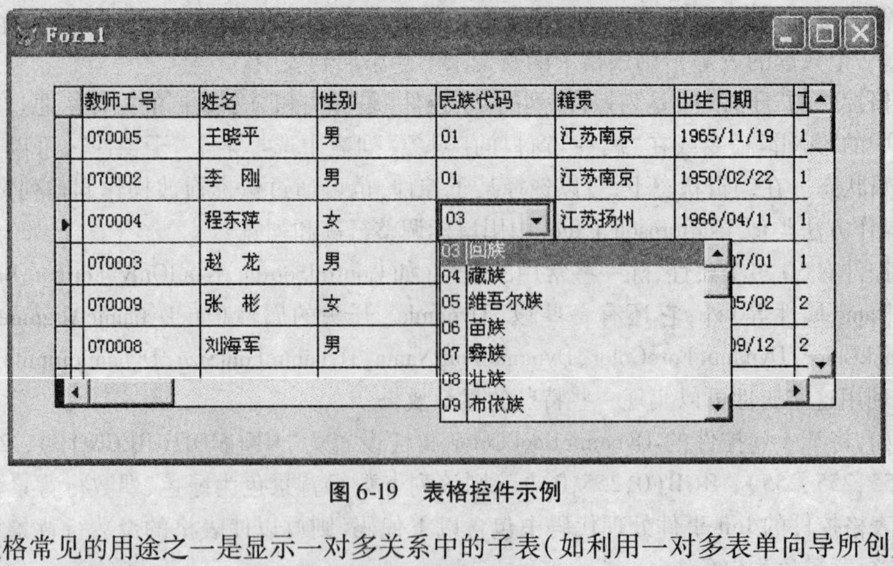

图 6-19　表格控件示例

表格常见的用途之一是显示一对多关系中的子表（如利用一对多表单向导所创建的表单），当用多个控件（如文本框）显示父记录数据时，表格显示子表的记录；当用户在父表中浏览记录时，表格记录显示相应变化。如果表单的数据环境包含两表之间的一对多关系，那么要在表单中显示这个一对多关系非常容易：将需要的字段从数据环境设计器中的父表拖动到表单中，然后从数据环境设计器中将相关的子表拖动到表单中。系统将自动设置表格的 RecordSource 等属性。

6.4.9　计时器

计时器(Timer)控件是在应用程序中用来处理复发事件(即相隔一定时间重复发生的事件)的控件。该控件无 Visible 属性,设计时可见、运行时不可见,用于后台处理。计时器控件的典型应用是检查系统时钟,决定是否到了某个程序运行的时刻。

计时器控件有 10 多个属性,但常用的仅有两个:

● Interval 属性:指定调用计时器控件的 Timer 事件之间的毫秒数,即相隔多少毫秒重复激发计时器控件的 Timer 事件。Interval 属性不能决定事件发生多长时间以及何时终止,只能决定事件发生的频率。

● Enabled 属性:指定控件是否可以响应引发的事件(Timer 事件)。如果要让计时器在表单加载时就开始工作,应将 Enabled 属性设置为"真"(.T.),否则将这个属性设置为"假"(.F.)。对计时器控件来说,将 Enabled 属性设置为"假",会挂起计时器的运行。在实际应用中,可以在设计时将 Enabled 属性设置为"假",在表单运行过程中利用一个外部事件(如命令按钮的单击事件)启动计时器操作,即在运行时设置该属性为"真"。

对于计时器控件的设计来说,一是设定 Interval 属性的值,二是设计 Timer 事件的处理代码。Timer 事件是周期性的,间隔的长短要根据需要达到的精度来确定,但由于存在一些潜在的内部误差,可将间隔设置为所需精度的一半。

调用 Reset 方法可以重置计时器控件,让它从零开始。

对于计时器控件来说,除了需要设置 Interval 属性外,还要编写 Timer 事件的处理代码,即在 Interval 属性所规定的时间间隔,处理什么复发事件。

图 6-20 所示表单是一个"数字时钟"的计时器控件应用示例,表单中有一个标签控件和一个计时器控件,在设计时如图 6-20(a)所示,运行时如图 6-20(b)所示。标签控件(Label1)的 Autosize 属性设置为.T.,计时器控件的 Interval 属性设置为1000(即 1 秒),其Timer 事件处理代码为:

ThisForm. Label1. Caption = '现在时间是: ' + TTOC(DATETIME( ))

(a)　　　　　　　　　　　　　　　　(b)

图 6-20　计时器控件示例

需要注意的是:计时器事件越频繁,处理器就需要用越多的时间对计时器事件进行处理,这样会降低整个程序的性能。除非必要,请尽量不要将时间间隔设置得太小。

6.4.10　线条与形状

线条(Line)控件用于创建一个水平线条、竖直线条或对角线条。在表单上创建的线条与形状,通过鼠标的拖放只能更改其在表单上的位置和大小(即设置 Left、Top、Hight 和Width 属性)。线条控件的常用属性有:

● LineSlant 属性：指定线条倾斜方向，是从左上到右下还是从左下到右上。默认值为"\"，表示线条从左上到右下倾斜；若设置为"/"，则线条从左下到右上倾斜。

● BorderWidth 属性：指定线条的线宽，其范围是 0~8192 个像素点。

● BorderStyle 属性：指定线条的线型。

形状（Shape）控件用来创建多种形状图形，如各种矩形、椭圆或圆等。除与线条控件类似的属性外，形状控件还有下列常用属性：

● Curvature 属性：Curvature 属性决定显示什么样的图形，它的变化范围是 0~99。0 表示无曲率，用来创建矩形；1~98 指定圆角，数字越大，曲率越大；99 表示最大曲率，用来创建圆和椭圆（当 Hight 属性值和 Width 属性值相同时为圆）。

● FillStyle 属性：指定用来填充形状的图案。

● FillColor 属性：指定使用的填充色。

● SpecialEffect 属性：指定控件的不同样式（三维的或平面的）。如果 Height 属性的设置值太小（即图形的高度太小），则 SpecialEffect 属性设置为"三维"无效。

6.4.11　命令按钮与命令按钮组

命令按钮（CommandButton）通常用来启动一个事件以完成某种功能，如关闭一个表单、移到不同记录、打印报表等动作。命令按钮有 60 多个属性，其中常用属性有：

● Caption 属性：指定在命令按钮上显示的文本。

● Picture 属性：指定命令按钮上显示的图片。该属性值可设置为一个图片文件，当命令按钮足够大时图片显示在文本的上方。

● Default 属性：当活动表单上存在两个或两个以上的命令按钮时，指定按键盘上的〈Enter〉键时响应的命令按钮。当命令按钮的 Default 属性设置为.T.，且其所在的表单活动时，用户可以通过按〈Enter〉键以运行其 Click 事件代码，其默认值为.F.，即按钮不是默认按钮。

● Cancel 属性：指定按键盘上的〈Esc〉键时响应的命令按钮。当命令按钮的 Cancel 属性设置为.T.，且其所在的表单活动时，用户可以通过按〈Esc〉键以运行其 Click 事件代码，其默认值为.F.。通常将表单上"取消"或"退出"命令按钮的 Cancel 属性设置为.T.。

● Eabled 属性：指定是否可以响应用户引发的事件，即命令按钮是否可用。

对于命令按钮来说，主要工作之一是设计其事件（通常是 Click 事件）的处理代码。事件代码的设计由所要实现的功能决定。

例如，对于图 6-21 所示的用于某系统登录的表单，合法用户的用户名（Name）和口令（Password）保存在表名为 user 的表中，且该表已被添加到表单的数据环境中。"确定"命令按钮的功能是：如果用户输入的用户名和口令是合法的，则显示"欢迎您使用！"消息框并关闭表单，否则显示"用户名或口令不正确！"并关闭表单。对于该表单来说，"确定"命令按钮的 Click 事件可设置如下处理代码：

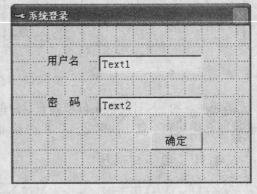

图 6-21　命令按钮控件示例

LOCATE FOR ALLTRIM(User. name) = = ALLTRIM(ThisForm. Text1. Value) ;

　　　AND ALLTRIM(User. password) = = ALLTRIM(ThisForm. Text1. Value)

IF ! EOF( )

　　= MESSGEBOX('欢迎您使用!')

ELSE

　　= MESSGEBOX('用户名或口令不正确!')

ENDIF

ThisForm. Release

命令按钮组(CommandGroup) 控件是一种容器型控件,它包含一组命令按钮。命令按钮组有 40 多个属性,其常用属性有:

● ButtonCount 属性: 决定命令按钮组中命令按钮的数目,其默认值为 2。

● BorderStyle 属性: 指定边框样式。

● Value 属性: 指定控件的当前状态,其默认值为 1。在运行时,其值为所选命令按钮的顺序号。但若将该属性的值设置为字符型数据,则运行时其值为所选命令按钮上显示的文本。

在分别设置命令按钮组中各个命令按钮时,可以利用快捷菜单中的"编辑"命令进入编辑状态后选择命令按钮,或在"属性"窗口的"对象"列表下拉列表框中选择命令按钮。

对于命令按钮组来说,可以为每个命令按钮分别设置相应的事件处理代码,也可以通过为命令按钮组设置事件代码来响应各个命令按钮的事件。例如,图 6-22 所示的

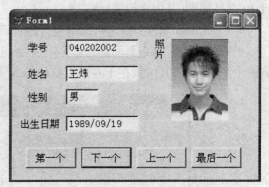

图 6-22　命令按钮组控件示例

表单中有一个命令按钮组,其 ButtonCount 属性值为 4,BorderStyle 属性值为 0,Click 事件处理代码如下:

```
DO CASE
    CASE This. Value = 1
        GOTO Top
    CASE This. Value = 2
        IF ! EOF( )
            SKIP
        ENDIF
    CASE This. Value = 3
        IF ! BOF( )
            SKIP – 1
        ENDIF
    CASE This. Value = 4
```

GOTO Bottom

ENDCASE

ThisForm. Refresh

需要说明的是：如果只单击命令按钮组，而没有单击某一个按钮，Value 属性的值仍为上一次选定的命令按钮；如果为命令按钮组中某个命令按钮的 Click 事件编写了代码，则单击这个命令按钮时，将执行该命令按钮的相应代码，而不是命令按钮组的 Click 事件代码。

6.4.12　页框控件

在 Windows 环境下，常常可以见到包含多个页面的对话框，如 Microsoft Word 的"字体"对话框由三个页面组成。这种包含多个页面的控件就是页框控件。

页框控件(PageFrame)是包含页面(Page)的容器对象，利用该控件可以扩展表单的"表面面积"，以及对表单上的控件按功能进行分类。

页框定义了页面的总体特性：大小和位置、边框类型、哪个页面是活动的等。页框控件有 40 多种属性，其中常用属性有：

● PageCount 属性：指定页框中包含的页面数，其默认值为 2。

● Tabs 属性：确定页面的"选项卡"是否可见，其默认值为 .T. 。图 6-23 所示的表单中有两个页框控件，其区别在于左边页框的 Tabs 属性值为 .T. ，而右边的为 .F. 。

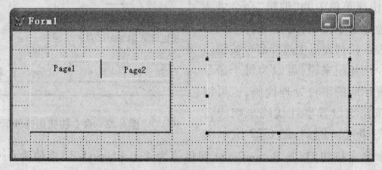

图 6-23　页框控件的 Tabs 属性示例

● TabStyle 属性：指定页框中的页面选项卡是两端还是非两端。图 6-24 所示的表单中有两个页框控件，其区别在于左边页框的 TabStyle 属性值为"两端"，而右边的为"非两端"。

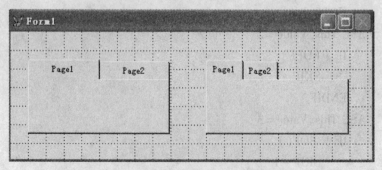

图 6-24　页框控件的 TabStyle 属性示例

● ActivePage 属性：页框控件中活动页面的编号。其默认值为 1，即第一个页面是活动页面。不管页框是否具有选项卡,都可以在设计时或通过程序代码来设置 ActivePage 属性以激活一个页面,特别是当 Tab 属性为.F.时,只有通过 ActivePage 属性的设置来切换页面。对表单使用 Refresh 方法刷新时,只刷新当前活动的页面。

同其他容器型控件一样,从页框的快捷菜单中选择"编辑"命令,可以使页框处于编辑状态。在编辑状态下选择一个页面后,可以设置页面的属性,或向页面中添加控件并设置其属性、事件处理代码和方法程序代码。

页面控件也有 40 多个属性,常用属性有:

● Caption 属性:指定页面的标签上显示的文本。如果其文本较长,可以将页框控件的 TabStretch 属性设置为"0—多重行(堆积)",TabStretch 属性的默认值为"1—单行(剪裁)"。显示文本的外观可通过页面的有关属性的设置实现。

● Picture 属性:指定要在页面上显示的图像。

例如,图 6-25 显示的表单中有一个含有两个页面的页框控件和一个命令按钮组控件,其数据环境中有 js 表和 xs 表。命令按钮组的 Click 事件处理代码如下:

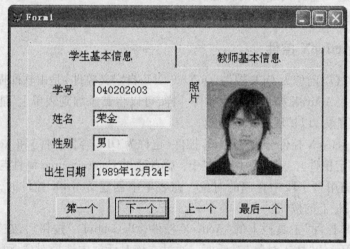

图 6-25　页框控件的 TabStyle 属性示例

```
IF ThisForm. PageFrame1. ActivePage = 1
    SELECT xs
ELSE
    SELECT js
ENDIF
DO CASE
    CASE This. Value = 1
        GOTO Top
    CASE This. Value = 2
        IF ! EOF( )
            SKIP
        ENDIF
    CASE This. Value = 3
```

```
        IF ! BOF( )
            SKIP – 1
        ENDIF
    CASE This. Value = 4
        GOTO Bottom
ENDCASE
ThisForm. Refresh
```

6.4.13　容器

VFP 提供了一种专门称为"容器"(Container)的控件,用于包含其他的控件。其主要作用在于可以将其包含的多个控件作为一个"整体"来处理(类似于页框控件的一个页面)。当容器控件处于编辑状态时,可以向容器中添加各种控件,或编辑各控件。容器有 40 多个属性,常用属性是一些有关外观的属性(如 BackColor、BackStyle、BorderColor、BorderWidth、Picture 等),以及 Eabled、Visible 属性等。

6.4.14　ActiveX 控件

ActiveX 控件(以前称为 OLE 控件、OCX 或 OLE 自定义控件)是由软件提供商开发的可重用的软件组件。ActiveX 控件与其他控件一样,可以将其添加到表单上,能够加强同一个应用程序的交互能力,以扩展表单的功能。

在 VFP 中,ActiveX 控件分为 ActiveX 控件(也称为 OLE 容器控件)和 ActiveX 绑定控件(也称为 OLE 绑定控件)。其主要区别在于:后者通过 ControlSource 属性与表的通用型字段绑定,以处理通用型字段中存储的对象。在表单中创建 ActiveX 控件时,可以直接利用"表单控件"工具栏上的按钮。

当单击"表单控件"工具栏上的"ActiveX 控件(OleControl)"按钮后,在表单上单击,则出现如图 6-26 所示的"插入对象"对话框。通过在该对话框中选择对象,可以完成 ActiveX 对象的选择。从"插入对象"对话框看,插入对象的方式有三种:"新建"、"从文件创建"和"创建控件"。选择不同的插入对象的方式,可插入的对象有所不同。

图 6-26　"插入对象"对话框

● 选择"新建"选项按钮时,显示"对象类型"列表框以选择应用程序,从中创建新对象。对象插入后,在设计时可利用快捷菜单中的命令编辑或打开对象,在运行时可以双击对象以编辑对象。

● 选择"从文件创建"选项按钮时,显示"文件"框,从中可以指定一个文件的路径和文件名(或利用"浏览"命令按钮选择一个文件)。对于从文件创建的对象,在运行时可以双击该对象以运行/打开该文件。在设计时,利用该对象的快捷菜单中的"包对象"菜单命令的子命令"激活内容",运行/打开该文件;或利用子命令"编辑包",打开"对象包装程序",以编辑该对象的图标、标题等。

● 选择"创建控件"选项按钮时,显示"对象类型"列表框,用来显示可以插入的 ActiveX 控件。使用"添加控件"命令按钮时,将出现"浏览"对话框以便查找并选定没有列在"对象类型"中的 ActiveX 控件。对于插入的控件,可利用快捷菜单中的命令对其进行设置。

图 6-27 所示的表单上,分别添加了两个 ActiveX 控件:一是在"插入对象"对话框中选择"新建",然后在"对象类型"列表中选择"Microsoft Excel Worksheet";二是在"插入对象"对话框中选择"创建控件",然后在"对象类型"列表中选择"Calendar 控件"。

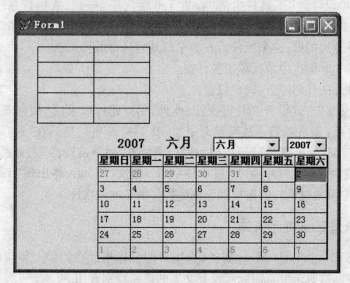

图 6-27　ActiveX 控件示例

有关 ActiveX 控件的进一步介绍,可参见系统帮助。

6.5　增强控件易用性的方法

使用访问键、Tab 键次序、提示文本或者有选择地使某些项无效,都能让设计出的表单更易于使用。

6.5.1　设置访问键

在表单中的任何地方,访问键都能让用户通过按〈Alt〉键和访问键来选中一个控件。若要为控件指定访问键,可在控件的 Caption 属性中在想作为访问键的字母前键入一个反斜杠和一个小于符号(\ <)。

例如,将命令按钮的 Caption 属性设置为" \ < Open",则"O"作为它的访问键,焦点在表单中任何地方,用户都能按〈Alt〉+〈O〉键选择这个命令按钮。对于图 6-20 所示的表单,"帮助"命令按钮的属性设置为"帮助(\ < H)",其访问键为"H"。

若要为文本框或编辑框指定访问键,可创建一个标签,在作为访问键的字母前键入一个反斜杠和一个小于符号(\ <)。例如,"C \ < ustomer"。如果想在文本框或编辑框中接受焦点,要保证该标签为位于文本框或编辑框之前的 Tab 键次序中的前一个控件。

6.5.2 设置控件的 Tab 键次序

Tab 键次序是指按键盘上的〈Tab〉键时,焦点从一个控件移向另一个控件的次序。表单控件的默认 Tab 键次序是控件添加到表单上时的次序。可以通过重新设置控件的 Tab 键次序以改变在控件之间移动的顺序。

若要改变控件的 Tab 键次序,可按以下步骤操作:

● 单击"表单设计器"工具栏上的"设置 Tab 键次序"按钮,或执行系统菜单命令"显示"→"Tab 键次序",这时表单上每个控件上以数字显示目前的 Tab 键次序。

● 双击控件旁边的框,这个控件将在表单打开时具有最初焦点。

● 按需要的 Tab 键次序依次单击控件框。

● 单击控件外的任何地方,完成设置。

以上是以"交互"方式设置 Tab 键次序,此外,用户还可以采用"按列表"方式设置 Tab 键次序。其方法是:首先执行系统菜单命令"工具"→"选项",然后在"选项"对话框的"表单"选项卡中将"Tab 键次序"设置为"按列表",则单击"表单设计器"工具栏上的"设置 Tab 键次序"按钮(或执行系统菜单命令"显示"→"Tab 键次序")后,将出现"Tab 键次序"对话框,在该对话框中可通过鼠标的拖放操作调整控件的 Tab 键次序。

6.5.3 设置工具提示文本

每个控件都有一个 ToolTipText 属性,当用户的鼠标指针在控件上停留时,将显示这个属性指定的文本。这对于带有图标而没有文本的按钮特别有用。

若要指定工具提示文本,可在"属性"窗口中选择 ToolTipText 属性,并键入需要的文本。表单的 ShowTips 属性将决定是否显示工具提示文本。

习　题

一、选择题

1. 若从表单的数据环境中将逻辑型字段拖放到表单中,则默认情况下在表单中添加的控件个数和控件类型分别是_____、_____。

  A. 1,文本框   B. 2,标签与文本框

  C. 1,复选框   D. 2,标签与复选框

2. 在 VFP 中,表单(集)的数据环境包括了与表单交互作用的表或视图,以及表单要求的表之间的关系。下列关于表单数据环境的叙述中错误的是_____。

  A. 表单运行时自动打开其数据环境中的表

  B. 数据环境是表单的容器

  C. 可以在数据环境中建立表之间的关系

  D. 可以在数据环境中加入与表单操作有关的视图

3. 下列有关控件及其属性的叙述中错误的是_____。

  A. 一个标签控件最多可以显示 128 个字符

  B. 计时器控件的 Interval 属性的单位为毫秒

  C. 当形状控件的 Curvature 属性值为 99 时,其曲率最大

  D. 组合框控件的 Style 属性控制其为下拉列表框还是下拉组合框

4. 下列有关控件的叙述中错误的是_____。

  A. 对于标签控件(Label)的 Caption 属性值来说,其长度(字符个数)没有限制

  B. 复选框控件(CheckBox)的 Value 属性值可以设置为 0、1 或 2

  C. 有些控件无 Caption 属性,如文本框(TextBox)

  D. 有些控件可通过相应的生成器设置其部分属性,如命令按钮组

5. 下列 VFP 对象(控件)中不能直接(独立)地添加到表单中的是_____。

  A. 命令按钮(CommandButton)   B. 选项按钮(OptionButton)

  C. 复选框(Check)   D. 计时器(Timer)

6. 下列几组控件中均有 SetAll( )方法的是_____。

  A. 表单(Form)、命令按钮(CommandButton)、命令按钮组(CommandGroup)

  B. 表单集(FormSet)、列(Column)、组合框(ComboBox)

  C. 表格(Grid)、列(Column)、文本框(TextBox)

  D. 表单(Form)、页框(PageFrame)、命令按钮组(CommandGroup)

7. 下列几组控件中都有 ControlCount 属性的是_____。

  A. 表单(Form)、文本框(TextBox)、列表框(ListBox)

  B. 表单集(FormSet)、表单(Form)、页框(PageFrame)

  C. 表单(Form)、页面(Page)、列(Column)

  D. 列(Column)、选项按钮组(OptionGroup)、命令按钮组(CommandGroup)

8. 假定表单上有一个文本框对象 Text1 和一个命令按钮组对象 Cmg,命令按钮组 Cmg

中包含 Cmd1 和 Cmd2 两个命令按钮,如果要在 Cmd1 命令按钮的某个方法中访问文本框对象 Text1 的 Value 属性值,下列表达式中正确的是_____。

    A. This. ThisForm. Text1. Value

    B. This. Parent. Parent. Text1. Value

    C. Parent. Parent. Text1. Value

    D. This. Parent. Text1. Value

9. 下列有关 VFP 对象(控件)的属性、事件和方法的叙述中错误的是_____。

    A. 用户可以为表单创建新的属性,但不能为表单中的对象(控件)创建新的属性

    B. 用户创建的新属性,其默认值均为. F.

    C. 任何对象(控件)的事件集总是固定的,用户不可能添加新的事件

    D. 方法和事件总是一一对应的,即一个方法程序总对应着一个事件

10. 下列有关 VFP 对象(控件)的叙述中错误的是_____。

    A. 复选框控件的 Value 值只能为 1(. T.)或 0(. F.),不能为空值(. NULL.)

    B. 一个标签控件可多行显示文本

    C. 命令按钮控件上可同时显示文本和图片

    D. 表格中的每一列都是容器对象,而且拥有自己的属性、事件和方法

二、填空题

1. 所有的容器对象都具有与之相关的计数属性和_____属性。其中,前者是一个数值型属性,它表明了所包含对象的数目;后者是一个数组,用以引用每个包含在其中的对象。

2. 利用 ShowWindows 属性和 Desktop 属性,可以将表单设置为_____、浮动表单或子表单。

3. 对于表单的 Load、Activate 和 Init 这三个事件来说,_____事件的处理代码中不能引用表单中的对象,_____事件最后一个被触发。

4. 设某命令按钮的标题显示为"确定(Y)",即该按钮访问键为〈Alt〉+〈Y〉,则其 Caption 属性值应设置为_____。

5. 文本框控件的_____属性设置为" * "时,用户键入的字符在文本框内显示为" * ",但属性 Value 中仍保存键入的字符串。

6. 设某表单上包含一个文本框控件,若要使该文本框获得焦点时能自动选中其中的所有文本,可在文本框的 GotFocus 事件中包含下面几行代码:

```
TextBox::GotFocus      && 操作符::用来从子类方法中执行父类的方法
This. SelStart = _____
This. SelLength = LEN( ALLTRIM( This. Value) )
```

    注:SelStart 属性指定选定文本的起始点,若没有选定文本,则表示插入点(即光标)的位置(该设置的有效范围从 0 到控件编辑区域中字符的总数);SelLength 属性指定被选择的字符数(该设置的有效范围从 0 到控件中字符的总数,小于 0 将导致运行错误)。

7. 在 VFP 中,组合框控件类似于列表框控件和文本框控件的组合。根据是否可以输入

数据值,组合框分为下拉组合框和_____两种。

8. 形状控件(Shape)的 Curvature 属性用于控制其曲率,其取值范围为_____。

9. 计时器是用来处理复发事件的控件。该控件正常工作的三要素是:Timer 事件、Enabled 属性和_____属性。

10. 在某表单运行时,表单上某个命令按钮的标题是灰色的,不能响应用户事件,则该命令按钮此时_____属性值一定为. F.。

11. 某表单 Form1 上有一个命令按钮组 Cmg,其中有两个命令按钮(分别为 Cmd1 和 Cmd2),要在 Cmd1 的 Click 事件代码中设置 Cmd2 不可用,其代码为_____。

12. 设某表单(Form1)上有一个文本框(Text1)和一个命令按钮(Command1)。该表单运行时,单击命令按钮 Command1,则文本框 Text1 中显示该表单数据环境的 Name 属性值。由此,命令按钮 Command1 的 Click 事件程序代码中必须写入的命令为:

$$\text{ThisForm.}\underline{\quad\quad} = \text{ThisForm. DataEnvironment. Name}$$

13. 表格(Gird)控件是一个按行和列显示数据的容器对象,其外观与表的浏览窗口相似,表格最常见的用途之一是显示一对多关系中的子表。在默认情况下,表格控件包含列控件,列控件又包含列标头控件和_____控件。

14. 设某表单 Form1 中有一个表格控件 Grid1,如果要将该表格控件中所有列对象的 BackColor 属性设置为红色,可以使用下列命令:

$$\text{ThisForm. Grid1.}\underline{\quad\quad}(\text{'BackColor'}, \text{RGB}(255, 0, 0), \text{'Column'})$$

15. 某表单上有一个表格控件,其列数为7。若要使其第 3～7 列的标头(Header)的标题依次显示为:成绩1、成绩2、成绩3、成绩4、成绩5,则可在表格的 Init 事件处理代码中包含下列程序段。

```
FOR i = 3 TO 7
    This._____. Header1. Caption = "成绩" + _____
ENDFOR
```

16. 表格控件可以设置特定格式,使得用户更容易浏览表记录。如果要将表格的第三列(Column3)的前景色设为用红色显示不及格的成绩(字段名为 cj),用蓝色显示及格的成绩,可以在表格的 Init 事件中包含如下代码:

```
This. Column3. DynamicForeColor = _____
```

17. 设某表单上有一个页框控件,该页框控件的 PageCount 属性值在表单的运行过程中可变(即页数会变化)。如果要求在表单刷新时总是指定页框的最后一个页为活动页,则可在页框控件的 Refresh 事件代码中使用语句:This._____ = PageCount。

18. 若某表单上包含一个页框控件,页框上包含的页面数是未知的(或者说是动态变化的),则在刷新表单时为了刷新页框中的所有页面,可在页框的 Refresh 方法中包含如下代码:

```
FOR i = 1 TO This._____
    This. Pages[i]. Refresh
```

ENDFOR

19. 某表单上有一个命令按钮,该命令按钮的 Click 事件过程代码中含有一条命令,可以将该表单中的页框 Pg1 的活动页面改为第三个页面,该命令为:

　　　　ThisForm. Pg1. ＿＿＿＿＿ = 3

20. 某表单运行时界面如图所示,表单上有一个组合框控件 Combo1 和表格控件 Grid1。其中,组合框控件 Combo1 的数据源类型是"文件",数据源是" ＊ . DBF",运行时该

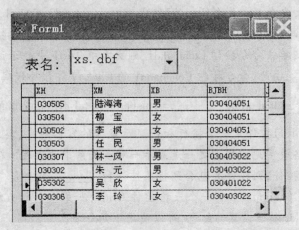

组合框中显示当前路径下所有的表文件名。完善下列组合框控件 Combo1 的 Inter-activeChange 事件代码,其功能是:当选中组合框中的某个表文件时,在表格中显示该表的所有记录。

　　　　PUBLIC x
　　　　x = ALLTRIM(This. Value)　　　　&& 取得选中的值
　　　　CLOSE TABLES ALL

　　　　＿＿＿＿＿＿
　　　　WITH ThisForm. Grid1
　　　　　. ColumnCount = ＿＿＿＿＿
　　　　　. RecordSourceType = 2　　　　&& 设定表格的数据源类型是别名
　　　　　. RecordSource = ＿＿＿＿＿
　　　　ENDWITH

第 **7** 章

类的创建与使用

　　面向对象的程序设计是通过对类、子类和对象等的设计来体现的,类是面向对象程序设计技术的核心。类(Class)定义了对象特征以及对象外观和行为的模板;子类(Subclass)是以其他类(父类)定义为起点所建立的新类,它将继承任何对父类所做的修改;对象(Object)是类的一个实例,包括了数据和过程。类和对象关系密切,但并不相同。类包含了有关对象的特征和行为信息,它是对象的蓝图和框架。

　　第 6 章介绍了表单、表单集及各种类控件的应用,它们都是 VFP 的基类对象。在 VFP中,用户不仅可以直接把这些基类对象作为重用部件,应用于程序开发过程中,而且还可以在其基础上创建自定义类,甚至在自定义类的基础上定义新的自定义类,并将它们应用于程序的开发中。本章将着重介绍类的设计及其使用。

7.1　创 建 子 类

7.1.1　设计类的原则

　　为了缩短 VFP 应用程序的开发期,提高开发和使用应用程序的效率,保持应用程序的一致性,应该尽可能地将一些通用的功能和外观一致的控件设计成类。

　　是否需要创建具有某一功能的新类(子类),取决于其是否具有一定的通用性,或者说是否在应用程序中经常使用。例如,在表中移动记录指针的命令按钮组、关闭表单的按钮以及帮助按钮等,在很多应用程序中常常能够用到,可以将其定义为类。在需要使用的时候,只需将其添加到表单中即可。如果创建的新类在应用中很少用到,就没有必要花费太多的时间和精力去创建和维护它。

　　创建外观独特的表单集类、表单类和控件类,能使应用程序所有组件具有统一的外观和风格。例如,可以在一个表单类中添加图像和特殊颜色的图案,并且把它们作为今后创建表单的模板;也可以创建具有独特外观的文本框类,并在应用程序中所有需要文本框的地方使用这个类。

　　可以为使用过的每个控件和每个表单创建一个类,这样做的后果是很多类做同样的事情,却必须分别维护它们,显然,这不是设计应用程序最有效的方法。

7.1.2 创建子类

1. 子类和类库

在第 5 章中已经介绍了 VFP 所提供的基类,上一章所介绍的表单及控件对象均是基于这些基类所创建类的实例。用户也可以基于这些基类创建子类(这里我们称之为自定义子类),从而扩展它们的功能。

用户不仅可以基于 VFP 基类创建自定义子类,也可以基于已创建的自定义子类再创建子类(我们可形象地称之为"孙类"),这一过程可以继续下去。而且子类及其"孙类"可以存储在同一类库文件中。但子类的层次不宜过深,一般至多三层足够使用,大多数情况下创建一层子类即可。

VFP 将定义的子类保存在扩展名为 VCX 的可视类库文件中,一个类库文件中可以保存多个自定义子类。也就是说,定义的每个子类并不单独以文件进行保存,系统将一个或多个子类的定义保存在类库文件中。

此外,VFP 系统已提供了一些类库,其中包含一些实用的子类(称之为 VFP 的基本类),有关内容将在 7.3 节介绍。

2. 创建子类和类库

VFP 提供了多种创建子类的途径,常用的方式有三种:一是下面介绍的利用"类设计器"新建子类方式,这也是最常使用的方法;二是在利用"表单设计器"设计表单时,将表单或表单上的控件保存为类(将在 7.1.6 小节介绍);三是在程序文件中利用 DEFINE CLASS 语句创建类(将在 7.4 节介绍)。

使用以下任何一种方法都可以打开如图 7-1 所示的"新建类"对话框,让用户以可视化的方式创建子类:

● 在"项目管理器"中,选择"类"选项卡,然后单击"新建"按钮。

● 在 VFP 的主菜单的"文件"菜单中先选择"新建"选项,再选择"类",然后单击"新建文件"按钮。

● 在命令窗口中,使用 CREATE CLASS 命令创建类。

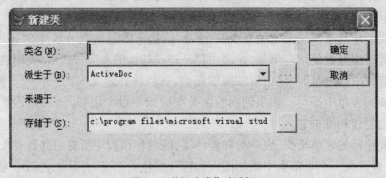

图 7-1 "新建类"对话框

在"新建类"对话框中,用户需要指定"类名"(即新类的名称)、"派生于"(即新类基于的类)以及"存储于"(即保存新类的类库文件),单击"确定"按钮,打开"类设计器"。需要说明的是:在默认情况下"派生于"下拉列表框中显示的类均为基类,若要基于其他的类(如某用户自定义子类),可单击其右侧的选择按钮,然后选择相应的类库文件;如果所指定的类库文件不存在,则系统会首先创建该类库文件。

例如,在图 7-1 所示的对话框中,在"类名"中输入"QuitCommandButton",在"派生于"下控框中选择"CommandButton",在"存储于"框中输入"jxgllib",则打开的"类设计器"如图 7-2 所示。

使用"类设计器"能够可视化地创建类、修改类。当"类设计器"窗口是当前窗口时,系统显示"类"菜单。用"显示"菜单可以打开用于设计类的全部工具,包括"属性"窗口、"表单控件"工具栏以及"布局"工具栏等。

"类设计器"的用户界面与"表单设计器"相似,其操作和使用方法也如同表单设计器,在"属性"窗口中可以查看和编辑类的属性,在"代码"编辑窗口中可以编写各种事件和方法程序的代码。如果新类基于控件类或容器类,则可以利用"表单控件"工具栏向新类中添加控件。

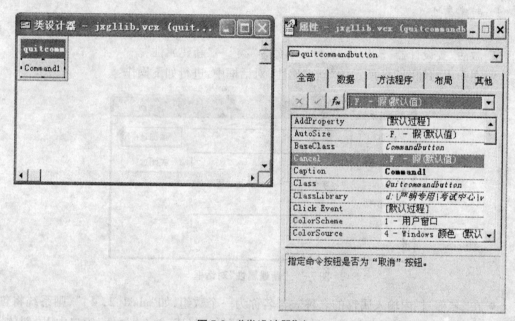

图 7-2 "类设计器"窗口

在设计新类时,应根据需要设置其有关属性和事件处理程序,以实现一定的功能。例如,对于前面创建的子类 QuitCommandButton 来说,若其作用是关闭表单,则可以将其 Caption 属性设置为"关闭",并为其 Click 事件编写代码"ThisForm. Release"。

用户也可以利用 CREATE CLASSLIB 命令和 CREATE CLASS 命令来创建新的类库文件和子类。

利用 CREATE CLASSLIB 命令可以创建一个新的、空的可视类库(. VCX)文件。该命令的语法格式如下:

    CREATE CLASSLIB 类库名

其中,"类库名"指定要创建的可视类库名。如果指定的可视类库名已经存在,并且 SET SAFETY 为 ON, Visual FoxPro 询问是否要改写已有的可视类库。如果 SET SAFETY 为

OFF,已存在的文件被自动改写。如果没有在文件名中指定扩展名,Visual FoxPro 自动指定扩展名为 VCX。

利用 CREATE CLASS 命令可以打开类设计器,以创建一个新的子类。该命令的常用格式如下:

CREATE CLASS 类名 OF 类库 AS 基类名

其中,"类名"指定要创建的类定义的名称;"类库"指定要创建的. VCX 可视类库名(如果"类库"已经存在,则在其中添加类定义);"基类名"指定类定义所派生的类,可以指定 Column、HeaderPage、Cursor、DateEnvironment 和 Relation 之外的任何基类。

7.1.3 为类添加新属性

新创建的子类继承了父类的属性,同时用户还可以为其添加新的属性,以扩展其功能。

1. 新建属性

为类添加属性的操作步骤如下:

① 激活"类设计器"窗口后,执行菜单命令"类"→"新建属性"。

② 在弹出的如图 7-3 所示的"新建属性"对话框中,进行如下操作:

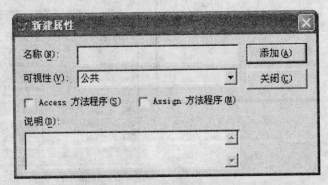

图 7-3 "新建属性"对话框

● 在"名称"栏内输入属性的名称。若名称为一个数组,如"abcd[2,4]",则系统将创建一个包含 8 个元素的数组属性。设计时该数组属性为只读,并在"属性"窗口中以"斜体"字体显示,但在运行时可以被修改或被重新声明。

● 在"可视性"栏内选择"公共"、"保护"或"隐蔽"。若设置为"公共",则可在应用程序的任何位置被访问;若设置为"保护",则仅能被该类定义内的方法程序或该类的派生类(子类)所访问,在由其产生的对象的属性中,该属性的值用斜体字显示;若属性设置为"隐蔽",则只能被该类定义内成员所访问,该类的子类不能引用它们。

● 在"说明"栏内填入有关属性的说明。当给类加入了一个可由用户设置的属性时,用户可能给属性输入一个无效的设置,由此会导致运行时出现错误。因此,应该明确地说明这个属性的有效设置。例如,一个属性能设置为 0、1 或 2,则应该在"说明"框中说明这些情况。

③ 单击"添加"按钮,则新的属性就被添加到类中。

创建新属性后,用户通常要为属性指定一个默认值。如果用户不指定默认值,VFP 默认其属性值为"假"(.F.)。

2. 为属性创建 Access 和 Assign 方法程序

在"新建属性"对话框中,选择"Access 方法程序"复选框可以为该属性创建一个 Access 方法程序,选择"Assign 方法程序"复选框可以为该属性创建一个 Assign 方法程序。

Access 方法程序是指在查询属性值时执行的代码。查询的方式一般是:使用对象引用中的属性、将属性值存储到变量中,或用问号(?)命令显示属性值。

Assign 方法程序是指当更改属性值时执行的代码。更改属性值一般是使用 STORE 或"="命令为属性赋新值。

在"新建属性"对话框中,选择"Access 方法程序"复选框或"Assign 方法程序"复选框,确定后,在类的"属性"窗口中可以看到相应的方法程序。例如,如果为类新建了一个名为"myprop"的属性,并选择了"Access 方法程序"复选框后,在该类的"属性"窗口中,除了可以看到"myprop"属性外,还可以看到"myprop_Access"的方法程序,如图7-4 所示。

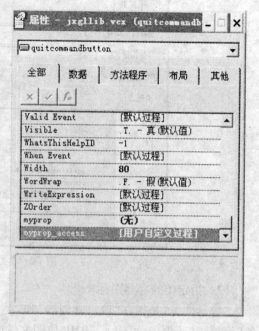

图7-4　类"属性"窗口中的 Access 方法程序

7.1.4　为新类添加方法程序

与向类添加新的属性一样,也可以向类添加新的方法程序。方法程序所保存的是调用时可以运行的过程代码。添加新方法程序和添加新属性的操作相似,新方法程序的"可视性"的含义与新属性中的一致。需要注意的是,类的属性和方法不能赋予同一个名字,即已被使用过的属性名或方法程序名不能再作为新的属性名或方法程序名。

此外,"新建方法程序"创建后,一般需要为其编写程序代码,以实现预期的功能。

7.1.5　查看和设置类信息

在使用"类设计器"设计类时,可以通过"类信息"对话框查看和设置类的有关信息。如"工具栏图标"、"容器图标"、类的所有属性和方法等。也可以在"类信息"对话框中添加、修改或删除属性和方法。打开"类信息"对话框的方法是:在"类设计器"打开时,从"类"菜单中选择"类信息",即可打开如图7-5 所示的"类信息"对话框。

1. 为类指定设计时的外观

(1) 指定类的工具栏图标

"工具栏图标"是指当把该类添加到工具栏上时显示的图标。在"类信息"对话框的"工具栏图标"框中,可输入.BMP 位图文件或.ICO 图标文件的路径和名称。图标文件必须是 15×16 像素点大小。如果图片过大或过小,它将被调整到 15×16 像素点(图形可能会变形)。

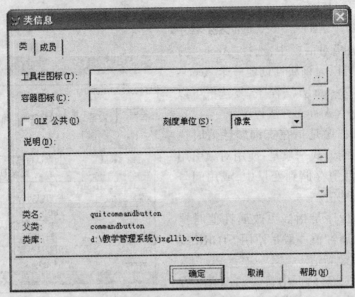

图 7-5 "类信息"对话框

（2）指定类的容器图标

"容器图标"是指在"项目管理器"和"类浏览器"中类的显示图标。在"类信息"对话框的"容器图标"框中，可输入 .BMP 位图文件或 .ICO 图标文件的路径和名称。同样，图标文件必须是 15×16 像素点大小。如果图片过大或过小，它将被调整到 15×16 像素点（图形可能会变形）。

2. 修改和删除类的属性和方法程序

在"类信息"对话框中选择"成员"选项卡，则可显示所有父类的属性和方法，以及新创建的属性和方法，如图 7-6 所示。

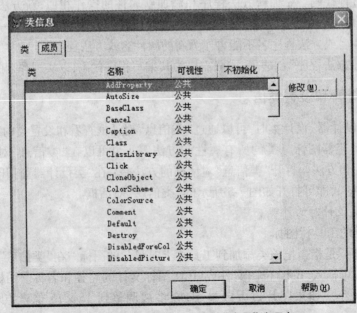

图 7-6 "类信息"对话框中的"成员"选项卡

单击"修改"按钮,出现"编辑属性/方法程序"对话框,如图 7-7 所示。在该对话框中,可以选择一个属性或方法进行编辑修改,可修改的内容包括:名称、Access 和 Assign 方法程序、说明信息以及可视性。对于父类的属性或方法,则不能修改其名称和说明。在该对话框中还可以新建属性或方法程序,也可以将已添加的属性或方法程序删除。对于父类的属性或方法,则不允许删除。

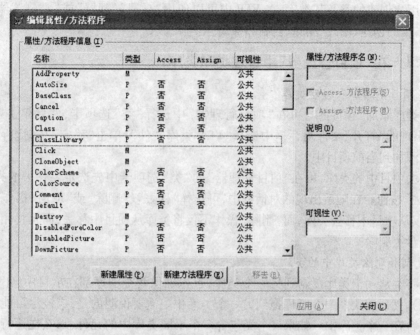

图 7-7　"编辑属性/方法程序"对话框

7.1.6　在设计表单时将表单和控件保存为类

在设计表单时,如果表单或表单上的控件具有通用性,也可以将表单或表单上的控件保存为类定义。

将表单或选定的控件保存为类定义的操作方法是:当表单在"表单设计器"中打开后,从"文件"菜单中选择"另存为类",然后在打开的"另存为类"对话框(图 7-8)中进行设置:在"类名"框中输入类的名称,在"文件"框中输入保存类的文件名(即类库文件的文件名),在"说明"框中输入类的说明信息。

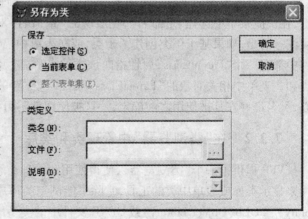

图 7-8　"另存为类"对话框

从图 7-8 可以看出,可以将"当前表单"、"选定控件"或"整个表单集"保存为类。如果当前表单不在一个表单集中,则"整个表单集"选项为不可选。如果用户事先未在表单中选定控件(一个或多个),则"选定控件"选项为不可选。

7.2　管理类和类库

对于用户创建的类及其类库,在 VFP 中可以使用"项目管理器"或"类浏览器"进行管理。例如,类的创建、修改、删除、复制和移动等。

7.2.1　在"项目管理器"中管理类和类库

1. 在项目中添加和移动类库

要将类库添加到项目中,可在"项目管理器"中选择"类"选项卡,然后单击"添加"按钮,再在出现的"打开"文件对话框中选择"VCX 类库文件",单击"确定"按钮,所选的类库文件即被添加到当前项目中。

要移去项目中的类库,可在"项目管理器"的"类"选项卡中先选定要移去的类库,然后单击"移去"按钮。在随后出现的对话框中,可选择"移去"、"删除"或"取消"操作,其中"移去"操作仅从项目中移去类库,而"删除"操作不仅将类库从项目中移去,而且将相应的类库文件从磁盘上删除。

2. 复制和删除类库中的类

若要将类从一个类库复制到另一个类库,首先确保两个类库都在项目中(不一定是同一个项目),然后将类从一个类库拖到另一个类库中。需要说明的是,应该尽可能地将所有子类都包含在一个类库中。如果一个类包含多个不同类库中的元件,那么在运行时刻或设计时刻,最初加载这个类时将花费较长的时间,因为包含类元件的类库必须全部打开。

若要从库中删除一个类,则在"项目管理器"中选择这个类并选择"移去"。

3. 类库中类的重命名

要为类库中的一个类重新命名,可以在"项目管理器"中选择需要重命名的类,单击右键,在快捷菜单中选择"重命名",在出现的"重命名"对话框中输入一个新的名称即可。必须注意的是,如果基于该类创建了子类,或在表单中已经应用,由于子类或表单中相应的控件中都有一个"ParentClass"属性指向该类的名称,改变了类的名称后系统不会自动更新子类和在表单中相关对象的"ParentClass"属性,这样新的子类及表单就不能正确地工作。所以,类名最好在其被使用之前确定,一旦被使用就不可再去更名。

7.2.2　在"类浏览器"中管理类和类库

VFP 提供了一个"类浏览器",使得使用和管理类和类库更加方便。"类浏览器"是专门用来显示类库或表单中类的工具,它除了能浏览类库中的类外,也能够显示 .TLB(Type Library)、.OLB(Object Library)或 .EXE 文件中的类型库信息。可用"类浏览器"显示类库或表单中的类,查看、使用和管理类及其用户自定义成员。

若要打开"类浏览器"窗口,可选择"工具"菜单中的"类浏览器",或在"命令"窗口中键入 DO (_BROWSE)命令。

"类浏览器"窗口中含有一个常用功能的工具栏,通过此工具栏可实现相关操作。在

"类浏览器"窗口上单击鼠标右键,可以打开"类浏览器"快捷菜单。"类浏览器"快捷菜单可以提供附加的功能。例如,单击"类浏览器"窗口中工具栏上的"打开"按钮,然后选择 jxgllib.vcx 类库文件,则"类浏览器"窗口如图 7-9 所示。

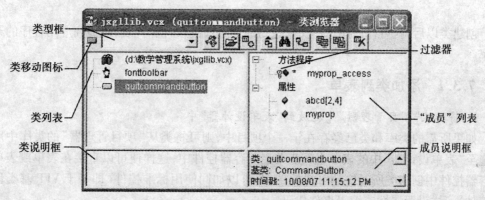

图 7-9 "类浏览器"窗口

● 类型框:允许选定或输入一个类的类型(为一个字符串)来筛选移动。下拉列表显示基类,并保留类的类型历史记录,同时为"类浏览器"的当前实例筛选所选定的或输入的内容。

● 类移动图标:显示代表选定类的图标。可以将该图标拖动到 VFP 主窗口来创建类的一个实例。

● 类列表:按大纲形式列出包含在类库(.VCX)或表单(.SCX)中的类及子类,文件夹图标出现在每个类和子类旁。类旁边的标识(<<)表示其父类位于当前"类列表"中未显示的文件之中。要查看父类,可选择快捷菜单上的"选择父类";要修改"类设计器"中的某个类,可双击类名。

● "成员"列表:列出了从"类"列表中选中的类或表单的用户自定义属性和方法程序。从"成员"列表快捷菜单中选择选项,可以筛选这个列表。

● "保护"过滤器:如果在"保护"过滤器快捷菜单项的旁边显示了保护图标(一把钥匙),则在"成员"列表中将显示被保护的成员。被保护的成员用星号(*)标识。

● "隐藏"过滤器:如果在"隐藏"过滤器快捷菜单项的旁边显示了隐藏图标(一把锁),则在"成员"列表中将显示被隐藏的成员。被隐藏的成员也用尖顶号(^)标识。

● "空"过滤器:如果在"空"过滤器快捷菜单项的旁边显示了复选标记,则在"成员"列表中将显示空的方法程序。空的方法程序用波浪线号(~)标识。

● 类说明框:显示对选定类的说明,该框位于"类浏览器"窗口的左下部,可以在框中编辑说明信息。

● 成员说明框:显示类中所选定成员的信息。该框位于"类浏览器"窗口的右下部。对于对象成员,该框为类及基类的只读显示。对于属性或方法程序成员,该框显示可以进行编辑的说明。例如,说明框显示一个只读说明,说明包括变量范围(公共的或隐藏的)、成员名和属性值等。

7.3 类 的 应 用

创建类以后,就可以使用这些类来进行应用程序的设计和开发,以提高应用程序的开发效率。

7.3.1 添加类到表单

1. 将类从"项目管理器"中拖放到"表单设计器"中

如果所需的类库和类已经存在于一个项目中,则可将类从"项目管理器"的类库中用鼠标拖至"表单设计器"中的表单上或表单上的容器控件中,这样便可以直接在表单或表单上的容器控件中创建类所对应的可视控件,并可以如同使用标准控件(即基于 VFP 基类创建的控件)一样设置属性或编辑事件代码。

例如,项目中包含 jxgllib 类库,类库中已有一个名为 QuitCommandButton 命令按钮子类(该类的创建如前面所述),用鼠标将该类从项目管理器中拖放到表单设计器的表单区域中,就会在表单中创建该命令按钮类相应的命令按钮控件,如图 7-10 所示。

如果拖放的是表单类或工具栏类,并且在"表单设计器"中设计的不是表单集,则系统会提示用户创建一个表单集,创建表单集后,表单集中除了包含了原来的表单外,还会包含拖放进来的表单类或工具栏类所对应的表单或工具栏。

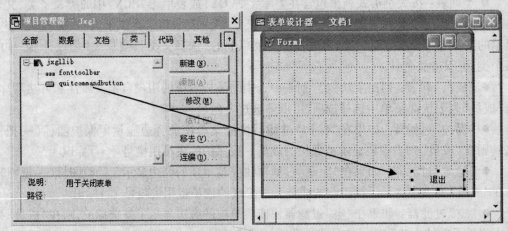

图 7-10 从"项目管理器"中拖放类到"表单设计器"

2. 注册类库

如果类库中的类在表单设计时需要频繁使用,可以对该类进行注册,注册后该类将在"表单设计器"的"表单控件"工具栏上显示,使之如同标准的 VFP 控件。

注册类库的方法有如下两种。

方法一:

● 执行菜单命令"工具"→"选项";

● 在出现的"选项"对话框中选择"控件"选项卡;

● 选择"可视类库"单选按钮,并单击"添加"按钮;

● 在"打开"对话框中,选择要注册的类库文件,然后选择"打开"。

方法二:

● 单击"表单控件"工具栏上的"查看类"按钮，然后在出现的菜单中选择"添加";

● 在出现的"打开"对话框中选择需要注册的类库文件。

如果类库已经注册,则当在"表单控件"工具栏中单击"查看类"工具按钮时,在出现的菜单中将显示该类库,如图 7-11 所示。在出现的菜单中选择所注册的类库,则工具栏上将显示该类库中的类。

图 7-11 "表单控件"工具栏中的"查看类"按钮

如果要恢复"表单控件"工具栏中的标准控件,可在单击"查看类"按钮后,在出现的菜单中选择"常用"。

3. 指定数据库表的字段的默认类

在第 6 章已经介绍了可以将表(或视图)的字段从数据环境中拖放到表单上,以创建处理该字段的控件,控件的类型(即基于的默认类)可在设计表时指定(注:针对数据库表而言)。

在系统默认情况下,系统为不同类型的字段均指定了一个 VFP 基类作为默认类。在设计数据库表时,用户可为每个字段重新指定其默认类,该默认类可为 VFP 基类,也可为新创建的子类。

若要将数据库表的字段默认类指定为一个子类,可在表设计器中选定字段后,在"匹配字段类型到类"操作区域先将"显示库"指定为某一类库文件,然后将"显示类"指定为该类库中的某一个类。需要说明的是,这种指定字段默认类的方式仅对所设置的数据库表有效。

4. 指定字段数据类型映象到类

若要改变系统默认的字段类型与类之间的对应关系(即字段的默认类),可按如下方法进行:

● 执行菜单命令"工具"→"选项";

● 在出现的"选项"对话框中选择"字段映象"选项卡(图 7-12);

● 选择字段类型,然后单击"修改"按钮;

● 在出现的"字段类型映象"对话框(图 7-13)中选择类名(即选择一个 VFP 基类),或先选择一个"库"(即类库),然后选择其中的类。

需要说明的是,字段类型映象类的优先级低于数据库表中字段所指定的默认显示类,也就是说,如果字符型字段映象为某一个类 A,而在设计数据库表时将某一个字符型字段的显示类指定为类 B,则将该字段添加到表单中时,将优先使用类 B 来创建相应控件。此外,字段类型映象对自由表和数据库表都适用。

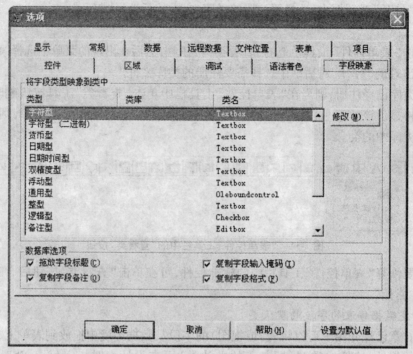

图 7-12 "选项"对话框之"字段映象"选项卡

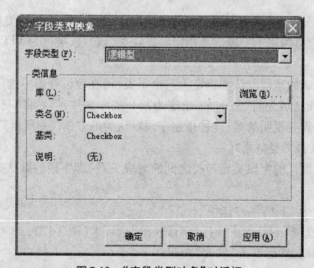

图 7-13 "字段类型映象"对话框

5. 指定表单和表单集的模板类

不仅可以为表单中的控件指定类,还可以为表单或表单集指定类。在新建表单和表单集时,系统默认以 Form 和 FormSet 基类为模板进行创建,通过如下操作可为表单和表单集指定模板类:

● 执行菜单命令"工具"→"选项";

● 在出现的"选项"对话框中选择"表单"选项卡;

● 在"表单"选项卡上的"模板类"区域中有两个复选框(图 7-14),选中"表单集"复选框或其右侧端的"…"按钮,然后在出现的对话框中先选择类库,再选择类。利用同样的方法可以指定一个表单的模板类。

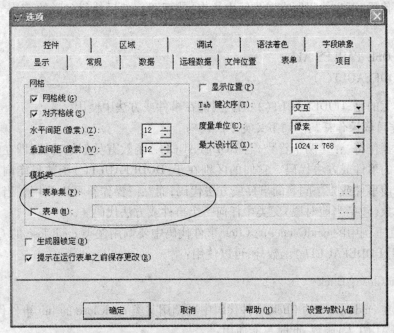

图 7-14　在"选项"对话框中设置表单和表单集的模板类

7.3.2　覆盖默认属性设置

基于自定义类的对象被添加到表单后,可以修改所创建的对象中所有未被保护的属性,以覆盖其默认的属性设置,使得表单运行时对象执行用户修改后的属性设置。即使在"类设计器"中该属性的值被修改,表单中的对象的属性值也不会改变。

例如,在将一个基于子类的对象添加到表单中,并且将该对象 BackColor 属性从白色改变为黄色,则若再用"类设计器"将类的 BackColor 属性改变为蓝色,用户表单上的对象的 BackColor 属性仍然是黄色。如果用户在设计表单时,没有对创建对象的 BackColor 属性作修改,而将类的 BackColor 属性改为蓝色,则表单上的创建对象将继承这一修改,也改变为蓝色。

7.3.3　调用父类方法程序代码

子类和对象自动继承基类的功能,但 VFP 允许用户用新的功能来替代从基类继承来的功能。例如,用户将基于某个基类的对象或由某个基类派生出的子类加到一个容器(如表单)中时,重新为这个对象或子类的 Click 事件编写程序代码,则在运行时基类的代码不执行,而执行新的程序代码。但有时用户希望在为新类或对象添加新功能的同时,仍然保留父类的功能,这时可以在类或容器层次的程序代码中使用函数 DODEFAULT( )或作用域操作符"::"调用父类的程序代码。

1. 用 DODEFAULT( )函数调用父类方法代码

使用函数 DODEFAULT( )可从子类中执行父类的同名的事件或方法。例如,有一名为

cmdClose 的命令按钮子类,该按钮 Click 事件中代码的作用是释放按钮所在的表单,名为 cmdCancel 的对象是基于 cmdClose 类在表单中创建的一个命令按钮,则为该对象的 Click 事件编写如下代码,可先关闭所有工作区中的表(或视图),然后执行父类的 Click 事件代码以关闭表单:

> CLOSE TABLES ALL
> DODEFAULT( )

需要注意的是,DODEFAULT( ) 函数只能在事件或方法中使用。

2. 用作用域操作符":"调用父类方法代码

作用域操作符":"(两个冒号)与 DODEFAULT( ) 函数有类似的功能,即在子类或对象中调用父类的事件或方法代码。它们的区别在于:DODEFAULT( ) 函数只能调用当前对象父类中与当前事件或方法同名的事件或方法代码,而":"操作符可以调用在当前作用域中任何一个对象(包括当前对象)父类中任何一个事件或方法代码。

例如,在上例中的 cmdCancel 的 Click 事件代码中要调用父类 cmdClose 的 Click 事件代码,除了使用 DODEFAULT( ) 函数外,可以使用:

> cmdClose :: Click

但如果在 cmdCancel 的 Click 事件代码中要调用父类 cmdClose 的 Init 事件代码,就不能使用 DODEFAULT ( ) 函数,此时只能使用:

> cmdClose :: Init

此外,":"操作符还可以调用当前作用域中其他对象父类的任何事件或方法代码。例如,有一个表单类 myFormClass 中设置了 Click 事件代码为:

> ThisForm. BackColor = RGB(0,0,255)　　　　　　　　&& 蓝色

在基于 myFormClass 类创建的表单中,添加一个含有两个命令按钮的命令按钮组。第一个命令按钮的 Click 事件代码为:

> ThisForm. BackColor = RGB(255,0,0)　　　　　　　　&& 红色

第二个命令按钮的 Click 事件代码为:

> myFormClass :: Click

当运行该表单时,单击第一个命令按钮则表单背景为红色,单击第二个命令按钮时因调用了当前作用域中表单对象的父类 myFormClass 的 Click 事件程序代码,则表单背景为蓝色。

7.4　以编程方式定义和使用类

不仅可利用"类设计器"创建类,利用"表单设计器"创建类(利用"另存为类"功能),而且可以利用编程的方式定义和使用类。

利用编程的方式定义和使用类,一般是在程序文件中利用 DEFINE CLASS 和

CREATEOBJECT( ) 函数进行。需要说明的是,在程序文件中类定义语句必须放在最后,类定义之后的语句不被执行。

7.4.1 利用 DEFINE CLASS 命令创建子类

利用 DEFINE CLASS 可以创建子类,且可指定类和子类的属性、事件和方法。该命令的基本格式如下:

```
DEFINE CLASS 类名 1    AS 父类名[OLEPUBLIC]
       [[PROTECTED|HIDDEN 属性名 1,属性名 2…]
       属性名 = 表达式…]
       [ADD OBJECT[PROTECTED] 对象名 AS 类名 2[NOINIT][WITH 属性名
           表]]…
       [[PROTECTED|HIDDEN] FUNCTION|PROCEDURE 过程名
       [_ACCESS|_ASSIGN]|THIS_ACCESS[NODEFAULT]
       过程或函数语句行
       [ENDFUNC | ENDPROC]]…
   ENDDEFINE
```

其中:"类名 1"是用户要创建的类的名称;"父类名"指出创建的类或子类的父类名。父类可以是 VFP 的基类或已被定义的另一个用户子类,其他参数部分的含义可通过后面的示例或系统帮助来理解。

例如,下面的代码基于"表单"基类创建了一个 MyForm 的子类:

```
DEFINE CLASS MyForm AS FORM
ENDDEFINE
```

这是一个最简单的类定义,没有修改父类的任何属性和事件代码。下面的代码为 MyForm 类设置了 Caption 属性值和 Click 事件代码:

```
DEFINE CLASS MyForm AS FORM
       Caption ="表单类定义示例"
       PROCEDURE Click
           = MESSAGEBOX("表单被单击了!")
       ENDPROC
   ENDDEFINE
```

在使用 DEFINE CLASS 命令定义类时,不仅可以设置父类已有的属性值和方法代码,还可以定义新的属性及其默认值,定义新的方法。例如,下面的代码不仅设置了 MyForm 类的 Caption 属性,还定义了一个新属性 ClickNum 和一个新方法 InitClickNum。ClickNum 属性用来记录当前表单被鼠标单击的次数,默认值为 0,InitClickNum 方法用来将 ClickNum 属性值初始化为 0。同时定义了表单的 Click 事件代码,每当表单被单击时 ClickNum 属性值加 1。

```
DEFINE CLASS MyForm AS FORM
       Caption ="表单类定义示例"                    && 基类属性
```

```
        ClickNum = 0                              && 新定义的属性
        PROCEDURE InitClickNum                    && 新定义的方法
            ThisForm. ClickNum = 0
        ENDPROC
        PROCEDURE Click
            ThisForm. ClickNum = ThisForm. ClickNum + 1
            = MESSAGEBOX("表单被单击了" + STR(ThisForm. ClickNum) + "次!")
        ENDPROC
    ENDDEFINE
```

使用 PROTECTED 关键字,则定义的属性或方法程序或对象是被保护的,它们只能被类定义中的其他方法程序访问,而阻止从类和子类定义的外部访问或改变对象的属性,而且在类之外是隐蔽的、不可见的(指用 PROTECTED 保护的属性或方法程序或对象)。

使用 DEFINE CLASS 命令中的 ADD OBJECT 子句或 AddObject 方法程序向容器中添加对象。ADD OBJECT 关键字用以将 VFP 的基类、用户自定义类、子类等以对象的形式添加到类或子类中。例如,下面的类定义是基于"表单"基类,ADD OBJECT 子句向该表单类中加入了一个 cmdClose 命令按钮,并设置了该命令按钮的有关属性,以及定义了该命令按钮的 Click 事件代码:

```
    DEFINE CLASS MyForm AS FORM
        ADD OBJECT cmdCloseAS CommandButton    && 在表单中添加对象
        cmdClose. Caption = "关闭"
        cmdClose. Height = 25
        cmdClose. Width = 80
        cmdClose. Left = 200
        cmdClose. Top = 150
        PROCEDURE cmdClose. Click                && 为 cmdClose 定义事件代码
            ThisForm. Release
        ENDPROC
    ENDDEFINE
```

当创建了容器对象之后,需要使用 AddObject 方法程序向容器中加入对象。例如,下面代码创建了一个表单对象,然后向其加入了一个文本框对象 txt1:

```
    frmMessage = CREATEOBJECT("FORM")            && 创建表单 frmMessage
    frmMessage. AddObject("txt1", "TEXTBOX")      && 向表单中添加文本框对象
```

在类的方法程序代码中,也可使用 AddObject 方法程序。例如,下面的类定义在与 Init 事件相关联的代码中使用 AddObject 方法程序向表格列中加入控件。

```
    DEFINE CLASS myGrid AS GRID
        ColumnCount = 3
        PROCEDURE Init
```

```
        This. Column2. AddObject("cboClient", "COMBOBOX")
        This. Column2. CurrentControl = "cboClient"
    ENDPROC
ENDDEFINE
```

7.4.2　由类创建对象

当已保存了一个可视类,则可在此基础上用 CREATEOBJECT( )函数创建该类的对象。若创建的对象为容器对象,可以利用 ADDOBJECT( )向容器对象中添加对象。下列通过一个示例程序来说明相关内容。

下面的程序代码实现一个简单的功能:创建一个表单,该表单能累计被点击的次数。表单中有两个命令按钮,一个是"还原计数器"按钮,用来将点击次数还原为 0;另一个是"关闭"按钮,用来关闭表单。程序的设计思路是:在程序的最后定义了一个表单类 MyForm 和一个命令按钮类 cmdClose。两个命令按钮采用了不同的方法来实现:"还原计数器"按钮被定义在表单类中,当表单对象被创建时,该命令按钮也会自动创建;"关闭"按钮被单独定义为类,需要在表单对象被创建后,使用 AddObject 方法添加到表单对象中。

```
mf = CREATEOBJECT("MyForm")            && 基于 MyForm 表单类创建表单对象
mf. ADDOBJECT("cmdOK","cmdClose")
mf. cmdOK. Left = 200
mf. cmdOK. Top = 150
mf. cmdOK. Visible = .T.
mf. Show                               && 显示表单
READ EVENTS                            && 创建事件循环


***定义 MyForm 表单类
DEFINE CLASS MyForm AS FORM
    Caption = "表单类定义示例"          && 基类属性
    Height = 185
    Width = 300
    AutoCenter = .T.
    ClickNum = 0                       && 新定义的属性
    PROCEDURE InitClickNum             && 新定义的方法
        ThisForm. ClickNum = 0
    ENDPROC
    PROCEDURE Click
        ThisForm. ClickNum = ThisForm. ClickNum + 1
        = MESSAGEBOX("表单被单击了" - str( ThisForm. ClickNum) + "次!")
    ENDPROC
    ADD OBJECT cmdInit AS CommandButton
```

```
        cmdInit. Caption = "还原计数器"
        cmdInit. Height = 25
        cmdInit. Width = 80
        cmdInit. Left = 200
        cmdInit. Top = 120
        PROCEDURE cmdInit. Click
            ThisForm. InitClickNum              && 调用表单类的方法
        ENDPROC
    ENDDEFINE


    ***定义一个命令按钮类,被添加到上述表单对象 mf 中
    DEFINE CLASS cmdClose AS CommandButton
        Caption = "关闭"
        Height = 25
        Width = 80
        PROCEDURE Click
            CLEAR EVENTS                        && 结束事件循环
        ENDPROC
    ENDDEFINE
```

程序运行后界面如图 7-15 所示。当单击表单时,计数器加 1,并用对话框显示被点击次数。单击"还原计数器"按钮,计数器清 0。单击"关闭"按钮,结束事件循环,表单被释放。

图 7-15   以编程方式创建和使用类的示例

7.5   Visual FoxPro 的基本类

在 VFP 中,除了系统提供的基类(BaseClass)和用户根据需要而创建的子类(SubClass)外,VFP 系统还提供了一些"基本类"(Foundation Class,或称为"基础类"),便于用户提高应用系统的开发效率。以 VFP 6.0 版本为例,系统提供的基本类就达 97 个(表 7-1),它们保

存在"…\Ffc\"文件夹中的.VCX 可视类库文件中。

表 7-1 Visual FoxPro6.0 中的基本类

"关于"对话框(About Dialog)	ActiveX 日历(ActiveX Calendar)
应用程序注册表(Application Registry)	数组处理器(Array Handler)
"取消"按钮(Cancel Button)	时钟(Clock)
冲突捕捉器(Conflict Catcher)	Cookies 类(Cookies Class)
交叉表(Cross Tab)	"数据编辑"按钮(Data Edit Buttons)
"数据定位"按钮(Data Navigation Buttons)	数据工作期管理器(Data Session Manager)
数据有效性(Data Validation)	数据定位对象(Data Navigation Object)
DBF –> HTML	"唯一值"组合框(Distinct Values Combo)
错误处理对象(Error Object)	字段移动钮(Field Mover)
文件版本(File Version)	"筛选"对话框按钮(Filter Dialog Box Button)
"筛选"对话框(Filter Dialog Box)	"筛选表达式"对话框(Filter Expression Dialog Box)
"查找"按钮(Find Button)	"查找"对话框(Find Dialog Box)
查找文件或文本(Find Files/Text)	查找对象(Find Object)
"查找"("查找下一个")按钮(Find(Findnext)Buttons)	"字体"组合框(Font Combobox)
"字体大小"组合框(Font Size Combobox)	"格式"工具栏(Format Toolbar)
FRX –> HTML	获得文件和目录(GetFile and Directory)
"转到"对话框按钮(GoTo Dialog Box Button)	"转到"对话框(GoTo Dialog Box)
根据记录绘制图形(Graph By Record)	图形对象(Graph Object)
"帮助"按钮(Help Button)	"超级链接"按钮(Hyperlink Button)
超级链接图像(Hyperlink Image)	超级链接标签(Hyperlink Label)
数据项定位器(Item Locator)	INI 访问(INI Access)
"关键字"对话框(Keywords Dialog Box)	"启动"按钮(Launch Button)
"定位"按钮(Locate Button)	"查阅"组合框(Lookup Combobox)
邮件合并对象(Mail Merge Object)	消息框处理器(Messagebox Handler)
移动钮(Mover)	鼠标经过效果(MouseOver Effects)
"定位"快捷菜单(Navigation Shortcut Menu)	"定位"工具栏(Navigation Toolbar)
对象状态(Object State)	ODBC 注册表(ODBC Registry)
"脱机"开关(Offline Switch)	"确定"按钮(OK Button)
输出对象(Output Object)	输出控件(Output Control)
"输出"对话框(Output Dialog Box)	"密码"对话框(Password Dialog Box)
数据透视表(Pivot Table)	预览报表(Preview Report)
注册表访问(Registry Access)	调整大小对象(Resize Object)
RTF 控件(RTF Controls)	"运行表单"按钮(Run Form btn)

SCX –> HTML	"发送邮件"按钮(SendMail Buttons)
外壳程序运行(Shell Execute)	快捷菜单类(Shortcut Menu Class)
"简单编辑"按钮(Simple Edit Buttons)	"简单图片定位"按钮(Simple Picture Navigation Buttons)
"简单定位"按钮(Simple Navigation Buttons)	"排序"对话框按钮(Sort Dialog Box Button)
"排序"对话框(Sort Dialog Box)	排序对象(Sort Object)
排序选择钮(Sort Selector)	排序移动钮(Sort Mover)
声音播放器(Sound Player)	启动屏幕(Splash Screen)
SQL Pass Through	跑表(Stop Watch)
字符串库(String Library)	高级移动钮(Super Mover)
"系统"工具栏(System Toolbar)	表移动钮(Table Mover)
文本预览(Text Preview)	进度表(Thermometer)
跟踪了解计时器(Trace Aware Timer)	类型库(Type Library)
URL 组合框(URL Combo)	"打开 URL"对话框(URL Open Dialog Box)
VCR 按钮(VCR Buttons)	VCR 图片定位按钮(VCR Picture Navigation Buttons)
视频播放器(Video Player)	Web 浏览器控件(Web Browser Control)
窗口处理器(Window Handler)	

　　利用"组件管理库"可以快速而简便地了解每个基本类的属性、事件和方法程序,更改对象或类的属性,或从"组件管理库"中直接将选中的基本类拖放到项目或表单中以生成相应的子类或对象。也可以在"类设计器"或"类浏览器"中打开一个基本类,查看或修改其结构和代码。

　　执行菜单命令"工具"→"组件管理库",则可以打开如图 7-16 所示的"组件管理库"窗口。有关"组件管理库"的内容(可参见系统帮助)。

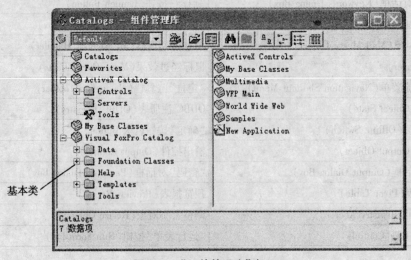

图 7-16　"组件管理库"窗口

有关 VFP 基本类的详细说明请查阅系统帮助或相关资料。下面以基本类"Password

Dialog Box"和"Sound Player"为例说明其使用的基本方法。

基本类 Password Dialog Box 是自定义应用程序的一个简单密码登录对话框,包含在类库文件_dialogs. vcx 中。其类名为_login,基类为 Form,父类为_form(为另一个基本类),主要的属性、事件、方法程序如表 7-2 所述。

表 7-2　基本类 Password Dialog Box

属性、事件、方法程序	说　明
cAlias 属性	指定密码表的别名。默认值:""
cFieldName 属性	指定包含用户名称的字段名。默认值:""
cPassword 属性	指定包含用户密码的字段名。默认值:""
cTable 属性	指定包含用户密码信息的表名。默认值:""

基本类 Sound Player 加载并播放一个声音文件,包含在类库文件_multimedia. vcx 中。其类名为_soundplayer,基类为 Container,父类为_container,主要的属性、事件、方法程序如表 7-3 所述。

表 7-3　基本类 Sound Player

属性、事件、方法程序	说　明
cControlSource 属性	指定和对象绑定的数据源。默认值:""
cFileName 属性	指定待播放的声音文件的名称。默认值:""
cMCIAlias 属性	调用 MCI 命令时,指定视频文件的别名。如果该属性为空,使用其文件名。默认值:""
cMCIErrorString 属性	保存从上一个 MCI 命令获得的错误字符串。默认值:""
lAutoOpen 属性	在创建该类时,指定特定的音频文件是否自动打开。默认值:.T.
lAutoPlay 属性	指定在文件打开后,音频文件是否自动播放。默认值:.T.
lAutoRepeat 属性	指定是否连续播放音频文件。默认值:.T.
nMCIError 属性	指定上一个 MCI 命令的执行结果。默认值:0
CloseSound 方法程序	关闭已经加载的声音文件,并释放占用的资源 语法:CloseSound( ),返回值:无,参数:无
OpenSound 方法程序	打开声音文件。语法:OpenSound( ),返回值:无,参数:无
PauseSound 方法程序	暂停声音文件的播放。语法:PauseSound( ),返回值:无,参数:无
PlaySound 方法程序	播放加载的声音文件。语法:PlaySound( ),返回值:无,参数:无
SetPosition 方法程序	允许用户设置媒体文件的位置。语法:SetPosition (cPosition),返回值:无,参数:cPosition 指定媒体文件中的"开始"、"结束"或媒体文件中以毫秒为单位的时间点
DoMCI 方法程序	类的内部方法程序
GetMCIError 方法程序	类的内部方法程序
ShowMCIError 方法程序	类的内部方法程序

例如,利用"Password Dialog Box"基本类创建一个"密码"对话框,并利用"Sound Player"基本类创建一个声音播放器(为对话框配置背景声音),可按如下操作进行:

● 在如图 7-16 所示的"组件管理库"窗口的左窗格中展开"Foundation Classes"后选择"Dialogs"。

● 在"组件管理库"窗口的右窗格中选择基本类"Password Dialog",然后用鼠标将其拖放到项目管理器窗口。

● 在出现的如图 7-17 所示的"向项目添加类"对话框中,选择"从选定的类创建新表单"选项后单击"确定"命令按钮。

● 在出现的"另存为"对话框中保存表单(需要输入表单文件名)。此后系统将打开"表单设计器",让用户修改"Password Dialog Box"基本类创建的表单(对话框),如图 7-18 所示。

● 在"组件管理库"窗口的左窗格中选择"Multimedia"。

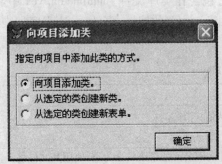

图 7-17 "向项目添加类"对话框

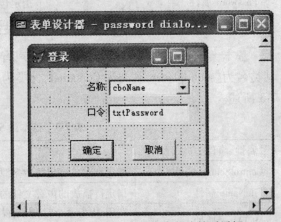

图 7-18 基于 VFP 基本类创建的对话框

● 在"组件管理库"窗口的右窗格中选择基本类"Sound Player",然后用鼠标将其拖放到"表单设计器"窗口中的表单上,这时在表单上就会出现一个相应的对象,该对象在运行时是不可见的(与计时器控件类似)。

● 在出现的如图 7-19 所示的"_soundplayer 生成器"窗口中,单击"…"按钮后利用出现的"打开"对话框选择一个声音文件。

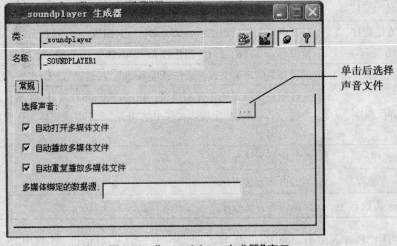

图 7-19 "_soundplayer 生成器"窗口

　　保存表单后运行表单,则可测试其功能。根据表 7-2 和表 7-3 所述的这两个基本类的属性、事件和方法程序,可以进一步地对其进行设计。以上的操作也可以以编程的方式实现,其代码如下:

```
CLEAR
cPath = HOME( ) + 'FFC\'
SET PATH TO &cPath
SET CLASSLIB TO _dialogs. vcx ADDITIVE
SET CLASSLIB TO _multimedia. vcx ADDITIVE

frmMyForm = CREATEOBJECT("mylogin")
frmMyForm. AddObject("splayer1","_soundplayer")
frmMyForm. splayer1. cFileName = 'c:\abcd. wav'    && 指定声音文件

frmMyForm. SHOW
READ EVENT                                && 启动事件循环

DEFINE CLASS mylogin AS_login             && 基于基本类_login 创建子类
    PROCEDURE Destroy
        CLEAR EVENTS                      && 结束事件循环
    ENDPROC
ENDDEFINE
```

习 题

一、选择题

1. 以下关于类的使用的说法正确的是_____。

   A. 总是可以直接基于基类建立程序,因此创建新类是多余的

   B. 在 VFP 中不仅可以从基类派生子类,还可以创建新的基类

   C. 如果基类不具有某功能,而这一功能又经常使用,这时应创建新类

   D. VFP 建立程序时,总是先创建子类,再创建对象

2. 在 VFP 中创建新类时,不能创建的是_____。

   A. 属性　　　　　　B.方法　　　　　　C. 事件　　　　　　D. 事件代码

3. 在 VFP 中创建新类时,_____。

   A.只能基于基类　　　　　　　　B. 可以基于任何 VFP 基类和子类

   C.只能基于子类　　　　　　　　D. 不能基于不可视类

4. 对于创建新类,VFP 提供的工具有_____。

   A. 类设计器和表单设计器　　　　B. 类设计器和数据库设计器

   C. 类设计器和表设计器　　　　　D. 类设计器和查询设计器

5. 在创建一个 CommandGroup 子类时,_____。

   A. 只能添加命令按钮基类控件到组中

   B. 只能添加命令按钮子类控件到组中

   C. 可以添加命令按钮基类或子类控件到组中

   D. 只能通过修改 CommandGroup 的 ButtonCount 属性来添加命令按钮

6. 某用户创建了一个命令按钮子类,并设置了 Click 事件代码,把该类添加到一表单中,则在表单设计器中该按钮的 Click 事件代码窗口中_____。

   A. 可以看到按钮的 Click 事件代码,但不准修改

   B. 可以看到按钮的 Click 事件代码,并且可以修改

   C. 看不到按钮的 Click 事件代码,当表单运行并发生相应事件时,代码不被执行

   D. 看不到按钮的 Click 事件代码,但事件代码可以被执行,也可被屏蔽

7. 下列关于子类的存储的说法中正确的是_____。

   A. 一个子类必须保存为一个类库

   B. 多个子类可以保存到一个类库中

   C. 具有父子关系的两个子类不能保存在同一个类库中

   D. 具有相同基类的子类才能保存到一个类库中

8. 要更改一个类库中某个子类的类名,_____。

   A. 只可在类设计器中修改 Name 属性

   B. 只可在表单设计器中修改 Name 属性

   C. 可以在项目管理器中或类浏览器中进行更改

   D. 可以在类设计器中或类浏览器中进行更改

9. 在设计器中创建新类时,所谓事件或方法程序的"默认过程",是指_____的代码。

    A. 基类   B. 父类   C. 子类   D. 本身

10. 在某子类的 Click 事件代码中,要调用父类的 Init 事件代码时,可以用_____。

    A. NODEFAULT 命令   B. DODEFAULT( ) 函数

    C. :: 操作符   D. This. ParentClass. Init( )

二、填空题

1. 在 VFP 中,创建的新类被保存在_____文件中,其扩展名为_____。

2. 在为类新建属性时,属性具有_____、_____和_____三种可视性设置。

3. 如果为新建的可视类新建了一个属性 pv,则该属性的默认值是_____,现将该类的 Value 属性值设置为 0,完成类设计后,再将该类添加到一个表单中,则相应控件的 pv 属性的默认值是_____。

4. 在 VFP 中创建新类时,如果新类是容器型的,还可以对新类添加_____,否则不能。

5. 若新建了一个命令按钮类 Cmd,基于 Cmd 类又派生了 cmdClose 子类,将 cmdClose 类添加到一个表单中生成命令按钮控件 cmdCloseA,则 cmdCloseA 的 Class 属性值为_____,BaseClass 属性值为_____,ParentClass 属性值为_____。

6. 若将一个基于子类的对象添加到表单中,并且将该对象 BackColor 属性从白色改变为黄色,则若再用"类设计器"将类的 BackColor 属性改变为蓝色,用户表单上的对象的 BackColor 属性值为_____。

第 8 章

······················· ➤

报表的创建与使用

可以使用报表(Report)来显示和打印数据。报表有两个要素:报表的数据源与报表的布局。报表的数据源定义了报表中数据的来源,通常是表、视图、查询、临时表等;报表的布局定义了报表的打印格式。

通常按以下四个步骤进行报表的设计:

● 决定报表类型。

● 创建报表布局文件。

● 修改和定制布局文件。

● 预览和打印报表。

报表的定义存储在扩展名为 FRX 的报表文件中,且每个报表文件还有一个相关的扩展名为 FRT 的报表备注文件。

8.1 报 表 类 型

报表类型主要是指报表的布局类型。报表布局的常规类型有列报表、行报表、一对多报表、多栏报表等,报表的布局如图 8-1 所示。

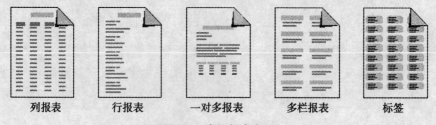

| 列报表 | 行报表 | 一对多报表 | 多栏报表 | 标签 |

图 8-1 常规报表布局

● 列报表:每行一条记录,每条记录的字段在页面上按水平方向放置,类似于表的浏览窗口。

● 行报表:每个字段一行,一条记录占多行,每条记录的字段名在一侧竖直放置,类似于表的编辑窗口。

● 一对多报表:用于打印具有一对多关系的两个表/视图中的数据,每打印一条主表记录,就接着打印多条子表记录,类似于一对多表单显示数据。布局类似于利用一对多表单向导所创建的表单。

● 多列报表：也称为多栏报表（类似于 Microsoft Word 中的分栏），每行可打印多条记录的数据。

● 标签：从项目管理器上看，虽然标签与报表分别列出（或认为是并列），但无论是从内容上还是从设计过程看，标签实质上是一种多列布局的特殊报表，具有为匹配特定标签纸（如邮件标签纸或名片等）的特殊设置。

8.2　创 建 报 表

在定义了表、视图或查询后，便可以创建报表。Visual FoxPro 提供了三种可视化方法来创建报表：

● 使用"向导"创建报表；

● 使用"快速报表"创建报表；

● 使用"报表设计器"创建（或修改）报表。

8.2.1　利用向导创建报表

与表单向导类似，用于创建报表的向导也分为报表向导（Report Wizard）和一对多报表向导（One-To-Many Report Wizard），且其操作方法和过程也与之类似。

1. 报表向导

无论采用菜单还是通过项目管理器，在新建报表时将打开"新建报表"对话框。这时选择"报表向导"，将打开"向导选取"对话框。选择"报表向导"可创建基于单个表或视图的报表。该向导创建报表的过程分为以下 6 个步骤：

① 字段选取：首先选取报表的数据源（表或视图），然后选择字段。

② 分组记录：可以使用数据分组来分类并排序字段（操作界面如图 8-2 所示）。在某个"分组类型"框中选择了一个字段之后，可以选取"分组选项"和"总结选项"来进一步完善分组设置。其功能类似于 Microsoft Excel 中的分类汇总。如果不需要对记录进行分组或汇总，则可跳过此步骤。

③ 选择报表样式：报表样式有经营式、账务式、简报式、带区式和随意式等。

④ 定义报表布局：通过对列数、字段布局、方向的设置定义报表的布局。"列数"定义报表的分栏数，"字段布局"定义报表为列报表或行报表，"方向"定义报表在打印纸上的打印方向为横向或纵向。

⑤ 排序记录：选定的字段（最多为 3 个）用于控制表或视图的记录在报表上出现的顺序。如果用于排序的字段未预先创建索引，则系统自动地创建相应的索引。

⑥ 完成：此步骤可以设置报表的标题及结束向导的方式，单击"预览"按钮，可以在离开向导前显示报表，通过"打印预览"工具栏可以查看报表的各页，以及要求打印机打印或退出预览状态。

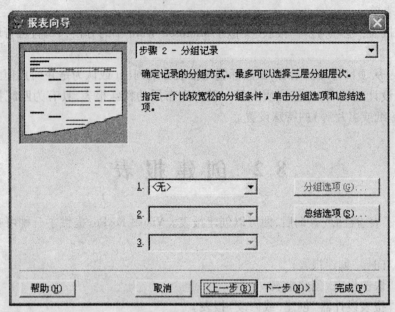

图 8-2　报表向导之分组记录

图 8-3 是一个用报表向导创建报表的示例(基于 yxzy 表选取 3 个字段,其他均为向导中的默认设置)。

yxzy
2007/06/05

代码	院系名称	专业名称
020203	商学院电子商务系	电子商务
120201	商学院工商管理系	工商管理
020102	商学院国际经济贸易系	国际经济与贸易
020201	商学院会计学系	会计学
020204	商学院会计学系	财务管理
020104	商学院金融学系	金融学
020202	商学院市场营销系	市场营销
070101	数字系	数学与应用

图 8-3　报表向导创建的报表示例

2. 一对多报表向导

"一对多报表向导"创建的报表,包含了一组父表的记录及其相关的子表记录。在使用该向导创建报表时,除了从父表选取字段、从子表选取字段以及设置关联(如果父表与子表之间已建立永久性关系,则该关系为默认关联)等步骤外,其他操作步骤与方法与"报表向导"类似。

8.2.2 利用快速报表功能创建报表

可以利用快速报表(Quick Report)快速地创建一个基于单个表的简单报表。其操作方法是：

① 在"项目管理器"中选择"报表"后单击"新建"命令按钮。

② 在"新建报表"对话框中单击"新建报表"按钮打开"报表设计器"。

③ 执行菜单命令"报表"→"快速报表"。若当前工作区中无打开的表，则通过出现的"打开"对话框选择表。

④ 在"快速报表"对话框(图8-4)中完成字段布局的设置。需要说明的是：默认情况下，表中除通用(General)型字段外的所有字段都被包含。

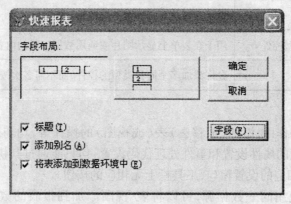

图8-4 "快速报表"对话框

8.2.3 利用报表设计器创建报表

利用"报表设计器"可创建新报表和修改已定义的报表。新建报表时，报表设计器的打开方式见前面"快速报表"中的操作；在"项目管理器"窗口中选择一个报表，然后单击"修改"命令按钮即可打开"报表设计器"修改该报表。

1. 报表设计器

"报表设计器"窗口活动时，可以利用"报表"菜单、"报表设计器"工具栏和"报表控件"等工具栏进行报表的设计或修改。"报表设计器"工具栏所包含的按钮及其说明见表8-1，"报表控件"工具栏所包含的按钮及其说明见表8-2。

表8-1 "报表设计器"工具栏的按钮说明

按　钮	说　　明
数据分组	显示"数据分组"对话框，从中可以创建数据组并指定其属性
"报表控件"工具栏	显示或隐藏"报表控件"工具栏
"调色板"工具栏	显示或隐藏"调色板"工具栏
"布局"工具栏	显示或隐藏"布局"工具栏

表 8-2 "报表控件"工具栏的按钮说明

按　钮	说　明
▶ 选定对象	移动或更改控件的大小。在创建了一个控件后,会自动选定"选定对象"按钮,除非按下了"按钮锁定"按钮
A 标签	创建一个标签控件,用于保存不希望用户改动的文本,如复选框上面或图形下面的标题
abl 字段(域控件)	创建一个字段控件,用于显示表字段、内存变量或其他表达式的内容
╋ 线条	设计时用于在表单上画各种线条样式
☐ 矩形	用于在表单上画矩形
◯ 圆角矩形	用于在表单上画椭圆和圆角矩形
🖾 图片/ OLE 绑定型控件	用于在表单上显示图片或通用数据字段的内容
🔒 按钮锁定	允许添加多个同种类型的控件,而不需多次按此控件的按钮

2. 数据环境

报表数据环境的作用、添加(或移去)表(或视图)的操作等,均与表单数据环境相同。不同点在于数据环境的属性设置和事件处理代码设置,均只能通过其快捷菜单中的"属性"和"代码"命令打开相应的设置窗口,工具栏上无相应的按钮。

如果报表总是使用同一数据源,可以将表/视图添加到报表的数据环境中,或将 DO QUERY 命令或 SELECT-SQL 命令添加到报表数据环境的 Init 事件代码中。在使用"报表向导"或"快速报表"功能创建报表时,选择表(或视图)的过程即为设置报表数据环境的过程。

如果报表在不同时刻运行时可能使用不同的数据源,可以将 USE 命令、USE VIEW 命令、DO QUERY 命令或 SELECT-SQL 命令添加到位于报表打印前的代码中,即在运行报表前打开所需数据源。

报表是按数据源中记录出现的顺序处理数据的。如果报表中的数据需要排序或分组,应在数据源中进行相应的设置。例如,在数据环境中设置表的 Order 属性。

3. 标尺

"报表设计器"中设有标尺,可以在带区中精确地定位对象的垂直和水平位置(鼠标在报表设计器中移动时标尺上有相应的指示)。标尺刻度可通过"设置网格刻度"对话框(通过系统菜单命令"格式"→"设置网络刻度"打开)来设置,其默认单位为"英寸"或"厘米"(取决于操作系统的设置)。

"显示"菜单的"显示位置"命令用于控制状态栏中是否指示当前鼠标所处的位置。把标尺和系统菜单命令"显示"→"显示位置"一起使用,可以帮助定位对象。

4. 报表带区

报表带区(Report Band)是指报表中的一块区域,可以包含文本、来自表字段中的数据、计算值、用户自定义函数以及图片、线条等报表控件。

报表上可以有多种不同类型的带区,带区的类型决定了报表上的数据将被打印在什么位置以及什么时候被打印。从"报表设计器"中看,每一带区的底部有一个分隔栏指示其带区名称。在默认情况下"报表设计器"显示三个带区："页标头"、"细节"和"页注脚",如图 8-5 所示。

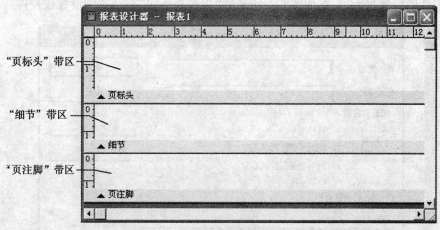

"页标头"带区 ——

"细节"带区 ——

"页注脚"带区 ——

图 8-5 "报表设计器"窗口

根据需要设计的报表类型,可以给报表添加"列标头"→"列注脚"带区、"组标头"→"组注脚"带区、"标题"→"总结"带区等。在打印(或预览)报表时,不同的报表带区其作用是不同的,主要表现在对数据的处理方式和打印次数。各报表带区的相关说明见表 8-3。

表 8-3 报表的带区说明

带 区	打印次数	使 用 方 法
标题	每报表一次	从"报表"菜单中选择"标题/总结"带区
页标头(默认)	每页面一次	默认可用
列标头	每列一次	从"文件"菜单中选择"页面设置",设置"列数">1
组标头	每组一次	从"报表"菜单中选择"数据分组"
细节(默认)	每记录一次	默认可用
组注脚	每组一次	从"报表"菜单中选择"数据分组"
列注脚	每列一次	从"文件"菜单中选择"页面设置",设置"列数">1
页注脚(默认)	每页面一次	默认可用
总结	每报表一次	从"报表"菜单中选择"标题/总结"带区

5. 报表控件

利用"报表控件"工具栏可以向报表中添加各种类型的报表控件,用以创建报表或修改报表。但其操作方法与向表单中添加控件的方法有所不同。

向报表中添加标签控件时,其操作方法为:在"报表控件"工具栏上单击"标签"控件按钮,在需要插入标签的位置(报表的某带区中)单击,输入标签内容,在其他区域单击以结束该控件的标签输入。

利用数据环境或"报表控件"工具栏可以向报表中添加字段控件(也称为域控件)。当需要添加的字段控件的数据源为表或视图的字段时,可以从数据环境中直接将相应字段拖放到报表中。利用"报表控件"工具栏向报表中添加字段控件的操作方法为：在"报表控件"工具栏上单击"字段"控件按钮，在需要插入控件的位置（报表的某带区中）通过拖放操作定义控件的位置与大小，在如图8-6所示的"报表表达式"对话框中设置该控件。

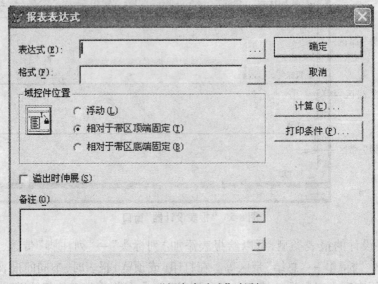

图8-6 "报表表达式"对话框

"报表表达式"对话框用于定义报表中字段控件的内容，对话框中各选项的说明如下：

● 表达式——显示当前选定的表达式或者输入一个新的表达式。表达式中可以包含表字段、变量或函数等。例如，表达式为 DATE( )，则可在报表中插入当前日期；表达式为系统变量_PAGENO，则可用于在"页标头"或"页注脚"带区中插入页码等。

● 格式——在"表达式"框中显示了一个有效的表达式之后，可在此文本框中指定表达式的值在报表中的格式。可以单击其后的"…"按钮，以利用"格式"对话框进行格式设置。

● 计算——显示"计算字段"对话框，以便选择一个表达式来创建一个计算字段。

● 打印条件——显示"打印条件"对话框，以便精确设置何时在报表中打印文本。

● 域控件位置——"浮动"用于指定选定字段相对于周围字段的大小移动；"相对于带区顶端固定"使字段在报表中保持指定的位置，并维持其相对于带区顶端的位置；"相对于带区底端固定"使字段在报表中保持指定的位置，并维持其相对于带区底端的位置。

● 溢出时伸展——使字段伸展到报表页面的底部，显示字段或表达式中的所有数据。

● 备注——向.FRX 或.LBX 文件中添加注释。注释仅用于参考，并不出现在打印的报表或标签中。

单击"报表表达式"对话框中的"计算"按钮或"打印条件"按钮，可以分别打开如图8-7所示的"计算字段"对话框或"打印条件"对话框。

"计算字段"对话框允许选择一个数值操作符以创建一个计算结果字段。"重置"指定在该位置（如"报表尾"、"页尾"等）把表达式重置为初始值。默认值是"报表尾"。如果使用"数据分组"对话框在报表中创建组，"重置"框为报表中的每一组显示一个重置项。"计算"指定在报表表达式中执行的计算方式，其中：

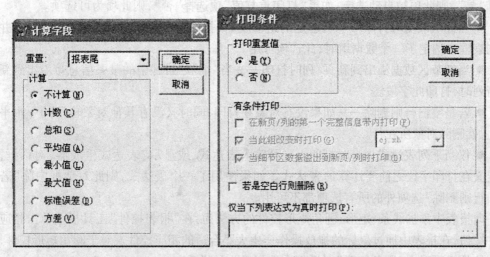

图 8-7 "计算字段"对话框与"打印条件"对话框

● 不计算——指定不计算此表达式(默认设置)。

● 计数——计算每组、每页、每列或每个报表(取决于在"重置"框中的选择)中打印变量的次数。此计算操作基于变量出现的次数,而不是变量的值。

● 总和——计算变量值的总和。求和操作在运行时对每组、每页、每列或每个报表(取决于在"重置"框中的选择)进行变量值的求和计算。

● 平均值——在组、页、列或报表(取决于在"重置"框中的选择)中计算变量的算术平均值。

● 最小/大值——在组、页、列或报表(取决于在"重置"框中的选择)中显示变量的最小/大值。将组中第一个记录的值放入变量,当更小/最大的值出现时,此变量的值随之更改。

● 标准误差——返回组、页、列或报表(取决于在"重置"框中的选择)中变量的方差的平方根。

● 方差——衡量组、页、列或报表(取决于在"重置"框中的选择)中各个字段值与平均值的偏离程度。

利用"打印条件"对话框可以设置表达式,根据表达式的值对一个对象进行条件打印,以及控制如何打印各信息带中的对象。字段对象的"打印条件"对话框与其他对象(如矩形、线条)的对话框稍有不同。对于字段对象,此对话框控制各个信息带中的重复值是否打印。该对话框中各选项说明如下:

● 每个信息带打印一次——此选项仅用于非字段对象(如 OLE 对象、标签、线条、矩形和圆角矩形等控件)。"是"表示开始打印包含此对象的信息带时打印此对象,"否"表示只有选中以下选项中的一个或全部时才打印对象:"在新页/列的第一个完整信息带内打印"和"当细节区数据溢出到新页/列时打印"。

● 打印重复值——此选项仅用于"字段"对象。"是"表示打印重复值,"否"表示不打印重复值。

● 有条件打印——在新页/列的第一个完整信息带内打印。在新页或新列的第一个完整信息带内而不是在前一页或前一列溢出的信息带内打印此字段。如果"打印重复值"项选择"是",则此项被自动选定;如果"打印重复值"项选择"否",则此项为可选项。

● 当此组改变时打印——当选定的组改变时,打印此字段。只有当数据组存在,并且从列表框中选定了一个数据组时,此选项可用。

● 当细节区数据溢出到新页/列时打印——当"细节"带区中的某一信息带溢出到新页或新列时,打印此字段。

● 若是空白行则删除——如果没有对象在打印,同时又没有其他对象位于同一水平位置上,就删除对象所在行。

● 仅当下列表达式为真时打印——可输入表达式,或显示"表达式生成器"对话框,从而定义在打印字段之前要计算的表达式。如果使用了一个表达式,则此对话框中除"若是空白行则删除"选项外的所有选项都不可用。

向报表中添加线条、矩形、圆角矩形控件的方法为:在"报表控件"工具栏上单击相应的控件按钮,在报表中通过鼠标的拖放操作产生大小合适的相应控件。对于圆角矩形控件,双击该控件后可以在"圆角矩形"对话框中选择操作的样式。

6. 标题/总结与数据分组

执行系统菜单"报表"中的"标题→总结"命令或"数据分组"命令,可以分别打开如图 8-8 所示的"标题/总结"对话框和"数据分组"对话框。在对话框中设置后,将在报表中显示相应的带区。

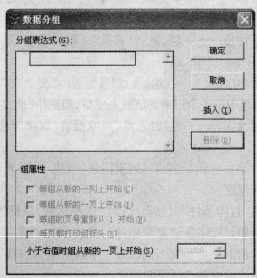

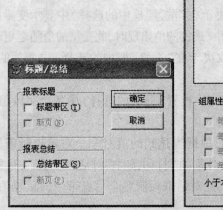

图 8-8 "标题/总结"对话框与"数据分组"对话框

"标题带区"包含有报表开始打印一次的信息,"总结带区"包含有报表结束时打印一次的信息。数据分组是指创建分组报表,对报表中细节区的数据进行分组并在报表中创建组标头带区与组注脚带区。在数据分组时,数据源应根据分组表达式创建了索引且在报表的数据环境中进行了设置(设置 Order 属性)。

8.2.4 定义报表变量

当生成报表输出时,可以使用报表变量来储存要操作、计算或显示在报表中的值。在报表设计中,可以在报表或标签布局中为储存、操作和显示数值而定义变量。报表变量在范围上是公共(PUBLIC)的,并在报表运行完之后仍保持可用,除非明确地指定应该释放它们。

若要定义报表变量,可在打开或创建报表时(这些报表设计器已被打开),先执行系统菜单命令"报表"→"变量",然后在出现的"报表变量"对话框(图8-9)中设置。

该对话框各部分的功能说明如下:

● 变量:显示当前报表中的变量,并为新变量提供输入位置。

● 要存储的值:显示存储在当前变量中的表达式,也可以在文本框中输入表达式。在报表运行期间的任何给定时间上,变量都将包含该表达式的计算结果。

● 初始值:在进行任何计算之前,显示选定变量的值以及此变量的重置值。可以直接在文本框中输入一个值,或为初始值创建表达式。在报表运行之初,该表达式的计算结果将被指派到该变量。

● 重置:指定变量重置为初始值的位置。"报表尾"是其默认值,也可选择"页尾"或"列尾"。如果使用"数据分组"命令在报表中创建组,"重置"框将为报表中的每一组显示一个重置项。

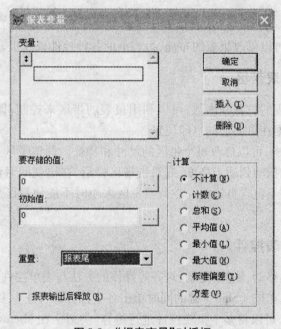

图 8-9　"报表变量"对话框

● 不计算:指定不计算此变量。"计算"用来指定变量执行的计算操作(从其初始值开始计算,直到变量被再次重置为初始值为止)。

● 计数:计算每组、每页、每列或每个报表(取决于在"重置"框中的选择)中打印变量的次数。此计算操作基于变量出现的次数,而不是变量的值。

● 总和:计算变量值的总和。求和操作在运行时对每组、每页、每列或每个报表(取决于在"重置"框中的选择)进行变量值的求和计算。

● 平均值:在组、页、列或报表(取决于在"重置"框中的选择)中计算变量的算术平均值。

● 最小值：在组、页、列或报表（取决于在"重置"框中的选择）中显示变量的最小值。将组中第一个记录的值放入变量，当更小的值出现时，此变量的值随之改变。

● 最大值：在组、页、列或报表（取决于在"重置"框中的选择）中显示变量的最大值。将组中第一个记录的值放入变量，当更大的值出现时，此变量的值随之改变。

● 标准偏差：返回组、页、列或报表（取决于在"重置"框中的选择）中变量方差的平方根。

● 方差：衡量组、页、列或报表（取决于在"重置"框中的选择）中各个字段值与平均值的偏离程度。

如果定义了多个报表变量，系统将根据它们出现的先后顺序来计算，并且影响引用了这些报表变量的表达式的值。在"报表变量"对话框中，也可以重新设置各变量的顺序（当有多个变量时），并设置其初始值。

8.3　修 改 报 表

利用报表设计器可以修改报表的布局、报表上的各种控件以及报表带区等。

8.3.1　修改报表带区

数据在报表上出现的位置和次数，可以利用报表的带区来控制，即使用"报表设计器"内的带区可以控制数据在页面上的打印位置。

在"报表设计器"中，可以修改每个带区的尺寸和特征。调整带区大小的方法是以左侧标尺为标杆，将带区栏拖动到适当高度，或双击带区栏后，在出现的对话框中进行设计。标尺量度仅指带区高度，不包含页边距。在调整带区大小时不能使带区高度小于布局中控件的高度。

8.3.2　定制报表控件

报表控件的选择、移动、删除、复制、对齐等操作的方法与表单控件相似。在控件周围通过拖动画出选择框，或在按 <Shift> 键的同时单击各个控件即可选中多个控件。

通过"分组"操作，可以将多个报表控件进行组合（类似于在 Microsoft Word 等软件中将几个图形组合起来），便于将这些报表控件作为一个整体进行处理（移动、复制等）。将控件分组在一起的步骤为：首先选择想作为一组处理的多个报表控件，然后执行系统菜单命令"格式"→"分组"。若要对一控件组取消组定义（即取消控件组合），可执行系统菜单命令"格式"→"取消组"。

移动控件的步骤为：将选中的控件拖动到"报表"窗口中新的位置上。控件在布局内移动位置的增量并不是连续的，它取决于网格的设置。若要忽略网格的作用，拖动控件时应按住 <Ctrl> 键或利用键盘上的光标移动键。需要注意的是：可以将一个报表控件从一个带区移动到另一个带区，这时该控件在报表上的打印位置和次数可能发生变化（由所处带区决定）。

在选取了一个或多个报表控件时,可以利用"格式"菜单中的命令对报表控件进行字体等属性的设置。例如,在报表中选取了某线条控件,可以利用"格式"菜单中的"绘图笔"命令设置线条的线型。

8.3.3　定义报表的页面

页面设置定义了报表页面和报表带区的总体形状。在"报表设计器"打开的情况下,可以执行系统菜单命令"文件"→"页面设置",以打开报表的"页面设置"对话框(图 8-10)。在"页面设置"对话框中,可以设置报表的列数(即分栏),以及指定打印机、设置纸张的大小和方向等。

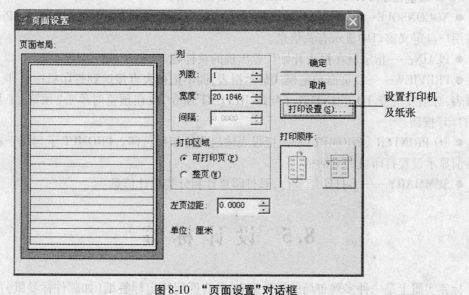

图 8-10　"页面设置"对话框

8.4　报表的预览与打印

通过预览报表,不用打印就能看到它的页面外观。若要预览布局,可以从"查看"菜单中或"常用"工具栏中选择"预览"。在预览时,利用"预览"工具栏可以切换页面、缩放报表图像或返回到设计状态(关闭预览)。

打印报表的方法很多,在报表设计器环境下利用"报表"菜单中的"运行报表"命令,或在"文件"菜单中选择"打印"项,在"类型"框中选定"报表"项,在"文件"框中输入报表名,系统将打开"打印"对话框。单击"选项"按钮,打开"打印选项"对话框,利用"打印选项"对话框中的"选项"按钮,可以打开"报表与标签打印选项"对话框。通过在这三个对话框中的设置可以选择报表或报表中打印的记录。

此外,利用 REPORT 命令可预览或打印报表。该命令基本语法如下:

REPORT FORM *FileName*1［Scope］［FOR *lExpression*］
［HEADING *cHeadingText*］［NOCONSOLE］［PLAIN］［PREVIEW］

[TO PRINTER [PROMPT]] [SUMMARY]

其中,参数:

● FORM *FileName*1——指定报表定义文件的名称。

● Scope——指定要包含在报表中的记录范围。只有在指定范围内的记录才包括在报表中。范围子句有:ALL、NEXT nRecords、RECORD nRecordNumber 和 REST。

● FOR *lExpression*——只有使表达式 *lExpression* 的计算值为“真”(.T.)的记录,才打印其中的数据。利用 FOR 子句可以筛选出不想打印的记录。

● HEADING *cHeadingText*——指定放在报表每页上的附加标题文本。如果既包括 HEADING 又包括了 PLAIN,应把 PLAIN 子句放在前面。

● NOCONSOLE——当打印报表或将报表传输到一个文件时,不在 Visual FoxPro 主窗口或用户自定义窗口中显示有关信息。

● PLAIN——指定只在报表开始位置出现的页标题。

● PREVIEW——以页面预览模式显示报表,而不把报表直接送到打印机中打印。要打印报表,必须发出带 TO PRINTER 子句的 REPORT 命令,或在预览时单击“预览”工具栏上的“打印”按钮。

● TO PRINTER [PROMPT]——把报表输送到打印机打印。PROMPT 子句用于在打印开始前显示设置打印机的对话框。

● SUMMARY——不打印细节行,只打印总计和分类总计信息。

8.5　设　计　标　签

标签实质上是一种多列布局的特殊报表,具有匹配特定标签纸(如邮件标签纸)的特殊设置。在设计标签时,可以利用标签向导、标签设计器等设计工具。标签的定义存储在扩展名为 LBX 的标签文件中,相关的标签备注文件的扩展名为 LBT。

8.5.1　标签类型

Visual FoxPro 系统提供了数十种标准标签类型,它们又分“英制”尺寸的标签和“公制”尺寸的标签。不同类型的标签,其标签的高度、宽度、列数有所不同。此外,使用 \VFP\TOOLS 目录下的 AddLabel 应用程序可以创建任意标签。

8.5.2　标签向导

使用标签向导可以从一个表创建标签。其操作步骤为:

① 表选取:选取一个表或视图。

② 选择标签类型:从列出的标准标签类型中选择所需标签的类型。

③ 定义布局:按照在标签中出现的顺序添加字段。可以使用空格、标点符号、新行按钮格式化标签,使用“文本”框输入文本。当向标签中添加各项时,向导窗口中的图片会更新来近似地显示标签的外观。如果文本行过多,则文本行会超出标签的底边。

④ 排序记录:按照记录排序的顺序选择字段或索引标识。

⑤ 完成：完成之前可以选择"预览"以确认所作的选择。向导保存标签之后，可以像其他标签一样，在"标签设计器"中打开并修改它。

8.5.3 标签设计器

使用"标签设计器"创建并修改标签。启动"标签设计器"创建新的标签时，系统首先打开"新标签"对话框，供用户选择标签类型。

在"标签设计器"窗口活动时，Visual FoxPro 显示"报表"菜单和"报表控件"工具栏，即"标签设计器"和"报表设计器"一样，使用相同的菜单和工具栏，不同点主要是"标签设计器"基于所选标签的大小（类型）自动定义页面和列。

若要快速创建一个简单的标签布局，只要在"报表"菜单中选择"快速报表"命令。"快速报表"提示输入创建标签所需的字段和布局。

标签修改和运行等操作与报表类似。

习　题

一、选择题

1. 下列有关 VFP 报表的叙述中错误的是＿＿＿＿＿＿＿。
   A. 报表文件的扩展名为 FRX,报表备注文件的扩展名为 FRT
   B. 列报表的布局是每个字段在报表上占一行,一条记录一般分多行打印
   C. 标题带区的内容仅在整个报表的开始打印一次,并不是在每页上都打印
   D. 报表的数据环境中可以不包含任何表和视图

2. 在 Visual FoxPro 的报表文件(.FRX)中保存的是＿＿＿＿＿＿＿。
   A. 打印报表的预览格式　　　　　　B. 打印报表本身
   C. 报表的格式和数据　　　　　　　D. 报表设计格式的定义

3. 在开发一个应用程序时,报表设计所占的工作量通常比较大。下列有关报表的叙述中错误的是＿＿＿＿＿＿＿。
   A. 所有利用报表设计器创建的报表都必须向数据环境中添加表或视图
   B. 在"报表设计器"窗口中,最多可以有9种不同的报表带区
   C. 在报表中可以插入图片文件
   D. 在打印报表时,可以不打印细节行,只打印总计和分类总计信息

4. 在 Visual FoxPro 系统中,报表上可以有不同的带区,用户利用不同的报表带区控制数据在报表页面上的打印位置。以下各项是报表的部分带区名,其中＿＿＿＿＿＿＿只在报表的每一页上打印一次。
   A. 总结　　　　B. 页标头　　　　C. 标题　　　　D. 细节

5. 在 Visual FoxPro 系统中,预览或打印报表的命令是＿＿＿＿＿＿＿。
   A. PRINT REPORT　　　　　　　　B. REPORT FORM
   C. DO REPORT　　　　　　　　　 D. PRINT FORM

二、填空题

1. 若要在报表的每一页打印页码,可以在设计报表时,在"页标头"或"页注脚"带区中加入含系统变量＿＿＿＿＿＿＿的域控件。

2. 报表是最常用的打印文档,设计报表主要是定义报表的数据源和报表的布局。Visual FoxPro 系统中,报表布局的常规类型有:列报表、行报表、多栏报表以及＿＿＿＿＿＿＿。

3. Visual FoxPro 系统中,报表布局的常规类型有多种,其中多栏报表指报表中＿＿＿＿＿＿＿可以打印多条记录的数据。

4. 在 Visual FoxPro 报表设计器中,报表被划分为多个带区。其中,打印每条记录的带区称为＿＿＿＿＿＿＿带区。

5. 在默认情况下,"报表设计器"中显示三个带区,即"页标头"、"＿＿＿＿＿＿＿"和"页注脚"。

6. 利用"报表设计器"设计报表时,若要修改报表的"列数",则应利用菜单命令打开

"＿＿＿＿＿＿＿"对话框,并在该对话框中进行设置。

7. 在"报表设计器"中调整带区大小时,以左侧标尺为标杆将带区栏拖动到适当高度,或＿＿＿＿＿＿＿带区栏后,在出现的对话框中进行设计。

8. 在使用 REPORT 命令打印报表时,若要以页面预览模式显示报表,而不把报表直接送到打印机中打印,则使用该命令时应使用关键字(子句)＿＿＿＿＿＿＿。

9. 在使用 REPORT 命令打印报表时,若要在打印之前显示设置打印机的对话框,则使用该命令时应使用关键字(子句)＿＿＿＿＿＿＿。

10. 标签的定义存储在扩展名为＿＿＿＿＿＿＿的标签文件中,相关的标签备注文件的扩展名为 LBT。

第 **9** 章

$\cdots\cdots\cdots\cdots\cdots\cdots\cdots\cdots\cdots\cdots\cdots\cdots\cdots\cdots\cdots\cdots\cdots\cdots\cdots\rightarrow$

菜单和工具栏

菜单是一个应用系统的功能列表,它将整个系统的主要功能分类列于应用程序窗口顶部的菜单栏中,每个菜单项或列出直接完成的功能,或列出包含的若干下级子菜单项。菜单是用户界面的一个重要组成部分,用户使用应用系统,首先接触的就是菜单,所以菜单是用户评价应用系统是否方便、简捷、有效的一个重要方面。

除了系统菜单,在表单中还可以针对某个特定对象定义快捷菜单,以实现针对当前对象的操作。工具栏与菜单具有类似的作用,工具栏是由直观形象的图标按钮或其他对象组成的条状工具列表,可泊留在应用程序窗口的上部、窗口的任意四边或浮动于应用程序窗口中,也可关闭工具栏以节省窗口空间,使用非常灵活。可以把菜单中最常用的一些功能放在工具栏上,也可以将作用于多个表单的一些通用功能做成工具栏,以减少各个表单中具有相同功能的重复设计。

对于大型的应用系统,可以设计几套菜单和多个工具栏,分别应用于不同的功能模块。

本章主要介绍在 VFP 中如何使用菜单设计器设计各种类型的菜单,以及如何使用工具栏类设计工具栏。

9.1   规划与设计菜单

应用程序的每一个部分和每一个功能模块,在菜单系统中都应有菜单组和菜单项与之相对应。因此,菜单是应用程序的组织者、功能模块的管理者,在很大程度上是应用系统设计的关键。

创建一个菜单系统包括以下步骤:菜单系统规划、建立菜单、为菜单指定任务、生成菜单程序、运行及测试菜单系统等。

9.1.1   规划菜单系统

应用程序的实用性、友好性在一定程度上取决于菜单系统的质量。菜单系统的设计方案与应用程序的总体目标密切相关。在菜单系统规划阶段,首先要明确应用系统的设计目标是什么,需要用什么样的菜单来组织和管理应用程序中的各个功能模块,这些菜单出现在系统界面的什么地方,菜单系统中哪些菜单项需要有子菜单等。

设计菜单系统时,应遵循以下原则:

● 根据用户所要执行的任务来组织菜单系统,根据应用程序中的功能层次来组织菜单系统。用户只要浏览菜单和菜单项,就能较清晰地了解应用系统的组织和功能情况。因此,在设计菜单和菜单项之前,设计者必须清楚地掌握用户思考问题的方式和完成任务的方法。

● 给每个菜单和菜单项设置一个有意义的标题和简短提示,以便于用户准确地领会菜单项和菜单项所对应的操作或功能。这些文字应尽可能地与用户熟知的其他常用软件一致,与用户熟知的行业术语一致,而不要使用计算机术语和一些用户不熟悉的专业术语。文字应简单、生动。

● 预先估计各菜单项的使用频率,根据使用频率、逻辑顺序或菜单项字母顺序来组织菜单项。经验表明,当一个菜单中的菜单项数目在 8 个以上时,按字母顺序排列菜单特别有效,能提高用户查看菜单项的速度。

● 对同一个菜单中的菜单项进行逻辑分组,并用分组线将各组分开(图9-1)。在分组时,按照功能相近、功能顺序原则对菜单项进行分组。

● 把一个菜单中的菜单项数尽可能地控制在一个屏幕所能显示的范围内。若菜单项的数目超过一屏,则应为其中的一些菜单项创建子菜单。显然,如果一个菜单中菜单项在一屏中显示不了,而需要利用滚动条进行滚动处理,则不利于用户直观方便地进行相关操作。

● 为菜单和菜单项设置访问键或快捷键(图9-1)。例如,用户按 < Alt > + < T > 键,可以激活 VFP 系统菜单的“工具”菜单(其中“T”称为菜单项“访问键”),按 < Alt > 键的同时依次按 < T > 键、< O > 键可以打开“选项”对话框,按快捷键 < F5 > 可以“刷新”等。

以上是进行菜单规划设计时应当遵循的部分原则。在具体应用中,要以应用系统的目标为基础,以用户的需要和实用为依据来进行菜单设计,所创建的菜单应尽可能地与 Windows 菜单具有一致的外观和功能特性。

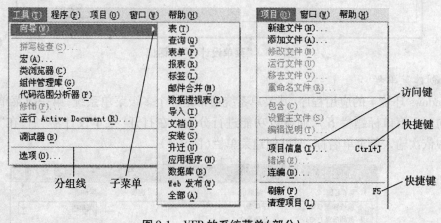

图9-1　VFP 的系统菜单(部分)

9.1.2　创建菜单概述

菜单有两种:一般菜单和快捷菜单。“一般菜单”(简称“菜单”)是指位于整个应用系统主窗口或某个表单顶部的菜单,而快捷菜单是当用户在选定的对象上单击鼠标右键时出现的菜单。这两种菜单的创建,虽然均可以采用编程的方式(即采用程序代码)进行,但利用系统提供的“菜单设计器”和“快捷菜单设计器”可以更加方便地创建和设计菜单。

与其他设计器打开的方法类似,启动菜单设计器
的操作方法也有多种。例如,利用 VFP 系统菜单命令
"文件"→"新建",或工具栏上的"新建"按钮,或执行
命令"CREATE MENU",或在"项目管理器"窗口中选
择"菜单"项后单击"项目管理器"窗口中的"新建"按
钮,均可打开如图 9-2 所示的"新建菜单"对话框。在
该对话框中,单击"菜单"按钮,则打开"菜单设计器";
单击"快捷菜单"按钮,则打开"快捷菜单设计器"。

9.1.3 创建菜单

在"新建菜单"对话框中单击"菜单"按钮,则打开
图 9-3 所示的菜单设计器。创建菜单系统的大量工作
可以在"菜单设计器"中完成。

图 9-2 "新建菜单"对话框

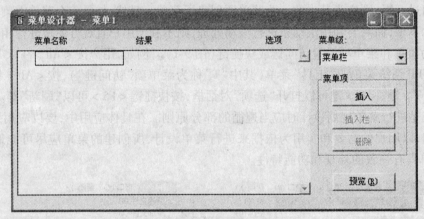

图 9-3 "菜单设计器"对话框

1. 创建菜单栏

Windows 环境下的应用程序,其菜单系统通常是一个多级菜单系统,第一级菜单为菜单
栏(横向列于窗口标题栏下),通常以功能进行分类。在打开"菜单设计器"后,在"菜单名
称"列中依次输入各菜单名称,即可创建菜单栏(图 9-4)。

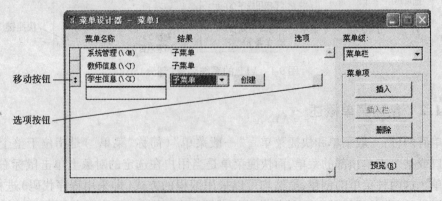

图 9-4 "菜单设计器"使用示例

在"菜单设计器"中,主要包含一个可供用户设计菜单项的列表,列表的每一行对应于一个菜单项的设置。列表中有以下列表项:

● 菜单名称:为菜单项指定标题。如果要为菜单项加入访问键,则在设定为访问键的字母前面加上一个反斜杠和小于号(\<)。例如,若为菜单项"系统管理"设置访问键 M,则菜单项的标题输入为"系统管理(\<M)",如图9-4所示。

● 移动按钮:在输入菜单名称后,其左边将出现用于移动菜单位置的按钮(称为移动按钮)。对于当前被编辑的菜单项来说,该按钮上有一个双向箭头。在设计时,通过鼠标的拖放操作来调整菜单项的顺序。

● 结果:用于指定相应菜单项在运行时所执行的动作类型。"结果"有"命令"、"菜单项#"、"子菜单"和"过程"四种选择,分别表示执行一条命令、执行给定的菜单项#(VFP系统菜单项)、打开一个子菜单和调用一个过程。若"结果"选择"命令"或"填充名称",则其右侧将出现用于输入的文本框;若"结果"选择"子菜单"或"过程",则其右侧将出现"创建"命令按钮。对于菜单栏来说,"结果"通常设置为"子菜单"。

● 创建:创建菜单项的子菜单或过程。当用户在"结果"列选择了"子菜单"或"过程"后,单击"创建"按钮,则进入子菜单的设计状态或进入过程编辑窗口。若该菜单项的子菜单或过程已经创建,则"创建"按钮将会显示为"编辑"按钮。

● "选项"按钮:打开"提示选项"对话框,可在其中定义快捷键和其他菜单选项。

2. 创建子菜单与菜单分组

对于任何菜单项,都可以创建包含其他菜单项的子菜单。创建子菜单的操作步骤如下:

① 在"菜单名称"列选择要添加子菜单的菜单项(如图9-4中的"学生信息")。

② 在"结果"列选择"子菜单",然后单击其右侧的"创建"按钮(如果子菜单已存在,则该按钮为"编辑")。

③ 依次输入各子菜单项(图9-5)。

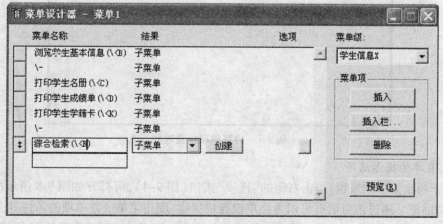

图9-5 子菜单示例

从图9-5可以看出,当前处理的菜单级为"学生信息 X",即当前设计的菜单为"学生信息"菜单项的子菜单。利用"菜单级"下拉列表框可以返回到上级菜单的设计状态。需要注意的是:利用"菜单级"下拉列表框可以返回上级菜单,但只能利用"创建"或"编辑"按钮进入某菜单项的子菜单。

图 9-5 所示的菜单项列表中,第 2 行及第 6 行的"菜单名称"为"\-"(斜杠加减号),在菜单运行时这两行将显示为分组线,即对菜单进行分组。设置分组线的主要目的是为了增强菜单的可读性。

在创建菜单的过程中,可随时单击"菜单设计器"窗口中的"预览"按钮,以查看当前所设计菜单的组织与结构。单击"预览"对话框中的"确定"按钮,可结束预览状态。

3. 为菜单或菜单项指定任务

选择一个菜单项,应能执行相应的任务,如显示表单、工具栏或另一个菜单系统等。要执行一个任务,菜单项就必须执行一条命令,或执行一个程序(称为过程)。

若要执行的任务可以由一条命令来完成,可以将菜单项的"结果"设置为"命令",然后在其右侧的文本框中输入相应的 VFP 命令。它可以是 VFP 中任何有效的命令,包括对过程或程序的调用(被调用的程序和过程需要给出路径名)。例如,设置图 9-5 中"浏览学生基本信息"菜单项的任务为运行表单 xs(假设该表单文件已创建),则可按如图 9-6 所示进行设置(命令为"DO FORM xs")。

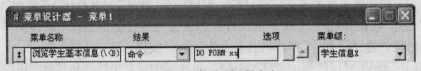

图 9-6 为菜单项设置命令

若要执行的任务必须由一个程序来完成,则可以将菜单项的"结果"设置为"过程",然后单击其右侧的"创建"按钮,再在出现的过程编辑窗口中输入过程代码。例如,将图 9-5 中"打印学生名册"菜单项的结果设置为"过程",单击其右侧的"创建"按钮,则可打开如图9-7所示的过程编辑窗口。

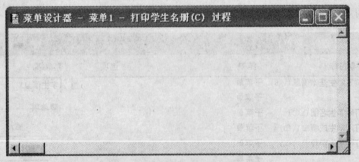

图 9-7 为菜单项设置过程

4. 菜单的提示选项

对于每个菜单项来说,单击右侧的"选项"按钮(图 9-4),可打开如图 9-8 所示的"提示选项"对话框。通过该对话框可以为菜单设置快捷键、废止菜单或菜单项的条件等。

● 快捷方式:设置菜单的快捷键(如 VFP 系统菜单中"新建"菜单项的快捷键为 <Ctrl> + <N>)。快捷键可以是 <Ctrl> 加字母(但不可为 <Ctrl> + <J>),或 <Alt> 加字母,或 Fn 功能键(如 <F5>)。需要注意的是,在"键标签"文本框中输入要定义的快捷键时,必须一次性按钮,而不是逐个字母地输入。

图 9-8 "提示选项"对话框

● 跳过：设置菜单或菜单项废止（即不可用，外观为灰色）的条件，在文本框中可输入一个逻辑表达式。当菜单运行时，若逻辑表达式的值为真，则菜单（项）被废止。例如，某菜单项的"跳过"设置了逻辑表达式"DOW(DATE( )) = 1 OR DOW(DATE( )) = 7"，则该菜单项在每周的星期六、星期日被废止；若设置为.T.，则被无条件废止。需要注意的是：预览菜单时系统不计算逻辑表达式的值，即任何菜单都不会被废止。

5. 在子菜单中插入系统菜单栏

在子菜单中（这时菜单级不为"菜单栏"），除了可以自定义菜单项外，还可以把 VFP 系统菜单栏中的菜单项插入到子菜单中（称为"插入栏"）。其步骤为：

① 在菜单设计器中进入某子菜单的编辑状态（即这时菜单级不为"菜单栏"）；

② 将光标移动（定位）到需要插入的位置后，单击菜单设计器中的"插入栏"按钮；

③ 在出现的"插入系统菜单栏"对话框（图 9-9）中，选择需要插入的系统菜单项，然后单击"插入"按钮；

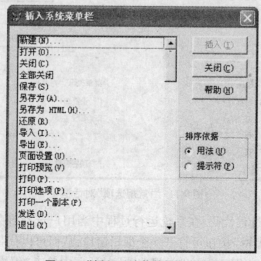

图 9-9 "插入系统菜单栏"对话框

④ 如果插入的菜单项位置不合适,利用"移动"钮将其拖放到合适的位置。

例如,在创建"系统管理"菜单栏(图 9-4)的子菜单时,插入 VFP 系统菜单项"页面设置"、"导入"、"导出"和"打开",其结果如图 9-10 所示。从图 9-10 可以看出,插入菜单的"结果"为"菜单项",相应的任务由 VFP 系统菜单的内部名称(如"_mfi_open")指定,其他菜单属性(如快捷键等)一并继承。

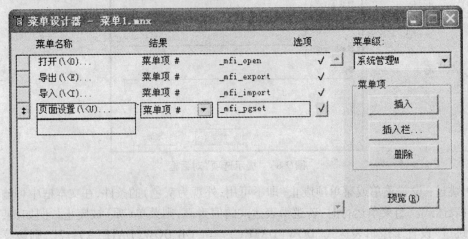

图 9-10 插入系统菜单栏示例

6. 常规选项与菜单选项

利用"菜单设计器"创建或修改菜单时,"显示"菜单中会出现两个菜单项:常规选项和菜单选项。执行这两个菜单命令可分别打开相应的对话框。

"常规选项"对话框如图 9-11 所示,主要用于为整个菜单系统指定代码和进行一些相关的设置。

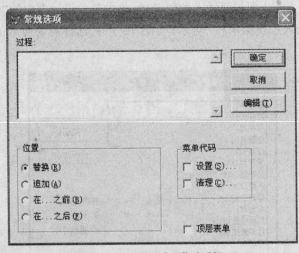

图 9-11 "常规选项"对话框

● 过程:创建菜单过程代码,在系统运行过程中当用户选择该菜单项时执行该过程代码。单击对话框中的"编辑"按钮可打开一个编辑窗口,从而可以代替"常规选项"对话框在其中创建代码。要激活编辑窗口,在"常规选项"对话框中单击"编辑"项,然后单击"确定"

按钮。

● 位置：指定新的菜单系统与已有菜单系统之间的位置关系。"替换"（默认）则使用新的菜单系统替换已有的菜单系统；"追加"则将新菜单系统添加在活动菜单系统的右侧；"在…之前"则将新菜单插入到指定菜单的前面（该选项显示一个包含活动菜单系统名称的下拉列表）；"在…之后"将新菜单插入到指定菜单的后面。

● 菜单代码：选择"设置"或"清理"复选框，均可打开一个编辑窗口，用于编辑"初始化代码"（Setup Code）或"清理代码"（Leanup Code）。初始化代码是在.MPR文件中菜单定义代码之前执行的程序部分，可用来打开文件、声明内存变量或者将前一个菜单系统保存起来供以后使用；清理代码是在.MPR文件中菜单定义代码之后执行的代码。

● 顶层表单：如果选定，则允许该菜单在顶层表单（SDI）中使用。

"菜单选项"对话框主要用于为当前指定的菜单级设置过程代码，即指定从一个菜单栏中选择一个指定的菜单标题时要执行的程序代码。例如，在编辑如图9-5所示的"学生信息"子菜单时，执行菜单命令"显示"→"菜单选项"，将打开如图9-12所示的"菜单选项"对话框。这时设置的过程代码将作用于菜单级"学生信息"，即选择"学生信息"子菜单中的任何一个菜单均会执行该过程代码。

需要说明的是，如果某菜单栏或菜单项已设置了相应的任务（子菜单、命令或过程），则执行相应的任务，忽略在"菜单选项"对话框和"常规选项"中创建的过程代码；若未设置相应的任务，但在"菜单选项"对话框和"常规选项"对话框中均创建了过程代码，则执行"菜单选项"对话框创建的过程代码，忽略在"常规选项"对话框中创建的过程代码。

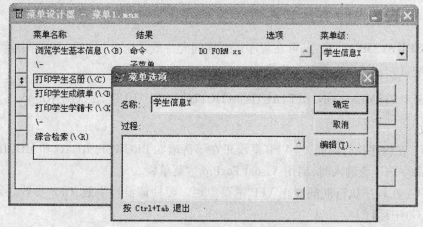

图 9-12 "菜单选项"对话框

7. 调试与运行菜单程序

利用菜单设计器设计菜单时，可随时预览菜单或运行菜单，以测试所设计菜单的运行效果。

如果仅仅是为了查看一下菜单设计的界面效果，可以使用菜单的预览功能。在预览菜单时，菜单项所赋予的功能（包括菜单项的废止设置）并不被执行。要真正执行菜单项所指定的任务，需要生成菜单程序并执行。

保存菜单设计器所设计的菜单时，将生成两个文件：菜单文件（.MNX）和菜单备注文件（.MNT）。这两个文件均不是可以运行的菜单文件。如果要运行菜单，则必须生成一个扩展名为 MPR 的菜单程序文件。

菜单程序文件的生成方法有两种：一是在"菜单设计器"窗口中执行系统菜单命令"菜单"→"生成"，二是在"项目管理器"窗口中选择菜单文件后单击窗口中的"运行"按钮。采用第二种方法时，系统在运行菜单前会自动生成菜单程序（.MPR）和编译后的菜单程序（.MPX）。

和.PRG 程序文件一样，.MPR 文件是由 VFP 系统所生成的文本文件，因此可以用 MODIFY COMMAND 打开并进行编辑，或采用其他文本编辑软件对其进行编辑（或创建新的菜单程序），但由于绝大部分菜单功能都可以在菜单设计器中直观方便地实现，一般不提倡直接编写菜单程序。

菜单程序生成以后，也可以使用如下形式的 DO 命令执行（必须给出文件扩展名）：

   DO usermenu. mpr   && 执行菜单文件 usermenu

菜单程序运行后，窗口中的菜单将被改变。利用下列命令，可以恢复 VFP 系统的默认菜单：

   SET SYSMENU TO DEFAULT

如果生成菜单程序后，又在"菜单设计器"中对菜单进行了修改，则必须重新生成菜单程序，使菜单程序与最新的菜单设计保持一致；否则，菜单程序仍然是由修改前的菜单所生成的。

9.1.4 配置 VFP 系统菜单

利用 SET SYSMENU 命令，可在程序运行期间允许或禁止 Visual FoxPro 系统菜单栏，并允许重新配置它。该命令的基本语法为：

   SET SYSMENU ON|OFF|AUTOMATIC|TO［DEFAULT］|SAVE|NOSAVE

其中，参数：

 ● ON：在程序执行期间，当 VFP 系统正在等待诸如 BROWSE、READ 和 MODIFY COMMAND 等命令的键盘输入时，启用 Visual FoxPro 主菜单栏。

 ● OFF：在程序执行期间废止 VFP 主菜单栏。要使该设置生效，OFF 参数必须在一个程序（.PRG）中运行。

 ● AUTOMATIC：使 VFP 主菜单栏在程序运行期间可见。菜单栏可以被访问，且菜单项的启用和禁止取决于当前命令。AUTOMATIC 是默认设置。

 ● TO［DEFAULT］：恢复主菜单栏的默认配置。如果对主菜单栏或它的菜单做过修改，可以执行 SET SYSMENU TO DEFAULT 来恢复它。通过 SET SYSMENU SAVE 可以指定默认配置。执行不带附加参数的 SET SYSMENU TO 命令，将废止 VFP 主菜单栏。

 ● SAVE：使当前菜单系统成为默认配置。如果在执行 SET SYSMENU SAVE 命令之后修改了菜单系统，可以通过 SET SYSMENU TO DEFAULT 命令来恢复早先的配置。

 ● NOSAVE：重置菜单系统为默认的 VFP 系统菜单。但是，除非执行了 SET SYSMENU TO DEFAULT 命令，否则不会显示默认的 VFP 系统菜单。

9.1.5　使用"快速菜单"功能创建菜单

当所要定义的菜单系统与 VFP 主菜单系统在形式上或功能上比较相似时,就可以使用"快速菜单"功能创建菜单系统。

在新建菜单时,打开"菜单设计器"后执行系统菜单命令"菜单"→"快速菜单",则在"菜单设计器"中生成了 VFP 系统菜单。在此基础上,可根据需要进行修改。

9.1.6　SDI 菜单

所谓 SDI 菜单,是指出现在单文档界面(SDI)窗口中的菜单,即出现在表单上的菜单。该窗口(即表单)为顶层表单,即表单的 ShowWindow 属性值为"2—作为顶层表单"。

创建 SDI 菜单时,其创建过程与创建一般菜单时相同,但在设计菜单时必须指出该菜单应用于 SDI 表单,即在"菜单设计器"中设计菜单时,执行系统菜单命令"显示"→"常规选项",然后在出现的"常规选项"对话框(图 9-11)中选中"顶层表单"复选框。

将 SDI 菜单附加到表单中的方法是:在表单的修改状态下,首先将表单的 ShowWindow 属性值设置为"2—作为顶层表单",然后为表单的 Init 事件添加如下代码:

　　DO 菜单程序 WITH This, .T.

例如,图 6-3 所示的表单是由"一对多表单向导"创建的用于处理学生成绩的表单,系统自动生成了可完成相关操作的一组命令按钮。若要将该表单修改为顶层表单并设置其菜单,可按如下步骤进行:

① 创建菜单: 按表 9-1 的内容创建菜单("菜单栏"菜单级有两个菜单项:"设置背景"和"刷新","设置背景"有 4 个子菜单项);

表 9-1　SDI 菜单示例

菜　单　名　称		结　　果
设置背景	子菜单	
灰色	命令	_Screen. ActiveForm. BackColor = RGB(192, 192, 192)
淡黄色	命令	_Screen. ActiveForm. BackColor = RGB(255, 255, 192)
\ -	子菜单	
自定义	命令	_Screen. ActiveForm. BackColor = GetColor( )
刷　新	命令	_Screen. ActiveForm. Refresh

② 设置为 SDI 菜单: 执行系统菜单命令"显示"→"常规选项",然后在出现的"常规选项"对话框中选中"顶层表单"复选框;

③ 生成菜单程序: 执行系统菜单命令"菜单"→"生成",并将其保存为 sdimenu;

④ 在某表单的 Init 事件处理代码中加入如下命令:

　　DO sdimenu. mpr WITH This, .T.

⑤ 保存表单后,运行表单(SDI 菜单运行效果如图 9-13 所示)。

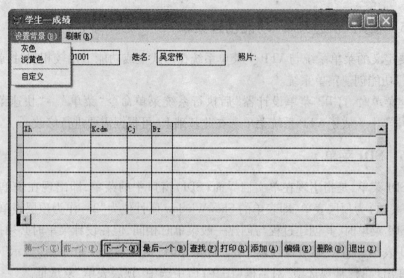

图 9-13　SDI 菜单示例

9.1.7　创建快捷菜单

快捷菜单是附加在表单或表单控件上的一种菜单。若为某控件或对象设置了快捷菜单,则在控件或对象上单击鼠标右键时就会显示快捷菜单,以快速展示当前控件或对象可用的(或常用的)功能或相关的操作。

创建快捷菜单的方法类似于创建一般菜单,也是用菜单设计器来创建的。不同之处在于:创建快捷菜单时,在"新建菜单"对话框中应选择"快捷菜单"按钮,从而打开"快捷菜单设计器"。

创建了快捷菜单并生成了相应的菜单程序后,可将其附加到控件中。将快捷菜单附加到控件中的方法是:将执行菜单的 DO 命令加入到该控件的 RinghtClick 事件处理代码中。

例如,图 6-2 所示的表单是由"表单向导"创建的用于处理 js 表的表单,系统自动生成了可完成相关操作的一组命令按钮。若要为该表单创建一个快捷表单,可按如下步骤进行:

① 按表 9-2 的内容创建快捷菜单;

表 9-2　快捷菜单示例

菜单名称	结　　果		跳过条件
首记录	命令	GO TOP	BOF( )
上一记录	命令	SKIP　－1	BOF( )
下一记录	命令	SKIP	EOF( )
末记录	命令	GO BOTTOM	EOF( )
\ -	子菜单		
设置背景	子菜单		
灰色	命令	_Screen. ActiveForm. BackColor = RGB(192,192,192)	
淡黄色	命令	_Screen. ActiveForm. BackColor = RGB(255,255,192)	
\ -	子菜单		
自定义	命令	_Screen. ActiveForm. BackColor = GetColor( )	
刷新	命令	_Screen. ActiveForm. Refresh	
关闭	命令	_Screen. ActiveForm. Release	

② 预览菜单,其效果如图 9-14 所示(需要说明的是:预览快捷菜单时,在系统菜单栏位置显示);

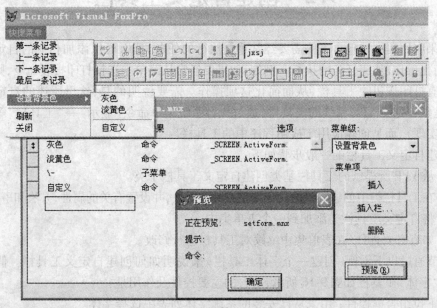

图 9-14 快捷菜单预览示例

③ 执行系统菜单命令"菜单"→"生成",以 SetForm 为文件名保存并生成菜单程序文件;

④ 修改表单,并将下列命令加入到表单的 RinghtClick 事件处理代码中:

DO SetForm. mpr

⑤ 保存并运行表单,然后在表单上右击鼠标,效果如图 9-15 所示。

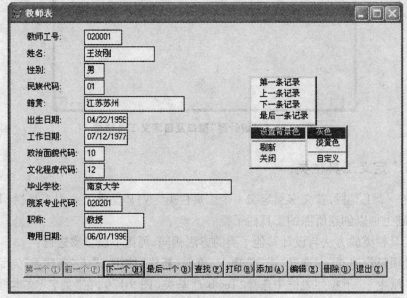

图 9-15 快捷菜单示例

9.2 创建自定义工具栏

如果应用程序中包含一些需要经常重复执行的任务,那么可以添加相应的自定义工具栏,以简化操作、加速任务的执行。例如,如果要经常从菜单中选择打印报表命令,则最好能提供带有打印按钮的工具栏,从而简化这项操作。需要说明的是:这里所述的自定义工具栏,不是指自定义 VFP 系统的工具栏(通过执行系统菜单命令"显示"→"工具栏"等一系列操作来实现),而是创建应用于应用程序中的工具栏。

创建自定义工具栏的一般步骤如下:

① 从 VFP 所提供的工具栏基类创建自定义工具栏子类。

② 在工具栏类中创建必要的命令按钮或其他对象,并设置有关的属性、方法和事件代码。

③ 将自定义工具栏类添加到一个表单集中。

④ 如有必要,可以在表单集中继续对工具栏进行修改。

本节通过以下示例(创建一个字体工具栏)来说明如何创建自定义工具栏。假设所需创建的"字体"工具栏如图 9-16 所示,所含的主要控件及作用是:

● 下拉组合框控件:用来从已安装的系统字体列表中选择字体。

● 微调控件: 用来设置字号。

● 三个命令按钮:分别用来实现设置粗体、斜体和恢复字体的功能。

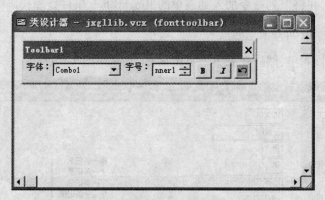

图 9-16 "类设计器"窗口及自定义工具栏类

9.2.1 定义工具栏类

要创建一个工具栏,首先必须定义一个工具栏类。VFP 提供了一个工具栏(ToolBar)基类,在此基础上可以创建所需的工具栏子类。

设计工具栏类的方法与设计其他子类的方法相同,可按下以步骤进行:

① 在"项目管理器"中选择"类"选项卡,单击"新建"按钮,进入"新建类"对话框。

② 在"派生于"下拉列表框中选择"Toolbar"基类(图 9-17),在"类名"文本框中键入新工具栏类名(例如,取类名为"FontToolbar"),在"存储于"文本框中键入类库文件名及其所在的文件夹名(如类库文件已存在,可用其右侧的按钮选择),然后单击"确定"按钮,则打开

"类设计器"窗口。这时,在"类设计器"窗口中显示的是一个尚未定义好的自定义工具栏,如图9-18所示。

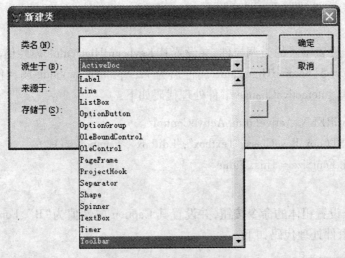

图9-17 "新建类"对话框

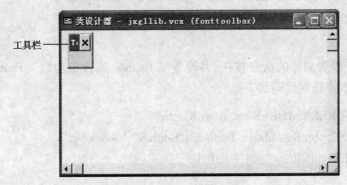

图9-18 "类设计器"窗口

9.2.2 向工具栏类中添加对象

除表格(Grid)控件外,其他能够添加到表单中的控件均可以添加到工具栏中。在上述定义的FontToolbar工具栏类中,可依次添加所需的控件:下拉组合框、微调框和三个命令按钮控件。

① 添加用于列出字体的组合框控件,并设置其Init事件处理代码如下:

```
DIMENSION x[1]
= afont(x)                    && 将系统字体名存放到 x 数组中
FOR i = 1 TO ALEN(x)
    This. AddItem(x[i])       && 将数组中的字体名加入到列表中
ENDFOR
This. Value ="宋体"
```

设置其InteractiveChange事件处理代码如下:

```
obj = _SCREEN. ActiveForm. ActiveControl
IF INLIST( obj. BaseClass ,"Textbox","Editbox","Combobox")
        obj. FontName = This. Value
ENDIF
```

② 添加用于设置字号的微调控件,并设置其 KeyboardHighValue 属性值为 72、Keyboard-LowValue 属性值为 5、SpinnerHighValue 属性值为 72、SpinnerLowValue 属性值为 5、Value 属性值为 10,设置其 InteractiveChange 事件处理代码如下:

```
obj = _SCREEN. ActiveForm. ActiveControl
IF INLIST( obj. BaseClass ,"Textbox","Editbox","Combobox")
        obj. FontSize = This. Value
ENDIF
```

③ 添加用于设置粗体的命令按钮,并设置其 Caption 属性值为"B"、FontBold 属性值为 .T. ,设置 Click 事件处理代码如下:

```
obj = _SCREEN. ActiveForm. ActiveControl
IF INLIST( obj. BaseClass ,"Textbox","Editbox","Combobox")
        obj. FontBold =! obj. FontBold
ENDIF
```

④ 添加用于设置斜体的命令按钮,并设置其 Caption 属性值为"I"、FontItalic 属性值为 .T. ,设置 Click 事件处理代码如下:

```
obj = _SCREEN. ActiveForm. ActiveControl
IF INLIST( obj. BaseClass ,"Textbox","Editbox","Combobox")
        obj. FontItalic = ! obj. FontItalic
ENDIF
```

⑤ 添加用于恢复字体设置的命令按钮(恢复到 VFP 默认状态),并设置其 Picture 属性值为图片文件 undo. bmp(该图片文件可以利用 Windows 操作系统的"搜索"在本地机上查找),设置其 Click 事件处理代码如下:

```
obj = _SCREEN. ActiveForm. ActiveControl
IF INLIST( obj. BaseClass ,"Textbox","Editbox","Combobox")
        obj. ResetToDefault("FontName")
        obj. ResetToDefault("FontSize")
        obj. ResetToDefault("FontBold")
        obj. ResetToDefault("FontItalic")
ENDIF
```

⑥ 在组合框和微调框前分别添加标签控件,并将它们的 Caption 属性值分别设置为"字体:"和"字号:"。

⑦ 工具栏上的对象用紧排方式排列在一起,这时可以在对象之间添加分割符(Separater)

控件,使它们之间有一点距离。

这时,"类设计器"窗口及其中的自定义工具栏类如图 9-16 所示。设计结束时,保存并关闭"类设计器"窗口。

9.2.3　将工具栏类添加到表单集中

可以在表单集中添加工具栏,让工具栏与表单集中的各个表单一起打开。但不能直接在某个表单中添加工具栏。

若要将工具栏类添加到某表单集中,可在"表单设计器"中打开该表单集(如果不是表单集,可以先创建表单集),然后从"项目管理器"窗口中选择类库中的工具栏类,并将其拖放到"表单设计器"窗口中。

例如,按如下步骤操作,可将以上所设计的工具栏类作用到图 9-15 所示的表单上:

① 在"项目管理器"窗口中选择表单,然后单击"修改"按钮,则表单在"表单设计器"中打开。

② 执行系统菜单命令"表单"→"创建表单集",以创建表单集。

③ 在"项目管理器"窗口中选择所创建的工具栏类 FontToolbar,然后将其拖入到"表单设计器"窗口中,这时"表单设计器"窗口有一个表单和一个工具栏(通过调整窗口大小和拖放表单位置后可以看到)。

④ 保存并关闭表单设计器。

⑤ 运行该表单(图 9-19),选择一个文本框后使用工具栏,则可以观察到工具栏的作用。

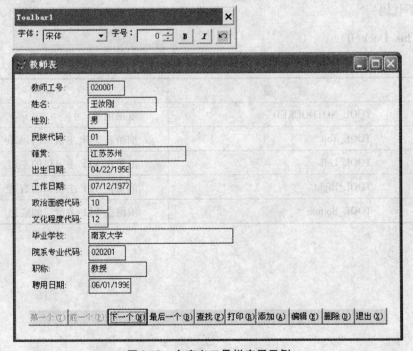

图 9-19　自定义工具栏应用示例

除了上述方法以外,也可以在表单集的 Init 事件中,用程序代码将工具栏类添加到表单集中。例如,在设计一个表单集时未添加工具栏,可以在表单集的 Init 事件代码中添加如下

代码,使得表单集在初始化事件发生时创建工具栏对象:

```
SET CLASSLIB TO jxgllib. vcx ADDITIVE        && 打开工具栏类所在的类库
ThisFormSet. ADDOBJECT("tb","FontToolbar")   && 添加工具栏对象
ThisFormSet. tb. Visible = . T.               && 显示工具栏
```

9.2.4 定制工具栏的运行时状态

工具栏在运行时,可以根据需要将它定制成不同的状态。例如,工具栏是否可浮动,是否泊留在系统窗口的四边等。

工具栏对象的 Movable 属性用于指定工具栏在运行时刻用户是否可以用鼠标拖动工具栏。如果 Movable 属性值为. T. ,则工具栏可以被拖动,否则工具栏不可以被拖动。如果工具栏没有被强制泊留,则工具栏运行时的起始位置由其 Left 和 Top 属性值决定。

工具栏的泊留状态,可以使用工具栏的 Dock 方法来实现。Dock 方法的语法如下:

$$ToolBar. Dock(nLocation \ [\ ,X,Y])$$

其中:

● 参数 nLocation 指定工具栏泊留的位置。参数 nLocation 可用值、对应常量以及含义如表9-3 所示。

● X, Y 参数为可选项,分别指定工具栏泊留时的水平和垂直方向的坐标。

例如,要使得工具栏运行时泊留在 VFP 主窗口的顶部,可以在工具栏的 Init 事件代码中加入如下代码:

```
This. Dock(0)
```

表 9-3   工具栏 Dock 方法参数取值表

位 置 值	常　　量	含 义 说 明
−1	TOOL_NOTDOCKED	取消泊留
0	TOOL_Top	泊留在 VFP 主窗口的顶部
1	TOOL_Left	泊留在 VFP 主窗口的左边
2	TOOL_Right	泊留在 VFP 主窗口的右边
3	TOOL_Bottom	泊留在 VFP 主窗口的底边

习　题

一、选择题

1. 在利用 VFP 菜单设计器设计菜单时,下列叙述中错误的是_____。

   A. 利用菜单设计器可以创建菜单(一般菜单)和快捷菜单

   B. 用户可以将 VFP 系统菜单项添加到自己设计的菜单中

   C. 在"提示选项"对话框中为菜单项设置快捷键(快捷方式)时,只能使用 < Ctrl > 键与另一个字母键的组合

   D. 用户菜单可以设置为替换 VFP 系统菜单,也可设置为追加在 VFP 系统菜单之后

2. 菜单(Menu)和工具栏(Toolbar)是 Windows 环境下各种应用程序中最常用的操作对象。下列有关 VFP 菜单与工具栏的叙述中错误的是_____。

   A. VFP 菜单是一个动态的菜单系统,当用户针对不同类型的文件操作时系统自动地调整菜单栏

   B. 用户打开/关闭不同的设计器(如数据库设计器、表单设计器、报表设计器等),在默认情况下系统会自动地打开/关闭相应的工具栏

   C. 在 VFP 窗口中,可以关闭所有的菜单栏和工具栏

   D. 利用菜单命令、工具栏按钮或项目管理器操作创建一个文件,所实现的功能完全相同

3. 在某菜单中,有一菜单项显示为"Backup"(首字母 B 有下划线,即访问键为 < Alt > + < B >),则在设计此菜单时,在该菜单名称中可输入_____。

   A. Backup\< B　　　B. (\< B)ackup　　　C. \< Backup　　　D. B\< ackup

4. 如果要将一个 SDI 菜单附加到一个表单中,则_____。

   A. 表单必须是 SDI 表单,并在表单的 Load 事件中调用菜单程序

   B. 表单必须是 SDI 表单,并在表单的 Init 事件中调用菜单程序

   C. 只要在表单的 Load 事件中调用菜单程序

   D. 只要在表单的 Init 事件中调用菜单程序

5. 添加到工具栏上的控件_____。

   A. 只能是命令按钮

   B. 只能是命令按钮和分隔符

   C. 只能是命令按钮、文本框和分隔符

   D. 除表格以外,所有可以添加到表单上的控件都可以添加到工具栏上

6. 下列控件中可以放到工具栏上但不能放到表单上的是_____。

   A. Grid　　　　　　B. Seperator　　　　　C. Shape　　　　　　D. PageFrame

7. 对工具栏的设计和应用,下列说法中正确的是_____。

   A. 既可以在设计工具栏类时添加控件,也可以在表单设计器中向工具栏添加控件

   B. 只可在设计工具栏类时添加控件

   C. 只可以在表单设计器中向工具栏添加控件

D. 可以在类浏览器中向工具栏添加控件

8. 对于工具栏上控件的 Top、Left、Width 和 Height 属性,在设计和运行时都是只读的是_____。

A. Top 属性和 Left 属性 B. Width 属性和 Height 属性

C. Top 属性和 Width 属性 D. Left 属性和 Height 属性

二、填空题

1. VFP 的菜单有两种,即一般菜单和_____菜单。

2. 恢复 VFP 系统菜单的命令是_____。

3. 在程序运行期间,可以使用 SET… 命令启用或废止 Visual FoxPro 系统菜单栏。废止 Visual FoxPro 系统菜单栏的命令是_____。

4. 在菜单设计器中,设置某一菜单(项)的"结果"就是指定在选择该菜单(项)时发生的动作,其结果类型有:子菜单、菜单项#、命令和_____。

5. 在设计 VFP 菜单时,若要将某一菜单项设置为仅当系统日期为每月的 1 日可用,则可在"跳过"选项中输入表达式_____。

6. 某菜单在运行时,其中某菜单项显示为灰色,则此时该菜单项的"跳过"条件的逻辑值为_____。

7. 用户可以使用 VFP 的菜单设计器设计菜单。创建一个菜单后,系统会生成两个文件:.MNX 和 .MNT。.MNX 菜单文件不能直接运行,当选中 .MNX 文件并且执行"运行"操作时,系统首先自动生成两个文件:.MPX 和_____,然后运行它。

8. 若已设计并生成了单文档界面(SDI)的菜单程序文件 menua。现要求将该 SDI 菜单附加到某表单上,除了将表单设置为"作为顶层表单"外,还应该在表单的 Init 事件中包含下列命令以运行菜单程序:

_____ WITH This , .T.

9. 创建了快捷菜单并生成了相应的菜单程序后,可将其附加到控件中。将快捷方式菜单附加到控件中的方法是:将执行菜单的 DO 命令加入到该控件的_____事件处理代码中。

10. 要使得工具栏运行时泊留在 VFP 主窗口的顶部,可以在工具栏的 Init 事件代码中加入如下代码:This._____。

第 10 章

应用程序的开发与发布

以数据库为核心的应用程序开发和管理是一项更专业的工作,需要掌握较深入一些的软件工程、数据库设计、程序设计方法等方面的知识和技术,还要了解应用领域的业务知识。

利用 VFP 建立一个小型的数据库应用系统,从开发过程上看一般需要经过设计与规划应用程序、设计与构造数据库、设计与创建应用程序的用户界面、为应用程序添加在线帮助、编译应用程序、调试与测试应用程序,以及创建发布应用程序的安装系统等步骤。

10.1   应用程序的规划

认真细致的规划可以节省时间、精力和资金。在规划阶段,应该让最终用户(使用者)更多地参与进来,往往最终用户参与越多,应用程序设计得越好。无论多么仔细的规划,在项目实施过程中也需要不断地润色,并接受最终用户的反馈。

10.1.1   环境规划

在开发之前所做的设计方案往往会对最终结果产生很大的影响。许多问题都应在深入开发之前加以考虑。例如,这个应用程序的用户是谁? 用户的主要操作是什么? 要处理的数据集合有多大? 是否要使用独立的数据库服务器? 以及是单用户系统还是网络上的多用户系统等。

1. 用户及其操作

最终用户处理信息的方式将决定应用程序如何进行数据操作。应针对用户的实际情况,综合考虑用户处理信息的流程、规范(或习惯),以及用户的文化素质、计算机操作水平等多种因素,为不同层次的用户提供简便、易行、易理解的交互操作形式。

2. 数据库规模

开发一个基于数据库的应用系统,首先需要考虑用户数据库的规模,从而决定选用什么样的 DBMS。不同的数据库管理系统的数据处理能力是不一样的。VFP 数据和程序处理能力的容量如表 10-1 所示(需要说明的是:不同版本的 VFP 有所区别)。

表 10-1　VFP6.0 系统容量

分　类	功　　能	数　目
表文件及索引文件	每个表文件中记录的最大数目	10 亿
	表文件大小的最大值	2G 字节
	每个记录中字符的最大数目	65500
	每个记录中字段的最大数目	255
字段的特征	字符字段字符数的最大值	254
	数值型(以及浮点型)字段宽度的最大值	20
	自由表中字段名长度的最大值	10
	数据库表字段名的长度最大值	128
	整数的最小值	−2147483647
	整数的最大值	2147483647
	数值计算中精确值的位数	16
内存变量与数组	默认的内存变量数目	1024
	内存变量的最大数目	65000
	数组的最大数目	65000
	每个数组中元素的最大数目	65000
程序和过程文件	编译后的程序模块大小的最大值	64K
	嵌套的 DO 调用的最大数目	128
	嵌套的 READ 层次的最大数目	5
	嵌套的结构化程序设计命令的最大数目	384
	传递参数的最大数目	27
	事务处理的最大数目	5
"报表设计器"的容量	报表定义的最大长度	20 英寸
	分组的最大层次数	128
	字符报表变量的最大长度	255
其他的容量	每个字符串中字符数的最大值或内存变量	16777184
	每个命令行中字符数的最大值	8192
	报表的每个标签控件中字符数的最大值	252
	每个宏替换行中字符数的最大值	8192
	打开文件的最大数目	系统限制
	SQL SELECT 语句可以选择的字段数的最大值	255

　　如果应用系统的设计容量在某些指标上超过了 VFP 的系统容量限制,则应考虑选用其他大型的数据库管理系统。

3. 单用户和多用户数据环境

创建应用程序时,要考虑单用户和多用户问题。多用户系统要支持多个用户同时访问数据,避免不同用户之间的冲突。如果创建的应用程序在网络环境中的多台计算机上运行,或者一个表单的多个实例对相同的数据进行访问,这时就要进行共享访问设计。共享访问意味着不仅要为多个用户使用和共享数据提供更有效的方法,并且在必要时要对访问进行限制。

在多用户环境下,可以通过锁定表和记录、记录缓冲和表缓冲、独占与共享等机制来实现数据的访问控制,以实现数据的共享;为确保共享环境中的每个用户都具有安全、正确的环境副本,确保表单的多个实例能独立操作,系统提供了数据工作期;在更新数据时可以使用缓冲、事务处理或视图等。

在多用户环境中,通过精心选择打开、缓冲并锁定数据的时间和方式,可以更高效地进行数据更新操作。应该减少访问记录或表时发生冲突的时间,同时必须预测到不可避免的冲突将导致的后果,并对这种冲突进行管理。应用程序中应包含管理冲突的例程,如果没有冲突例程,系统可能会出现"死锁"现象。

另外,在多用户环境下还要考虑不同用户对不同数据和程序的访问和操作权限问题。

4. 本地数据和远程数据

远程数据与本地数据在管理方法上是不相同的。若需要使用远程数据,则应通过 VFP 提供的 ODBC 数据接口或其他数据源接口,通过选择连接的不同属性来优化连接的性能。

此外,Visual FoxPro 为创建功能强大的应用程序提供了一些专用工具。Visual FoxPro 客户/服务器应用程序将 Visual FoxPro 功能强、速度快、图形化的用户界面以及高级的查询、报表和处理等优点与严密的多用户访问、海量数据存贮、内置安全性、可靠的事务处理和日志以及 ODBC 数据源或服务器的本地语法等功能紧密地结合在一起。Visual FoxPro 和强有力的服务器之间的协作可以为用户提供功能强大的客户/服务器解决方案。

10.1.2　创建应用程序的基本过程

在确定应用程序的环境因素后,就可以开始创建应用程序。首先在明确应用程序目标的基础上,将实际问题进行分解,即将一个复杂的问题分解为若干个独立的处理步骤。图 10-1 显示了应用程序的开发过程。

在创建应用程序的过程中,有许多重复性工作。但由于两个应用程序不可能完全相同,因此需要在开发出原型的基础上,对其各组成部分不断优化,以得到一个完善的产品。最终用户的要求和期望有可能改变,那么应用程序的某些方面也应随之改变。所有人在编程时都会犯些错误,所以在测试和调试过程中,可能会需要重新设计和改写某些代码。

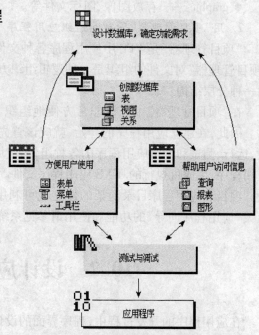

图 10-1　VFP 应用程序的创建过程示意图

10.1.3 管理开发工作

在计划好应用程序中所需组件后,可能会希望建立一个目录框架和项目以组织那些为应用程序而建立的组件文件。

1. 建立应用程序的目录框架

Visual FoxPro 应用程序通常由几部分组成:一个或多个数据库、设置应用程序系统环境的主程序以及用户界面(诸如表单、工具栏和菜单等)。此外,还可以包括查询和报表,以便用户检索或输出所需的数据。

一个 VFP 应用程序需要涉及许多类型的文件,例如,项目、库、表、索引、查询、表单、报表、类库、程序、菜单、文本、图片和图标等。如此多的文件如果在磁盘中随意存储,或存放在同一个文件夹中,将会给文件的管理、定位等带来不便。一个比较好的方法是为一个应用程序创建一个文件夹,且在该文件夹中再为各种类型文件分别创建子文件夹。

图 10-2 项目文件夹

例如,为"教学管理"应用程序创建文件夹 jxgl,在 jxgl 文件夹中再分别创建子文件夹(图 10-2):

- data——存放库、表、索引、查询等文件;
- forms——存放表单文件;
- reports——存放报表和标签文件;
- libs——存放类库文件;
- progs——存放程序文件;
- menus——存放菜单文件;
- help——存放帮助文件;
- graphics——存放图像、图标文件等。

2. 用"项目管理器"管理和组织应用程序

"项目管理器"是 VFP 中应用程序各种文件的组织和管理工具。与目录框架不同的是,"项目管理器"对文件的组织是一种逻辑组织方式,是按不同类型的应用程序组件在逻辑上的一种分层结构。

在"项目管理器"中可以非常方便地组织、设计、修改、运行和浏览应用程序的各类组件。因此,在建立应用程序的开始,就应该首先创建项目文件,在"项目管理器"中创建、修改、运行、测试和调试应用程序的各种组件,应用程序完成后还可以在"项目管理器"中连编应用程序,生成可执行的.EXE 应用程序文件。

项目和应用程序目录框架的建立也可利用 VFP 系统提供的"应用程序向导"来实现。有关"应用程序向导"的功能和使用请参见系统帮助。

10.2 设计应用程序界面

在应用程序的开发过程中,程序界面的设计是极为重要的工作。用户是通过界面了解和使用应用系统的,且界面直接表现一个应用程序的功能。用户对应用程序是否满意,很大程度上取决于界面功能是否完善,且好的应用界面不仅能够极大地提高用户的工作效率,还可以指导用户如何使用应用程序。因此考虑用户及其操作的出发点和落脚点都是用户操作界面设计的重要内容。

应用系统的用户界面主要包括表单、报表、工具栏和菜单等,它们可以将应用程序的所有功能与界面中的控件或菜单命令联系起来。

在应用程序界面设计上,应遵循"以人为本"的原则,遵从用户的操作习惯,一切从用户的角度出发。

10.2.1　用表单输入、浏览和检索数据

利用表单可以让用户在熟悉的界面下查看数据或输入数据。表单是用户在应用程序中访问数据库的主要界面。在一个应用系统中要设计出良好的表单界面应做到以下几点。

1. 表单中对象的布局要合理美观

要使表单的布局合理美观,应做到:对象的标签或标题要言简意赅;字体不宜过多,字号要适中;对象之间的间距不宜过密或过松,如果对象太多,可将表单适当放大或增加页框控件,将对象分组放到几个页面中去;对象排列要整齐,可使用"布局"工具栏进行布局;关系密切的数据项控件应排在一起,必要时可用矩形框控件把一组对象框起来,或者用线条控件进行分割;不要使用过多过大的图片修饰表单;针对整个表单的功能按钮应按 Windows 习惯排在表单的下边或右边,针对表单中部分数据项控件的按钮应放在这组控件的附近,如果功能按钮较多,应对它们在布局上进行分组,即功能相近或相关的按钮排列紧密些。

2. 使同类型的表单具有一致的外观特征

对同类型的表单应使用类似的界面布局、功能布局、色调、字体字号、边框样式、控制框、最大最小化按钮等。这样可以使用户能很快适应整个应用系统的操作方式。为此,可以定义表单类,使同类型表单都基于同一个表单类创建。

3. 尽可能地减少用户的信息输入量

在设计表单时,应尽可能地为用户着想,使表单中信息的输入量达到最少。可行的办法有:

① 为字段设置默认值,将字段最可能出现的值指定为默认值。例如,如果学生中男性占大部分,则可将学生表中性别字段的默认值设为"男"。再比如,在发票系统中可将"开票日期"字段的默认值设为当前日期(DATE( )函数)。

② 如果数据确定在若干有限的项中,可以将这有限项值放在列表框或下拉组合框中供用户选择。这样不仅减少了用户的输入工作量,也保证了数据的一致性。

③ 对于某些编号字段,应尽量用自定义函数实现自动编号。例如,某表文件 mytab. dbf 中有一个数值型字段 bh 按自然数编号,则可在 mytab 所在的数据库的存储过程中定义一个自动编号的函数 zdbh( ),代码如下:

```
FUNCTION zdbh( )
    IF USED("mytab")
        SELECT mytab          && 如果表已打开,则选择表是在工作区
    ELSE                      && 否则打开表
        SELECT 0
```

```
            USE mytab
        ENDIF
        IF RECCOUNT( ) = 0
            newbh = 1              && 如果表中记录数为 0,则新编号为 1
        ELSE                      && 按编号降序排序,新编号为首记录的编号加 1
            SET ORDER TO TAG bh DESC
            GO TOP
            newbh = mytab. bh + 1
        ENDIF
        RETURN newbh
    ENDFUNC
```

假设 bh 字段在表单中绑定的文本框名为 txtbh,则在表单的添加记录的功能代码中增加如下语句:

        ThisForm. txtbh. Value = zdbh( )

或者将插入记录的 INSERT-SQL 语句中包含 bh 字段:

        INSERT INTO mytab (bh,…) Values (zdbh( ),…)

这样,不仅减少了用户的数据输入量,而且保证了 bh 字段的唯一性。

4. 使表单具有良好的容错性和可靠性

开发者在运行自己创建的表单时,总是很难发现一些“小问题”,但给用户使用以后,又总是会出现这样或那样的问题,这是因为开发者总是用正确的方法进行操作。这说明表单程序的容错性不好,且有些问题即使发生了,也不容易发现。

因此,开发者在设计完表单后,应从用户的角度出发,设想用户可能会进行怎样的操作,不断进行测试,发现问题后采取措施,以避免错误的发生。表 10-2 列举了一些可能的情况以及应对的措施。

表 10-2　表单上可能的错误和应对措施

可能的错误	措　　施
必填的数据未填,例如关键字段	措施 1:如果未填,则“保存”的功能禁用 措施 2:在“保存”的功能代码中对必填数据控件值进行检查,如果未填,则给出提示
错误的输入造成关键字段值重复	措施 1:在相应控件的 Valid 事件代码中进行检验,如果重复,提示重新输入 措施 2:在将数据写入表之前进行检验 措施 3:设置错误陷阱,根据错误代号做相应处理
输入的数据超出范围	措施 1:在表中设置字段的验证规则 措施 2:在绑定控件的 Vaild 事件代码中进行检验 措施 3:为微调控件设置上下限

续表

可能的错误	措　　施
半角字符与全角字符的错误	措施 1：为控件设置输入掩码 措施 2：在 KeyPress 事件代码中加以限制
输入了不合理的相关数据	措施 1：在表中设置记录验证规则 措施 2：在将数据写入表之前验证相关控件的值
操作顺序错误	措施 1：在前一个操作未进行之前，禁用下一个操作的相关控件 措施 2：在进行下一个操作之前检查必要的条件，条件不满足则给出提示

10.2.2　用菜单与工具栏组织应用程序

一个应用程序由许多功能模块组成，对于用户而言，不可能让他们在项目管理器中选择表单、查询、报表等来运行，或者在命令窗口中通过命令来运行。应该使用菜单和工具栏将创建好的表单按照它们的功能分门别类地组织起来。精心规划菜单与工具栏，并且使应用程序具有与 Windows 一致的桌面风格，有助于提高应用程序的可用性，帮助用户快速完成一些日常任务。一个好的菜单系统不仅可以方便用户的操作，而且可以使用户了解到大量有关应用程序设计和结构的信息。

1. 设计菜单系统

菜单系统可以采用几种不同的分类方式，如按功能分类、按管理的数据对象分类等。例如，对于本书示例的教学管理系统，按管理的数据对象分类的菜单结构如图 10-3 所示，按功能分类的菜单结构如图 10-4 所示。

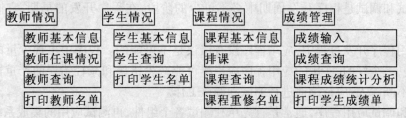

图 10-3　按数据对象分类的菜单结构

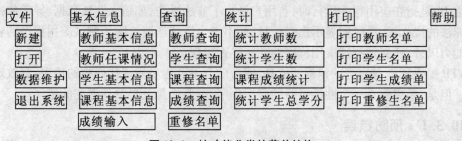

图 10-4　按功能分类的菜单结构

从图 10-3 和图 10-4 所示的菜单结构看，按功能分类的菜单结构与 Windows 系统的菜单风格更趋一致。

2. 协调菜单和工具栏

如果创建了工具栏，必须使菜单命令与对应的工具栏按钮同步工作。例如，如果启用了某个工具栏按钮,则必须同时启用对应的菜单命令。

在设计与创建应用程序时应做到:

● 无论用户使用工具栏按钮,还是使用与按钮相关联的菜单项,都执行同样的操作。

● 相关的工具栏按钮与菜单项具有相同的可用或不可用属性。

可按如下步骤实现工具栏与菜单项的协调性:

① 在"菜单设计器"中,根据工具栏上的每个按钮对应地创建子菜单;

② 在每个子菜单项的"结果"栏中选择"命令"项;

③ 对每个子菜单,调用相关工具栏按钮的 Click 事件对应的代码。

例如,如果工具栏按钮的名字为 cmdA,可以在子菜单项命令编辑框中添加如下代码:

        FormSet. Toolbar. cmdA. Click

④ 在"选项"栏选择此按钮,打开"提示选项"对话框,选择"跳过"项,在"表达式生成器"中输入表达式,指出当工具栏命令按钮失效时,菜单功能应该"跳过"。

例如,如果工具栏按钮的名称为 cmdA,可以在"跳过"框中输入如下表达式:

        NOT FormSet. Toolbar. cmdA. Enabled

10.3　测试与调试应用程序

程序测试是指发现程序代码中的错误;程序调试是指从程序中找到每个问题,然后逐一解决。测试和调试是程序开发周期中必不可少的阶段,在程序开发的早期,它们显得尤为重要。

在应用程序开发过程中,应用程序没有错误是不可能的。程序中出现少量的错误是正常的,但是,一个好的、实用的应用程序应当尽可能减少错误和减轻错误的严重性。随着开发工作的不断深入,应持续地进行测试和调试工作。

测试和调试应用程序,通常是首先单独测试各个组件,再测试应用的集成系统。单个组件的测试主要是检测应用程序中是否有错,以及应用程序的容错及纠错能力。所谓容错和纠错能力,是指在应用程序运行时,若用户进行了非法操作,如输入非法数据、异常数据或按下了非法的操作键,系统能显示出错信息,而不发生系统崩溃。除了测试应用程序的容错或纠错能力以外,还必须测试应用程序的功能是否实现。

VFP 提供了丰富的测试和调试工具,能帮助开发者逐步发现代码中的错误,有效地解决问题。但是,要想建立一个性能可靠的应用程序,重要的是及早发现潜在的错误。

10.3.1　预防错误

虽然 VFP 提供了各种测试和调试工具,但是,我们并不希望程序中存在许多的错误等着这些工具去发现。要使得程序本身含有尽可能少的错误,有效的方法是养成良好的编程习惯。

首先在动手开始编程前,应花费较多的时间对整个应用系统和各个组件进行周到和详细的设计,等设计方案成熟以后再动手编程。不成熟的设计会造成对已有程序的大量改动,这种改动容易产生错误。

在设计程序时,应尽可能地考虑到各种可能的情况,并对各种可能的情况在程序中作出相应的处理。例如,在程序中要打开一个表,看起来很简单,用 USE 命令就可以了,但是你是否考虑到:(1)如果要打开的表文件不存在或文件路径不对,怎么办? 如果打开表失败,则意味着后面对表有关的处理程序就会出错;(2)如果要打开的表已经在另一个工作区中打开了怎么办? 因此,一个可靠的打开表的过程应采用类似如下的代码:

```
dbfname = "js. dbf"
IF FILE(dbfname)
        IF !USED(dbfname)
            SELECT 0
            USE (dbfname)
        ELSE
            SELECT js
        ENDIF
ELSE
        = MESSAGEBOX("表文件不存在!")
ENDIF
```

在编写代码时也应有良好的习惯。例如:

● 程序代码要有缩进格式,使程序结构更清晰。

● 在各组相对独立代码之间留出空白行。

● 添加详细的代码注释,以便于今后调试和阅读程序代码。

● 使用一般的命名规则,变量、自定义函数和属性的名称要有一定的含义,在变量名前加上表示作用域范围和数据类型的字母前缀。例如,要使用一个存放表文件名的全局变量,可命名为 pcDbfName,其中字母"p"表示全局变量,字母"c"表示字符型变量,这样可减少应用程序中同一变量名被用于不同目的的问题。

10.3.2　调试程序

1. 建立测试环境

应用程序的运行有一个最基本的系统环境要求,主要包括:硬件和软件环境、系统路径和文件属性、目录结构和文件位置等。

为了获得最大的可移植性,应当在预期运行的最底层平台上调试应用程序。最底层平台是指应用程序运行所需的最低 RAM 以及存储介质的空间大小,其中应包括必需的驱动程序以及同时运行的软件所占用的空间等。对于应用程序的网络版,还应考虑内存、文件和记录锁定等特殊要求。

为了在运行应用程序的每台机器上都能够快速访问所有必需的程序文件,需要确定一个基本文件配置。在定义基本配置时,可能需要考虑下列问题:应用程序是否需要公用的系统路径;设置的文件存取属性是否合适;为每个用户设置的网络权限是否正确等。

对于目录结构和文件位置,如果程序的源代码引用的是绝对路径或文件名,那么当应用程序安装到任何其他机器上时必须存在相同的路径和文件。若要避免这一情况,应当在程序代码中使用相对路径。在调试时,另建一个目录或目录结构,将源文件和生成的应用程序文件分开。这样,就可以对应用程序的相互引用关系进行测试,并且准确地知道在发布应用程序时应包含哪些文件。

2. 使用 VFP 调试器

在测试中发现问题后,可以使用 VFP 调试环境逐步找到错误。VFP 提供了专门的调试工具——"调试器"和有关的调试命令来帮助用户调试程序。

要打开调试器,可以执行菜单命令"工具"→"调试器",或者使用命令 DEBUG、SET STEP ON 或 SET ECHO ON。"调试器"窗口如图 10-5 所示。

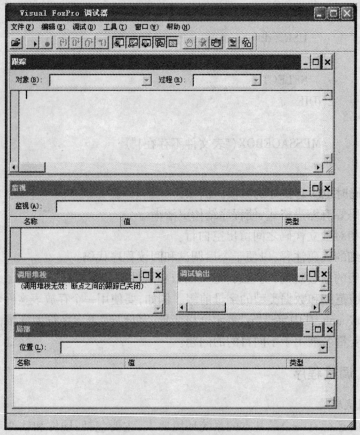

图 10-5　VFP"调试器"窗口

在"调试器"窗口中,主要有如下一些子窗口:

● "跟踪"窗口:可以查看正在执行的程序行。

● "局部"窗口:显示当前程序、过程或方法程序中可见的变量、数组、对象以及对象成员。

● "监视"窗口:显示表达式以及它们的当前值,并可以在一个表达式上设置断点。

● "调用堆栈"窗口:显示正在执行的过程、程序以及方法程序。

● "调试输出"窗口:显示程序中指定调试的输出。

这些调试窗口和工具栏可以停放或移动位置。

最有效的调试方法之一就是跟踪代码,以此观察每一行代码的运行,同时检查所有的变量、属性和环境设置值。图 10-5 所示的就是"调试器"中"跟踪"窗口中的代码。在代码左边灰色区域中的黄色箭头表示下一行代码将要执行。

如果在"跟踪"窗口中没有打开程序,可从"调试"菜单中选择"运行"。调试中的程序,可以选择"跟踪"运行、"单步"运行或"运行到光标处"。

跟踪代码时,若要修改遇到的问题,可选择"调试"菜单中的"定位修改"命令。"定位修改"时,将停止执行程序,然后打开"代码编辑器","代码编辑器"中的代码定位在"跟踪"窗口中光标所在的代码处。

3. 挂起程序的执行

设置断点可以挂起执行程序。停止了执行程序以后,就可以检查变量和属性的值,查看环境设置,也可以逐行检查部分代码,而不必遍历所有的代码。也可以设置两个断点,使程序在两个断点之间调试运行,从而缩小调试的范围。

可以使用几种方法在代码中设置断点:在"跟踪"窗口中,找到需要设置断点的那一行,将光标放置在该代码行上,按下 < F9 > 键;或者单击"调试器"工具栏上的"切换断点"按钮;或者双击该行代码行左边的灰色区域。

设置了一个断点的代码行左边的灰色区域中会显示一个红色实心点。

如果正在调试对象,那么通过从"对象"列表中选择该对象,从"过程"列表中选择所需的方法程序或事件,就可以在"跟踪"窗口中找到特定的代码行。

断点有四种类型:"在定位处中断"、"如果表达式值为真则在定位处中断"、"当表达式值为真时中断"和"当表达式值改变时中断"。可以在"断点"对话框中,指定所需断点的类型、位置和文件。从"工具"菜单上选择"断点",可以打开"断点"对话框,如图 10-6 所示。移去断点的方法与设置断点的方法相同。

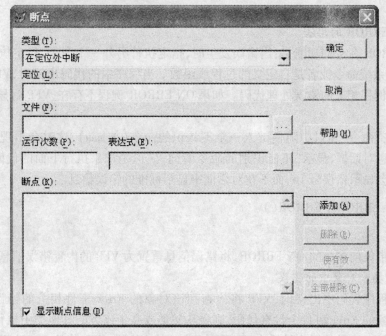

图 10-6 "断点"对话框

10.3.3　处理运行时刻错误

"运行时刻错误"是在应用程序开始执行后发生的。产生"运行时刻错误"的可能操作包括:对不存在的文件执行写入操作;试图打开已经打开的表;想要选择已经关闭的表;发生数据冲突;除数为零等。

为了防止和解决"运行时刻错误",可以使用表 10-3 所示的一些函数和命令。

表 10-3　处理"运行时刻错误"的主要函数和命令

函数和命令	功　　能
ERROR 命令	产生指定的错误以测试自己的错误处理程序
ERROR( )函数	返回一个错误编号
MESSAGE( )函数	返回一个错误信息字符串
LINENO( )函数	返回正在执行的代码行
ON ERROR 命令	当错误发生时,执行一个命令
ON( )函数	返回一些命令,这些命令指明了错误处理命令
PROGRAM( )函数	返回当前执行程序的名称
RETRY 命令	重新执行前一个命令

要防止"运行时刻错误"的发生,首先需要预见错误可能会在何处发生,然后针对可能发生的错误对代码进行修改。

有时不能预见所有可能发生的错误,这时,要解决问题就需要编写一些代码,然后在运行时刻发生错误所属的事件中执行这些代码,以便捕获错误。主要的方法就是使用 ON ER-ROR 命令。

1. ON ERROR 的用法

ON ERROR 命令的功能是:当错误发生时,指定执行另外一个命令,指定执行的命令可以是 VFP 的系统命令或者是自定义的过程或函数。当程序中的代码出错时,VFP 将检查与 ON ERROR 例程相关的错误处理代码。如果 ON ERROR 例程不存在,VFP 就显示默认的错误信息。

例如,在"命令"窗口中随便键入一个不认识的命令(如 aaa),这时会出现一个标准的 VFP 错误信息对话框,显示"不能识别的命令谓词"。但是如果执行下面的代码,活动的输出窗口中就会显示错误号 16,而不在对话框中显示标准的错误信息。

```
ON ERROR ? ERROR( )
aaa
```

执行不带任何参数的 ON ERROR,将错误信息重置为 VFP 的内置错误信息。

2. 处理类和对象中的错误

当方法程序代码中出错时,VFP 将检查和该对象的 Error 事件相关的错误处理代码。如果在该对象的 Error 事件上没有代码,则将从父类或高于该类的其他类中执行 Error 事件的代码。如果在该类的层次结构中,找不到 Error 事件代码,VFP 将检查 ON ERROR 例程。

如果 ON ERROR 例程不存在，VFP 则显示默认的错误信息。

10.4　编译应用程序

在创建了所需的组件并完成测试和调试以后，就可以进行应用程序的编译了。所谓编译应用程序，就是将所有在项目中引用的文件（除了那些标记为排除的文件）合成一个可执行应用程序文件。生成的应用程序文件和数据文件以及其他排除的项目文件一起发布给用户，用户可运行该应用程序。

10.4.1　构造应用程序的框架

要完成应用程序的编译，必须构造一个应用程序的框架。应用程序框架主要包括：一个项目文件、一个用于设置全局和环境的主程序文件、一个主菜单以及一个可选的配置文件（Config.fpw）。

主程序是一个应用系统的运行时的起点，即应用系统执行时首先执行的程序。主程序应具有能够调用应用程序框架中的各个功能组件的能力，再由这些功能组件调用其他部件，以实现整个应用系统所要完成的功能。

主程序可以是一个程序、表单或菜单，但是主文件最好的选择还是一个程序文件（.PRG），可以把一个主程序和用户最初见到的表单功能结合到一起。通常主程序需要完成下列功能：初始化环境、显示初始的用户界面、控制事件循环、退出应用程序时恢复原始的开发环境等。

1. 初始化环境

主程序必须做的第一件事情就是对应用程序的环境进行初始化。在打开 VFP 时，默认的开发环境将建立 SET 命令和系统变量的值。但是，对应用程序来说，这些值并非最合适。初始化环境的理想方法是将初始的环境设置保存起来，在启动代码中为程序建立特定的环境设置。

例如，如果要测试 SET TALK 命令的默认值，同时保存该值，并将应用程序的 TALK 设为 OFF，可以在启动过程中包含如下的代码：

```
IF SET('TALK') ="ON"
    SET TALK OFF
    cTalkVal ="ON"
ELSE
    cTalkVal ="OFF"
ENDIF
```

如果要在应用程序退出时恢复默认的设置值，一个好的方法就是把这些值保存在公有变量、用户自定义类或者应用程序对象的属性中。

另外，在主程序的初始化代码中，可能还需要初始化内存变量，设置默认路径、过程文件的引用等。

2. 定制应用程序的外观

运行应用程序时,默认情况下在主窗口的标题栏显示"Microsoft Visual FoxPro"。在应用程序的配置文件中,包含了以下申明可以替换缺省标题为 MyProgramTitle:

  TITLE = MyProgramTitle

为了包含一个 Visual FoxPro 函数,比如,为了把版本号作为标题的一部分显示,可以在配置文件中将主窗口的 Caption 属性设置为你想要的标题和函数:

  COMMAND = _Screen. Caption = "MyProgramTitle " + FunctionName( )

也可以在主程序中使用"_Screen. Caption = …"命令来设置应用程序主窗口的标题。

编译应用程序的时候,缺省的 Visual FoxPro 图标作为应用程序图标显示在 Windows"开始"菜单中。可以使用一般的由 Visual FoxPro 提供的或者是自己的图标来替换它。设置应用程序图标的方法是:执行菜单命令"项目"/"项目信息",然后在对话框中选择"附加图标"选项。

如果要更改应用程序主窗口的图标,可通过设置_Screen 对象的 Icon 属性来实现。

3. 显示初始的用户界面

初始的用户界面可以是菜单,也可以是一个表单或其他的用户组件。通常,在显示已打开的菜单或表单之前,应用程序应出现一个启动表单,要求用户验证登陆信息(例如,用户名和密码等)。

在主程序中,可以使用 DO 命令运行一个菜单或者 DO FORM 命令运行一个表单来初始化用户界面。

4. 控制事件循环

应用程序的环境建立之后,将显示出初始的用户界面,这时,需要建立一个事件循环来等待用户的交互动作。

在主程序中可以使用 READ EVENTS 命令开始事件处理,该命令使 VFP 开始处理用户事件(例如,鼠标或键盘的操作等)。

如果在主程序中没有包含 READ EVENTS 命令,那么应用程序在运行后会马上返回到操作系统。READ EVENTS 命令在主文件中的位置很重要,因为所有主文件中的处理都会在遇到 READ EVENTS 命令的时候暂停运行,直到遇到 CLEAR EVENTS 命令为止。所以最好在所有初始化过程、初始化环境参数以及显示用户界面后使用 READ EVENTS 命令。若主程序中不含有 READ EVENTS 命令,如果在初始过程中没有 READ EVENTS 命令,应用程序运行后将返回到操作系统,出现应用系统"一闪而过"的现象。

同时需要注意的是,应用程序必须提供一种方法来结束事件循环。VFP 使用 CLEAR EVENTS 命令结束事件循环。典型情况下,可以使用一个菜单项或表单上的按钮执行 CLEAR EVENTS 命令。CLEAR EVENTS 命令将挂起 VFP 的事件处理过程,同时将控制权返回给执行 READ EVENTS 命令并开始事件循环的程序。

5. 恢复初始的开发环境

若要恢复储存的变量的初始值,可以将它们宏替换为原始的 SET 命令。例如,若要在公有变量 cTalkVal 中保存 SET TALK 设置,可执行命令:

SET TALK &cTalkval

如果初始化时使用的程序和恢复时使用的程序不同(例如,如果调用了一个过程进行初始化,而调用另外一个过程恢复环境),这时应确保可以对存储的值进行访问。例如,在公有变量、用户自定义类或应用程序对象的属性中保存值,以便恢复环境时使用。

6. 创建主文件

如果在应用程序中使用一个程序文件(.PRG)作为主文件,必须保证该程序中包含一些必要的命令,这些命令可控制与应用程序的主要任务相关的任务。在主文件中,没有必要直接包含执行所有任务的命令。常用的一些方法是调用过程或者函数来控制某些任务,例如,环境初始化和清除等。下列程序是一个主程序的示例:

```
DO setup.prg            && 调用程序建立环境设置(在公有变量中保存值)
DO mainmenu.mpr         && 将菜单作为初始的用户界面显示
READ EVENTS             && 建立事件循环
DO cleanup.prg          && 在退出之前,恢复环境设置
```

需要注意的是:某菜单项,或菜单项所调用的表单或程序中,必须确保能执行 CLEAR EVEN-TS 命令以清除事件循环。

在项目中,系统默认第一个创建的程序文件、菜单文件或表单文件为主文件,从"项目管理器"窗口中看,主文件为"加粗"显示。显然这个"主文件"不是真正意义的主文件,在主文件创建后还必须在项目中指定。设定主文件的方法是:在"项目管理器"窗口中选定后,执行菜单命令"项目"→"设置主文件",或单击鼠标右键后执行快捷菜单中的"设置主文件"命令。

10.4.2　连编应用系统

基于一个项目,可以连编应用程序文件(.APP)或者可执行文件(.EXE)。但在连编以前,必须首先考虑对项目中的各个组件进行"包含"和"排除"设置,以及应用程序的外观。

1. 在项目中排除可修改的文件

项目中的文件有两种引用方式:"包含"和"排除"。被"包含"在项目中的文件在项目连编后,将会被完全地合并在一个应用程序文件(或者可执行文件)中,应用程序在运行时不再需要这些文件。而被"排除"的文件则不会被合并在应用程序文件(或者可执行文件)中,当应用程序在运行时,如果需要调用这些文件,则应用程序会到磁盘上查找并调用它们。因此,如果一些文件需要被用户动态地修改,则应在连编之前将这些文件设置为"排除",否则这些文件在运行过程中将不能被修改(即均为只读)。

作为通用的准则,包含可执行程序的文件(如表单、报表、查询、菜单和程序)应该在应用程序文件中设为"包含",而数据文件(如数据库文件、表文件和文本文件等)则设为"排除"。但是,可以根据应用程序的需要包含或排除文件。例如,一个文件如果包含敏感的系统信息或者包含只用来查询的信息,那么该文件可以在应用程序文件中设为"包含",以免被不留心地更改。反之,如果应用程序允许用户动态更改一个报表,那么可将该报表设为"排除"。

将部分文件设置为"包含",其好处是:连编后提供给用户的文件数可以大大减少,且可

以保护源程序。但是,也并非包含得越多越好,过多地包含文件会使得最后生成的应用程序文件过大,运行时将占用更多的内存空间。因此,可将一些无关紧要的、不常被调用的文件排除在项目之外。例如,一些图片文件等。

在项目中排除文件的操作步骤如下:

① 在"项目管理器"中,选择要排除的文件;

② 从主菜单的"项目"菜单中选择"排除"命令,或者单击鼠标右键后执行快捷菜单命令"排除"。

如果选择的文件已被排除,则"项目"菜单或快捷菜单中相应的选择项变为"包含"。

2. 在项目中连编应用程序

在"项目管理器"中选择"连编"按钮,则出现如图 10-7 所示的"连编选项"对话框。

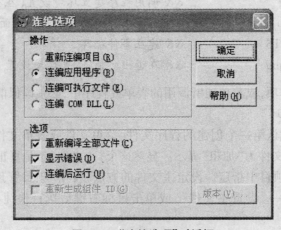

图 10-7 "连编选项"对话框

在"连编选项"对话框中,可选择"连编应用程序"以生成 .APP 文件,或者选择"连编可执行文件"以建立一个 .EXE 文件等。这些选项的说明如下:

● 重新连编项目:分析程序中文件的引用,并重新编译"过期"文件(即最近一次连编后修改过的文件)。若要对程序中的引用进行校验,同时检查所有的程序组件是否可用,可以选择"重新连编项目"选项。该选项与 BUILD PROJECT 命令对应。

● 连编应用程序:连编项目、编译过时的文件,并创建单个 .APP 文件。该选项对应于 BUILD APP 命令。.APP 比 .EXE 文件小,但用户必须已安装 Visual FoxPro 系统,且运行时必须先启动 VFP,然后用 DO 文件运行应用程序文件。需要注意的是:如果创建 .APP 文件时存在同名的可执行文件(.EXE),则 .EXE 文件将被删除。

● 连编可执行文件:由一个项目创建可执行文件(.EXE),该选项对应于 BUILD EXE 命令。.EXE 中包含了 Visual FoxPro 加载程序,因此用户无须拥有 Visual FoxPro 系统,但必须提供两个支持文件 vfp6r. dll 和 vfp6renu. dll,这两个动态链接库文件必须放置在与可执行文件相同的目录中,或者在 Windows 搜索路径中(例如,存放在 windows\system 文件夹中)。

● 连编 COM DLL:使用项目文件中的类信息,创建一个具有 .DLL 文件扩展名的动态链接库,供其他应用程序调用。

在选择连编类型时,必须考虑应用程序的最终大小,以及用户是否拥有 Visual FoxPro 系统等因素。

3. 运行应用程序

若要运行应用程序 .APP,可从"程序"菜单中选择"运行"命令,然后选择要执行的应用程序,或者在"命令"窗口中用 DO 命令运行。

如果建立了可执行文件 .EXE,则既可以在 VFP 系统环境中从菜单或命令窗口中运行,也可同其他 Windows 应用程序一样,直接在 Windows 中运行。

10.5　创建应用程序的安装系统

在完成应用程序的开发、测试和连编后,如果仅仅把应用程序文件复制到用户的机器上,应用程序有可能不能正常运行(除非在用户的机器中已安装了系统开发环境,如相应的 VFP 软件等),因为应用程序的运行依赖于一些 VFP 系统程序(包括一些 DLL 和 ActiveX 文件等)。最合适的方法是利用系统提供的"安装向导"创建安装程序和发布磁盘(可通过菜单命令"工具"→"向导"→"安装"启动该向导)。

10.5.1　发布树

在使用"安装向导"前,必须创建或指定一个称为"发布树"的目录结构,其中包含要在用户环境中建立的所有文件和子目录。"安装向导"将把此"发布树"作为要压缩到磁盘映像子目录中的文件源,发布树的目录结构应该与用户安装应用程序后所得到的目录结构相同。

"发布树"几乎可为任何形式,但不能使用 DISTRIB 目录,且最好将其放置在 Visual FoxPro 目录外,应用程序或可执行文件(即连编后生成的应用程序文件)必须放在该树的根目录下。

一种简便的创建"发布树"的方法是:首先备份项目文件所在的文件夹,然后将该文件夹作为发布树的基础,删除其中不需要提供给用户的子文件夹或文件。需要说明的是,对于项目连编时已设置为"包含"状态的文件,已连编在应用程序中,在应用程序运行过程中并不需要使用这些文件,所以这些文件可以从"发布树"中删除(除非需要向用户提供完整的源程序,便于用户修改应用程序)。此外,一些应用程序需要额外的资源文件,例如,包含"配置"或"帮助"文件,如果要添加一个还未包含在项目中的资源文件,需要将文件放在发布树中。

在创建发布树后,应进行一些运行测试,以确定应用程序的完备性。

10.5.2　安装向导

"安装向导"可为应用程序创建一个安装例程,其中包含一个 setup. exe 文件、一些信息文件以及压缩的或非压缩的应用程序文件(储存在 .cab 文件中)。

执行菜单命令"工具"→"向导"→"安装",可启动"安装向导"。"安装向导"需要一个目录名为 distrib. src 的工作目录和存储所需安装文件备份的目录 distrib。如果是第一次使用"安装向导",或者由于某些原因 distrib. src 目录不在"安装向导"当前寻找的位置上,则会出现如图 10-8 所示的对话框,以创建或定位工作目录。

安装向导的执行过程主要包括如下几个步骤:

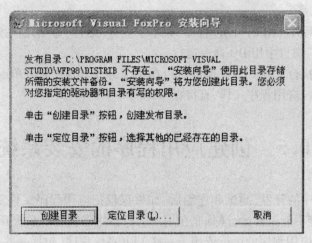

图 10-8　安装向导

① 第一步是选择"定位文件",即选择"发布树"目录(图 10-9)。

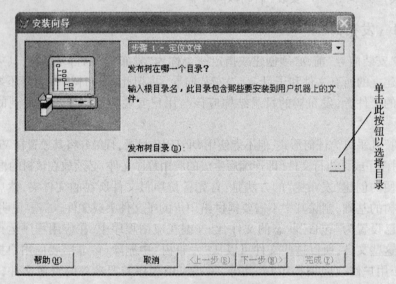

单击此按钮以选择目录

图 10-9　安装向导之步骤 1

② 第二步是"指定组件"(图 10-10),即指定应用程序的运行需要哪些组件。各个组件的功能性说明可参见系统帮助。需要说明的是:若选择"visual FoxPro 运行时刻组件",则 Visual FoxPro 运行时刻文件(Vfp6r. dll 等动态链接库)将自动包含在应用程序的安装系统中,且可以在用户的计算机上正确地安装,从而使得用户的计算机上不安装 VFP 系统也能运行此应用程序。

③ 第三步是选择"磁盘映象"(图 10-11),即生成的安装系统保存在何处(磁盘映象目录)以及是何种版本(软盘安装、Web 安装或网络安装)。如果选择"1. 44 MB 3. 5 英寸",向导将创建软盘的映象;如果选择"Web 安装(压缩)",向导将创建密集压缩的安装映象,适用于从 Web 站点快速下载文件;如果选择"网络安装(未压缩)",向导将建立唯一的子目录来包含所有的文件且不进行压缩。

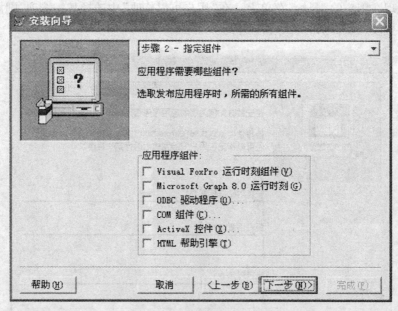

图 10-10　安装向导之步骤 2

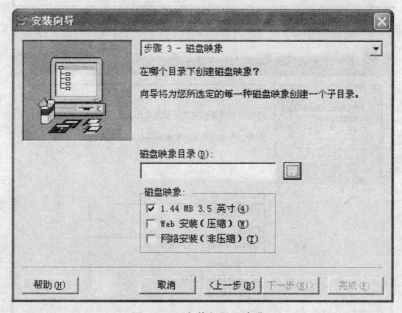

图 10-11　安装向导之步骤 3

④ 第四步是设置"安装选项"（图 10-12），这些信息是应用程序在安装时的标识（包括安装对话框的标题和版本信息等）。"执行程序"输入项是可选项，其作用是指定在安装应用程序之后希望立即运行的应用程序（典型的安装之后的操作是显示 readme 文件，或启动相关产品的安装过程，或 Web 注册程序等）。

⑤ 第五步是指定"默认目标目录"（图 10-13），即应用程序安装时的默认目录（需要注意的是：不要选择已被其他应用程序和 Windows 本身使用的目录名称）。如果在"程序组"文本框中指定了一个名称，则在安装应用程序时会为应用程序创建一个程序组，并且使这个

应用程序出现在用户的"开始"菜单上。在"用户可以修改"中选择某一选项,则用户在安装过程中可以更改默认目录的名称和程序组。

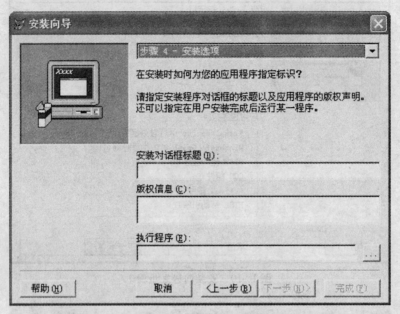

图 10-12　安装向导之步骤 4

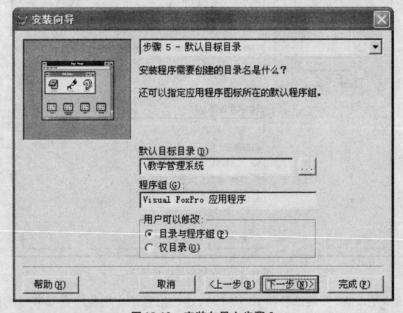

图 10-13　安装向导之步骤 5

⑥ 第六步是指定"改变文件设置"(图 10-14),即设置是否将某个文件安装到其他目录(Windows 目录或 Windows 系统目录)中,是否更改程序组属性(即某个文件添加到程序组中,使得可通过"开始"菜单启动该文件的执行),以及是否注册 ActiveX 控件。若选择了"程序管理器"选项,将显示"程序组菜单项"对话框(图 10-15),从中可以指定程序项的说明、命令行和图标属性。在命令行可以使用嵌入的 %s 序列代替应用程序目录(其中的"s"必须

小写）。例如，在"说明"中输入"教学管理系统"，在"命令行"中输入"%s jxgl.exe"，则应用
程序安装后会在"开始"菜单的相应程序组中出现"教学管理系统"菜单项。

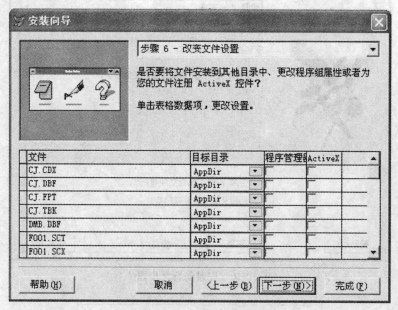

图 10-14　安装向导之步骤 6

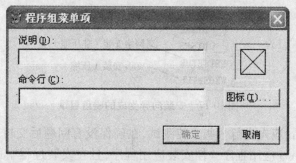

图 10-15　"程序组菜单项"对话框

　　⑦ 第七步是"完成"安装。在选择"完成"前，可考虑对话框（图 10-16）中的两个复选
项。如果选择"生成 Web 可执行文件"，且与第三步中的"Web 安装（压缩）"选项一起使
用，可以为应用程序的快速网络下载进行最大压缩；也可以指定让安装向导创建相关文
件（带有 .DEP 扩展名的 INI-样式文件），该文件除了包含组件所需的相关文件外，还包含
各种所需的注册及本地化信息。单击"完成"按钮，系统首先记录各种设置，以便下次从
相同的"发布树"创建发布磁盘时将其作为默认设置来使用，然后启动创建应用程序磁盘
映象的过程。

　　在向导创建了指定的磁盘映象（图 10-17）之后，可以把映象复制到相应的软盘、硬盘或
光盘上，以生成发布包（即安装盘）。

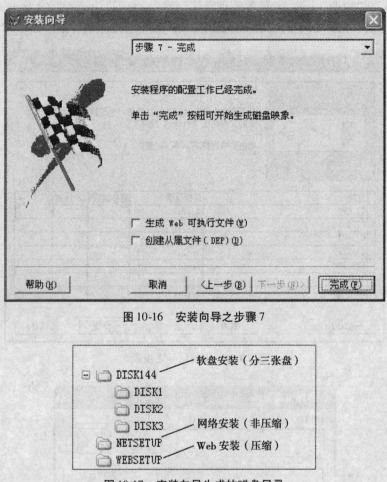

图 10-16　安装向导之步骤 7

软盘安装（分三张盘）
网络安装（非压缩）
Web 安装（压缩）

图 10-17　安装向导生成的磁盘目录

　　创建安装系统后,应先进行一些安装测试,在确保没有问题后交付使用。安装时,用户可像安装其他 Windows 应用程序一样安装应用程序,且在安装过程中可以看到使用"安装向导"时指定的选项。

习　题

一、选择题

1. 在开发一个应用系统时,首先要进行的工作是_____。
   - A. 系统的测试与调试
   - B. 编程
   - C. 系统规划与设计
   - D. 系统的优化

2. 在应用系统中,常用_____作为用户的交互界面。
   - A. 项目、数据库和表
   - B. 表单、菜单和工具栏
   - C. 表、查询和视图
   - D. 表单、报表和标签

3. 在一个项目中,可以设置主程序的个数是_____。
   - A. 1 个
   - B. 2 个
   - C. 3 个
   - D. 任意个

4. 下列_____的所有类型均可被设置为项目的主程序。
   - A. 项目、数据库和 PRG 程序
   - B. 表单、菜单和 PRG 程序
   - C. 项目、表单和类
   - D. 任意文件类型

5. 可以用 DO 命令执行的文件类型有_____。
   - A. PJX 项目文件、PRG 程序文件、FRM 表单文件、MNX 菜单文件
   - B. PJX 项目文件、PRG 程序文件、MPR 菜单程序以及由 VFP 连编成的 APP 和 EXE 文件
   - C. PRG 程序文件、FRM 表单文件、MNX 菜单文件以及由 VFP 连编成的 APP 和 EXE 文件
   - D. 所有由 VFP 命令构成的程序文本文件以及由 VFP 连编成的 APP 和 EXE 文件

二、填空题

1. 在 VFP 系统中,表的字段个数最多可有_____个;字符型字段的最大长度为_____个字节;利用"报表设计器"设计报表时,报表可定义的最大长度为_____英寸。

2. VFP 中程序调试的主要工具是_____。

3. 当在运行应用程序的过程中发生错误时,如果希望系统按照自定义的错误处理程序来处理相应的错误,可以在程序代码中使用_____命令语句来实现;在类和对象中,可设置_____事件的相关方法处理程序。

4. 启动事件循环可以使用命令 READ EVENTS,相应地,清除事件循环可以使用命令_____。

5. 在"项目管理器"中连编一个应用程序时,如果项目中的某文件需要被用户修改,则在项目中该文件应被设置为_____;如果某文件不需要被用户修改,则在项目中该文件应被设置为_____。

6. 在连编项目时,VFP 系统的连编选项有四种类型,即重新连编项目、连编应用程序、_____和连编 COM DLL。

7. 利用 VFP 系统提供的安装向导创建安装盘时,可生成的磁盘映象分为三种类型,即 1.44MB 3.5 英寸(软盘)、网络安装和_____。

附录

表结构及其说明

1. 院系专业信息（yxzy）

	字段代码	字段名称	类 型	长 度	是否主键
1.	xzydm	系专业代码	C	4	是
2.	yxmc	院系名称	C	40	
3.	zymc	专业名称	C	40	
4.	bz	备注	M		

2. 教师基本信息（js）

	字段代码	字段名称	类 型	长 度	是否主键
1.	gh	教师工号	C	20	是
2.	xm	教师姓名	C	30	
3.	xb	性别	C	1	
4.	mzdm	民族	C	2	
5.	jg	籍贯	C	30	
6.	csrq	出生日期	D		
7.	ggrq	工作日期	D		
8.	zzmm	政治面貌	C	10	
9.	whcd	文化程度	C	10	
10.	xw	学位	C	10	
11.	byxx	毕业学校	C	40	
12.	zc	职称	C	30	
13.	xzydm	系专业代码	C	4	
14.	pyrq	聘用日期	D		
15.	zz	是否在职	F		

3. 学生基本信息(xs)

	字段代码	字段名称	类型	长度	是否主键
1.	xh	学号	C	12	是
2.	xm	姓名	C	10	
3.	xb	性别	C	2	
4.	csrq	出生日期	D		
5.	zzmm	政治面貌	C	12	
6.	mzdm	民族	C	2	
7.	rxrq	入学日期	D		
8.	xzydm	系专业代码	C	4	
9.	bcbh	班次编号	C	10	
10.	xz	学制	N	1	
11.	zp	照片	G		
12.	bz	备注	M		

4. 课程信息(kc)

	字段代码	字段名称	类型	长度	是否主键
1.	kcdm	课程代码	C	6	是
2.	kcmc	课程名称	C	40	
3.	xf	学分	N	1	
4.	kclb	课程类别	C	4	
5.	xzydm	系专业代码	C	4	

注:课程类别为"必修"或"选修"

5. 教材信息(jc)

	字段代码	字段名称	类型	长度	是否主键
1.	isbn	国际标准图书编号	C	16	是
2.	jcmc	教材名称	C	90	
3.	cbsmc	出版社名称	C	60	
4.	jczz	作者	C	30	
5.	cbnf	出版年份	C	30	
6.	dj	单价	C	30	
7.	kcdm	课程代码	C	6	

6. 考试成绩（cj）

	字段代码	字段名称	类　型	长　度	是否主键
1.	xh	学号	C	12	组合主键
2.	kcdm	课程代码	C	6	
3.	cj	成绩	N	5.1	
4.	cjbz	备注	C	4	

注：备注内容为"免考"或"补考"

7. 课程安排（kcap）

是否主键		字段代码	字段名称	类型	长度
1.	xqbm	学期编码	C	9	组合主键
2.	bcbh	班次编号	C	10	
3.	kcdm	课程代码	C	10	
4.	jsbh	教师编号	C	20	

注：学期编码为"200720081"指"2007~2008 第1学期"，"200720082"指"2007~2008 第2学期"